U0142584

生理學
Physiology

卓貴美、李憶菁　著

五南圖書出版公司 印行

再版序

　　生理學是生命科學及醫學相關科系的基礎學科，為學生學習醫學相關課程的基礎，而生理學知識日新月異，我們希望本書內容引導初學生理學學子，以深入淺出方式引起學生學習生理學的興趣。因此邀請輔仁大學醫學系李憶菁博士，以個人專長潤飾本書內容，希望內容更為正確流暢，協助學生突破障礙，得心應手學習生理學，以了解生理學的重要性。

　　再版內容以初版內容為藍圖，仍採用大量圖片，幫助初學生理學學子容易了解生理學各器官功能。同時，也更新生理學知識，以期本書之正確及豐富。編寫過程雖一再要求正確無誤，但文中若有疏漏或失誤之處，敬請不吝指正。

　　本書順利再版，要感謝五南圖書出版公司編輯部同仁之協助，特此一併致謝。

卓貴美、李憶菁

推薦序

卓貴美博士畢業於臺灣大學醫學院生理學研究所，專攻人體生理學，獲得碩士及博士學位，多年從事生理學教學及研究，曾在臺大醫學院生理學科及馬偕護校授課生理學，現在輔仁大學擔任生理學教師，頗受學生歡迎。現在依多年來教學之經驗，編寫適合於醫科以外的，如護理系、公共衛生系、復健醫學系等學生的生理學教科書。

在臺灣，爲了醫科學生編寫中文的生理學教科書有好幾本，但爲了適合於醫科以外學生的生理學課本甚少。卓貴美博士有多年生理學教學的經驗，尤其現在在輔仁大學護理系及公共衛生學系任課生理學，實最爲適合編寫此類生理學教科書。

再者，生理學的進步很快，日新月異的英文生理學教科書每一、兩年即改版一次更新內容，反觀國內中文醫學課本，因市場不大，改版的少，早期出版的課本內容較舊。現卓貴美博士新出版生理學課本可提供學生較新的內容，實爲學生之福。

彭明聰

中央研究院院士

臺灣大學生理學系名譽教授

自序

　　生理學為醫學院中每一科系的學生都必修的課程，也是醫學教育的基礎，同時為基礎醫學與臨床醫學的橋梁。欲了解醫學領域的博大精深，必須先了解生理學的精義，以此為基礎，方能探究醫學的奧祕。

　　生理學知識日新月異，已經有許多好的英文教科書，但中國學生在語言上有閱讀的困難，而中文生理學書籍大部分為翻譯書，或多為解剖生理學，純屬生理學領域之書實在不多。筆者執教多年，深感醫學院學生在研習生理學時遇到的瓶頸，莫過於英文障礙及基礎科學，如生物、化學、物理學的不足。因此方有此書的誕生，希望使讀者更能突破障礙，增加學習的興趣與樂趣。

　　本書名為「圖解生理學」，內容力求精要，並配合大量的圖片，以期幫助初學者更容易領悟生理學的意義。作者才疏學淺，疏漏及錯誤在所難免，尚祈各方先進不吝指正。

　　僅將此書獻給我的父母，並與家人分享。

卓貴美

目錄

第一章　細胞生理學

章節大綱

生物的架構層次

體液及內在環境的恆定

細胞的構造

物質通過細胞膜的方式

調控細胞訊息傳遞的機制

學習目標

研習本章後，你應該能做到下列幾點：

1. 了解生理學的定義及生理學所探討的內容及生理學的重要性
2. 了解內在環境的恆定
3. 了解體液的分布及組成
4. 了解細胞的構造
5. 了解物質通過細胞膜的機制
6. 可說明擴散作用
7. 可說明滲透作用及液體滲透性
8. 描述協助型擴散作用
9. 比較初級主動運輸及次級主動運輸
10. 定義接受器，並了解接受器的性質及分類
11. 說明訊息傳送系統的機制
12. 描述須第二傳訊者之訊息傳送機制
13. 描述類固醇激素之作用機轉
14. 描述離子管道的重要性

　　人體生理學（human physiology）係指研究身體內各器官的功能及其生理作用機轉的科學而言。生理學探討生物的功能，乃由最低階層到最高階層，分別由細胞（cell）到組織（tissue），由組織到器官（organ），由器官到系統（system），以了解生理功能如何執行，同時特別注重生理機轉。人體生理功能的主要系統包括有神經系統（nervous system）、肌肉骨骼系統（musculoskeletal system）、心臟血管系統（cardiovascular system）、呼吸系統（respiratory system）、胃腸系統（gastrointestinal system）、泌尿系統（urinary system）、內分泌系統（endocrine system）、生殖系統（reproductive system）、免疫系統（immune system）及皮膚系統（integumental system）。此十大系統所包括的器官及其功能詳細列於表1-1。

　　本書將就前八大系統分為十四章節詳細討論。

表1-1　體內十大系統的分類及其所包括的器官和生理功能

系統（System）	器官（Organ）	生理功能
神經系統 （Nervous system）	腦（brain）、脊髓（spinal cord）、周邊神經（peripheral nervous）、神經節（ganglia）、感覺器官（sense organ）	調節及協調生理功能，偵測外在及內在環境的變化，維持體內恆定
肌肉骨骼系統 （Musculoskeletal system）	軟骨（cartilage）、骨（bone）、韌帶（ligaments）、腱（tendons）、關節（joints）、骨骼肌（skeletal muscle）	支持、保護、姿勢的維持，白血球的增生
心臟血管系統 （Cardiovascular system）	心臟（heart）、血管（blood essel）、淋巴（lymphatic）	運送血液至全身各組織
呼吸系統 （Respiratory system）	鼻（nose）、咽（pharynx）、氣管（trachea）、支氣管（bronchi）、肺（lungs）	氣體交換，酸鹼平衡
泌尿系統 （Urinary system）	腎臟（kidney）、輸尿管（ureters）、膀胱（bladder）、尿道（uretra）	調節血漿成分（水分及鹽類）、酸鹼平衡
胃腸系統 （Gastrointestinal system）	口（mouth）、咽（pharynx）、食道（esophagus）、胃（stomach）、腸（intestine）、唾液腺（salvary gland）、胰臟（pancreas）、肝（liver）	消化、吸收營養、鹽類及水分

（續）

內分泌系統 （Endocrine system）	下視丘（hypothalamus）、腦下腺（pituitary gland）、甲狀腺（thyroid gland）、胰臟（pancreas）、副甲狀腺（parathyroid gland）、腎上腺（adrenal gland）、性腺（gonads）、心臟（heart）、腎臟（kidney）	維持體內的恆定
生殖系統 （Reproductive system）	• 睪丸（testis） • 卵巢（ovary）	• 性別分化 • 精子形成、卵子形成及胚胎發育
免疫系統 （Immune system）	白血球（white blood cell）、淋巴結（lymph nodes）、脾（spleen）	保護、抵抗外來的侵犯
皮膚系統 （Integumental system）	皮膚（skin）	保護、調節體溫

生物的架構層次（Levels of Biology）

　　所有生命體均由細胞所組成，而細胞為生物體在構造上及功能上的基本單位。每一個人均由受精卵（fertilized ovum）發育而來，受精卵進行細胞分裂及生長（cell division and growth）增加細胞數目，再進行細胞分化（cell differentiation）成為特化的細胞。這些特化的細胞包括有上皮細胞（epithelial cell）、結締細胞（connective cell）、神經細胞（nerve cell）及肌肉細胞（muscle cell），如圖1-1所示。上述構造及功能相似的細胞及細胞間質（interstitial material）一起工作，以執行某一特殊的生理功能，特稱為組織。依其構造及功能的不同可分為四大基本組織：

1. **上皮組織**（epithelial tissue）：覆蓋在體表或組織、襯於體腔或形成腺體（gland）。
2. **結締組織**（connective tissue）：保護並支持身體及其器官，並將器官連結在一起。
3. **神經組織**（nervous tissue）：引發並傳導協調身體的活動。
4. **肌肉組織**（muscle tissue）：收縮而使人體可運動、維持姿勢並產生熱能。

　　這四種不同的組織即可組成各種不同的器官，亦即身體內的器官均由上述四種基本組織所構成，如圖1-1中腎臟（kidney）的功能性單位——腎元（nephron）即由此四種基本組織所組成。而功能相類似的器官組合在一起成為系統，如圖1-1中的泌尿系統即包括有腎臟、輸尿管（ureter）及膀胱（blaɛer）等器官。

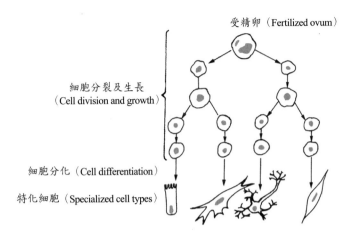

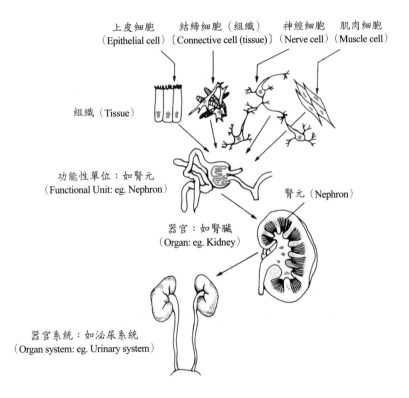

圖1-1　生物的架構層次

體液及內在環境的恆定
（Body Fluid and Internal Environmental Homeostasis）

內在環境的恆定（Internal environmental homeostasis）

內在環境的定義

　　法國生理學家 Claude Bernard（1813-1878）指出，雖然外在環境發生變化，但內在環境仍維持在恆定的狀態。而美國生理學家 Walter Cannon（1871-1945）更指出，恆定（homeostasis）一詞為形容此恆定內在環境的名詞。事實上，內在環境即是指細胞外液（extracellular fluid; ECF）而言。

homeostasis 的定義

　　所謂恆定（homeostasis），是指即使外在環境（external environment）發生改變，內在環境仍維持在一穩定狀態（steady state）而言。所有的生命個體不斷受到壓力（stress）的干擾（這些壓力包括冷、熱、噪音及缺氧等），身體內有許多的調節設施，可以對抗壓力的壓迫而將內在環境改善至趨於平衡的狀態。外在環境係能影響身體功能，意指身體四周的環境，而內在環境是指細胞外液，如圖1-2。內在環境與外在環境中物質交換即靠體內的消化系統、呼吸系統、循環系統及泌尿系統來運行，以維持體內的恆定。

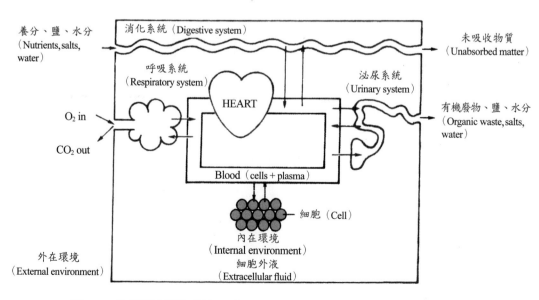

圖1-2　物質經由消化系統、呼吸系統、循環系統及泌尿系統在內在環境與外在環境間互相交換

恆定的調節

體內恆定的機轉調控，主要靠神經系統及內分泌系統來作用。神經系統的作用較內分泌系統的作用為快，神經系統靠反射（reflex）作用及其所分泌的神經傳遞物質（neurotransmitter）來調節。內分泌系統則靠負回饋（negative feedback）及正回饋（positive feedback）來調節（表1-2）。

表1-2　內在環境及恆定

1. Internal environment: extracellular fluid
2. Homeostasis controlled system
   (1) nervous system: reflex, neurotransmitter
   (2) endocrine system:
   - negative feedback
   - positive feedback

1. **負回饋**（negative feedback）：所謂負回饋，如圖1-3所示，下視丘（hypothalamus）分泌甲狀腺釋素（thyrotropin releasing hormone; TRH）刺激腦垂體前葉（anterior pituitary gland）分泌甲狀腺刺激素（thyroid stimulating hormone; TSH），而TSH刺激甲狀腺（thyroid gland）合成並分泌甲狀腺激素（thyroid hormone），當甲狀腺激素增加至一定的量時，則反而會抑制下視丘及腦垂體前葉分泌TRH及TSH，此現象稱為負回饋。

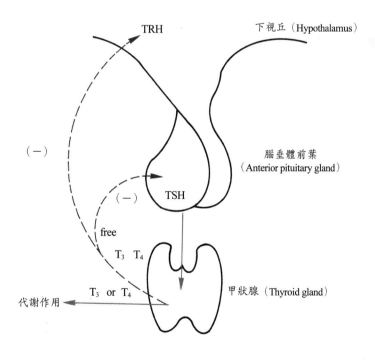

圖1-3　負回饋

2. **正回饋**（positive feedback）：如圖1-4腦垂體前葉所分泌的泌乳素（prolactin）可以刺激乳腺（mammary gland）的發育及乳汁的分泌。所謂正回饋，指當新生兒吸吮使乳汁分泌出來，反而使泌乳素分泌更多，使乳汁分泌愈豐富。

註：乳汁的形成愈多，則刺激中樞，使oxytocin及prolactin的分泌增加，進而更增加
乳汁的生成及分泌。

圖1-4　正回饋（Positive feedback）

體液的分布及組成（Body fluid compartment and composition）

體液的分布

人體中所含的水分約占體重的60%左右（60% of BW），主要分布的位置可分為細胞內液（intracellular fluid; ICF，占40% of BW）及細胞外液（extracellular fluid; ECF，占20% of BW），其中ECF又分為組織間液（interstitial fluid；占15% of BW）及血漿（blood plasma，占5% of BW），如表1-3及圖1-5。而且此三區域中物質交換的方向為：

細胞內液 ⟷ 組織間液 ⟷ 血漿

（ICF ⟷ interstitial fluid ⟷ blood plasma）

表1-3　體液的分布

1. Extracellular fluid (ECF, 20% of BW): interstitial fluid (15% of BW), blood plasma (5% of BW)
2. Intracellular fluid (ICF): 40% of BW
3. Barrier of body fluid compartment
   (1) endothelium cell of capillary: between interstitial fluid and blood plasma
   (2) cell membrane: between interstitial fluid and intracellular fluid

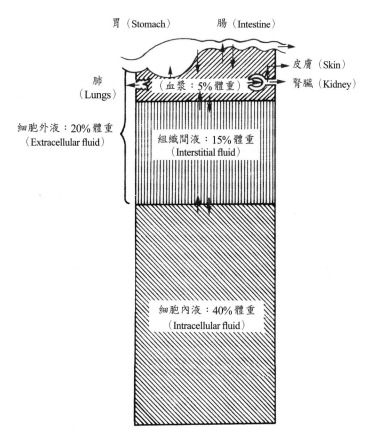

圖1-5　體液在體內的分布及所占比例

ICF與interstitial fluid之間的障壁為細胞膜（cell membrane），物質通過細胞膜即可在ICF及組織間液間互相交換。

而組織間液與血漿之間的障壁為微血管的內皮細胞（endothelium of capillary）。例如由消化道所吸收的養分、電解質及水分進入血漿中，如欲運送給細胞使用，這些物質必須由血漿通過微血管內皮細胞到達組織間液中，再通過細胞膜才會供給細胞利用。反之，細胞代謝所產生的廢物，則以反方向通過細胞膜及微血管內皮細胞，由細胞內送到血漿，以利排除（圖1-6）。

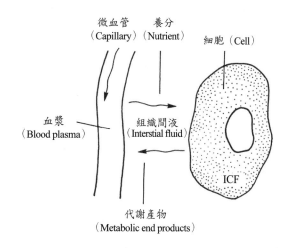

圖1-6　物質經由通過微血管壁及細胞膜，在ICF、Interstitial fluid及Blood plasma間互相交換

體液的組成

　　不論是細胞外液（包括 blood plasma 及 interstitial fluid）或細胞內液，其中所含有的成分均大同小異，意即均含有 Na⁺、Cl⁻、K⁺、Ca⁺⁺、Mg⁺⁺、glucose（葡萄糖）、胺基酸（amino acid）及蛋白質（protein）等物質，差異主要在於其所含的量不同，如表 1-4 及圖 1-7 中所示。細胞內含較高含量的 K⁺ 及蛋白質，而細胞外所含的 Na⁺、Cl⁻、Ca⁺⁺ 及葡萄糖等含量均較細胞內多。而組織間液及血漿中所含成分及含量均類似，但也有差異，就蛋白質而言，在血漿中的含量要較組織間液高出許多（圖 1-7），原因是肝臟（liver）所製造的蛋白質會以外吐（exocytosis）方式釋入血漿中之故。

表 1-4　細胞內液及細胞外液的成分及含量

	ICF(mM)	ECF(mM)
Na⁺	15	145
K⁺	150	4
Ca⁺⁺	0.0001	1
Mg⁺⁺	12	1.5
Cl⁻	10	110
HCO₃⁻	10	24
Amino acid	8	2
Glucose	1	5.6
ATP	4	0
Protein	4	0.2

細胞的構造（Structure of Cell）

　　細胞是構成生命的基本單位。生命的物質基礎是原生質，所有的細胞均由原生質所組成。而碳（C）、氫（H）、氧（O）及氮（N）等為構成原生質的主要元素。這些元素組成水（H_2O）、無機鹽類（inorganic salts）及生命所需要的物質，如蛋白質、醣類（carbohydrate）及核酸（nucleic acid）等化合物。細胞則可分為三個主要的部分：細胞膜（cell membrane）、細胞質（cytoplasma）及胞器（organelle），圖 1-8 即為細胞的構造，分述如下：

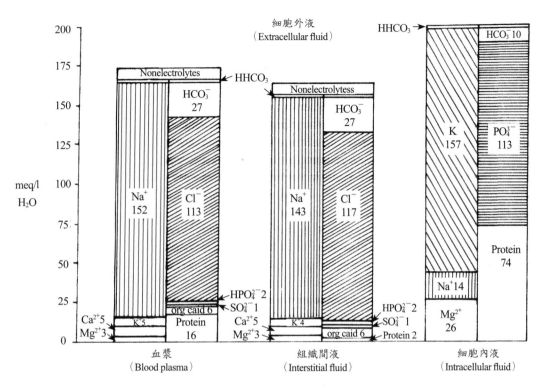

註：注意這些數值的單位是在水中而非在體液中的 meq/l。

圖1-7 人類體液的電解質組成

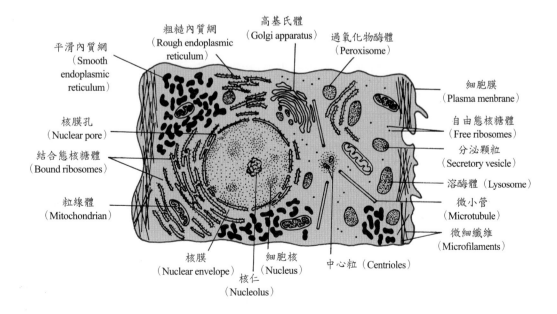

圖1-8 細胞的構造

細胞質（Cytoplasma）

細胞質為位於細胞膜及細胞核之間的物質，主要由水（75%）、蛋白質、碳水化合物、脂肪（lipid）及無機物質所組成。細胞質中含有許多的胞器（organelle），為化學反應的場所。

胞器（Organelle）

胞器為細胞質中的次單位，為特化的細胞內器官，以執行特殊的生理功能。這些胞器包括有細胞核（nucleus）、核糖體（ribosomes）、內質網（endoplasmic reticulum）、高基氏體（golgi apparatus）、粒線體（mitochondria）、溶酶體（lysosome）、微細纖維（micro-filaments）及中心粒（centrioles）等。這些胞器在細胞的生長、修護及控制上擔任特殊的角色。

細胞核（nucleus）

細胞核為細胞內球形或卵形的胞器，為核膜所包住，為細胞內最大的胞器。

1. **核膜**：為一雙層膜（bilayer），包在細胞核外面，構造上與細胞膜類似。膜上有小孔，使細胞核與細胞質內的內質網相交通，物質經由此小孔進出細胞核。

2. **核仁**：細胞含有一至兩個核仁，為一球體構造，主要由蛋白質、核糖核酸（ribosome nucleic acid; RNA）及去氧核糖核酸（deoxyribosome nucleic acid; DNA）所構成。以DNA為模板合成mRNA，mRNA移至細胞質中rER（rough endoplasmic reticulum；粗糙內質網）的核糖體上，將三個核苷酸密碼轉變成一個胺基酸（amino acid），胺基酸連接在一起而形成蛋白質。一般而言，細胞蛋白質合成愈多，則核仁愈大。

3. **染色質**（chromatin）：主要由DNA所組成的遺傳物質，也包括一些外圍的蛋白質，如組織蛋白（histone protein）。

核糖體（ribosomes）

核糖體為一細小顆粒，大多數位於粗糙內質網上，少部分散布在細胞質中。核糖體可接受由細胞核來的mRNA基因密碼，將其轉譯（translation）成蛋白質，所以核糖體為蛋白質的製造工廠。

內質網（endoplasmic reticulum; ER）

內質網為分布在細胞質內的網狀構造，由兩層平行膜包圍的空間所形成，而且與核膜相連。內質網有兩種形態，一為其上附有核糖體稱為rER（粗糙內質網），另一為沒有

核糖體附著的 sER（平滑內質網）。前者上方之核糖體為製造蛋白質的場所，經由 ER 輸送至 golgi 進行包裝，形成 vesicle，後者的功能與類固醇激素（steroid hormone）的形成有關。

高基氏體（golgi apparatus）

　　高基氏體為位於細胞核旁的膜狀空泡，由四至八個平坦的袋狀通道組成，彼此以其末端膨大部分堆積起來。golgi 具有分泌蛋白質及合成並分泌醣蛋白（glycoprotein）的功能。

1. **分泌蛋白質**：rER 上的核糖體所合成製造的蛋白質經由內質網送入 golgi，蛋白質在 golgi 末端膨大部分堆積並濃縮，最後形成空泡（vesicle），稱為分泌顆粒（secreted vesicle），與 golgi 分離，送至細胞膜附近，然後以外吐（exocytosis）方式將蛋白質分泌出去。

2. **合成並分泌醣蛋白**：golgi 可合成碳水化合物，這些碳水化合物可和 rER 的核糖體所合成的蛋白質結合成醣蛋白（glycoprotein）。這些醣蛋白也以分泌顆粒方式分泌出去。所以有人將高基氏體形容為工廠的包裝部門，故在分泌細胞中，其高基氏體及粗糙內質網均很發達。

粒線體（mitochondria）

　　粒線體為細胞內桿形的構造，遍布在細胞質中。每一個粒線體均由雙層膜所構成，構造與細胞膜類似，外膜平滑，內膜則呈一系列皺摺排列，稱為嵴（cristae）。內膜的晃嵴上富含酵素（enzyme），可以催化檸檬酸循環（citric acid cycle），參與細胞的呼吸工作，產生熱能，以供工作生活之需。因粒線體是腺核苷三磷酸（adenosine triphosphate; ATP）的製造場所，可提供細胞代謝所需的能量，所以又稱為細胞的發電廠。細胞工作量愈大，則其所含粒線體就愈豐富，例如骨骼肌細胞含豐富的粒線體。

溶酶體（lysosome）

　　溶酶體為高基氏體所形成的球狀構造，內含水解酶，亦為雙層膜構造。當有大分子或大顆粒的物質進入細胞內，溶酶體會將其包入胞器內，以水解酶將其分解消化。此外，當細胞受損或老化時，溶酶體亦會釋出水解酶，分解細胞，這種細胞自我破壞的過程稱為自體溶解（autolysis）。

細胞膜（Cell membrane）

細胞膜的成分

細胞膜是哺乳類動物細胞與外界隔絕的障壁。它是由磷脂質（phospholipid）、蛋白質及膽固醇（cholesterol）所構成。如圖1-9，磷脂質以雙層的形式整齊排列，面向細胞外及面向細胞質的部分為極性區（polar region），向中間的尾部為非極性部分（nonpolar region），蛋白質則嵌在此雙層的磷脂質中，這些蛋白質稱為穿膜蛋白（transmembrane protein），因在生理功能上可為接受器（receptor）、離子管道（ion channel）或酵素（enzyme）的蛋白質稱為整合蛋白質（integral protein）。而在這些蛋白質上方會有一些碳水化合物（carbohydrate），此種蛋白質稱為醣蛋白（glycoprotein）。細胞膜的厚度為70～100Å，上有許多小孔，可允許較小的物質通過。此外，脂溶性物質較易通過雙層的磷脂質，而水溶性高之物質如蛋白質，則不易通過。

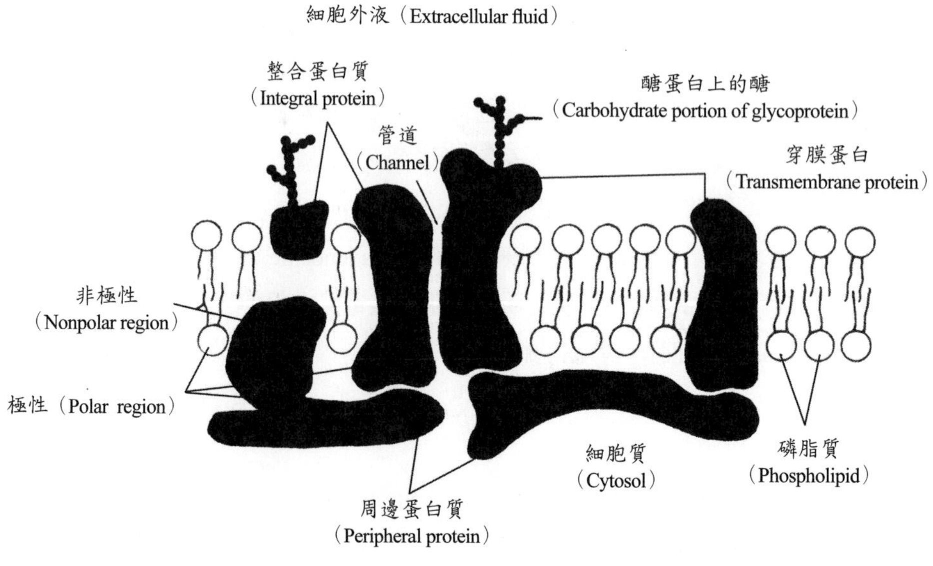

註：細胞膜由雙層的磷脂質（phospholipid）所形成，中間為親脂性（hydrophobic），而外層為親水性（hydrophilic）。此外，整合蛋白質（integral protein）嵌在雙層脂質中貫穿細胞，一部分位在細胞質中。

圖1-9　細胞膜的構造及其成分

細胞膜的功能及重要性

細胞膜的功能如表1-5，分述如下：

表1-5　細胞膜的功能

- 控制物質進出細胞膜（Controlled substance across cell membrane）
- 整合細胞訊息傳遞（Integrated signal transmission: ex. hormone & neurotransmitter）
- 細胞膜結合（Membrane junction: cell morphology）

---

1. **控制物質進出細胞膜**：細胞膜可選擇性的控制物質進出細胞，所以又稱為半透膜（semipermeable membrane）。物質可以擴散（diffusion）、滲透（osmosis）、主動運輸（active transport）、吞噬（phagocytosis）、胞飲（pinocytosis）及外吐（exocytosis）等方式進出細胞。有關上述運動方式將在下一節敘述。

2. **整合細胞訊息傳遞**：生理的恆定，必須靠體內的神經系統及內分泌系統來執行，而神經系統會分泌神經傳遞物質（neurotransmitter），內分泌系統則分泌激素（hormone）來維持細胞恆定。當神經傳遞物質及激素要作用時，必須與細胞膜上或細胞內的接受器（receptor）結合，以產生一連串的生化反應，而產生生理作用。此一連串的生化變化即為訊息傳遞（signal transduction），此部分將在後面的章節中有詳細說明。

3. **細胞膜結合**（membrane junction）：體內的細胞除了血液中的血球可以自由在血漿移動外，其他的細胞均相鄰而組成組織，但這些相鄰的細胞大部分並不是緊緊接在一起，而是相鄰的兩個細胞，中間約有20 nm的空隙，其間則充滿了細胞外液，同時提供一條路徑，可使物質在血漿及細胞內之間移動。在組織或器官內的細胞會以特殊的蛋白質，使相鄰細胞的細胞膜連接在一起，以固定形態，但對其連接的方式，科學家了解有限。利用電子顯微鏡（electron microscope）的技術，觀察相鄰的細胞以特殊的方式連接在一起，這些方式包括：

   ⑴胞橋小體（desmosome）：相鄰兩個細胞，以細胞膜相接，而此兩細胞的空隙為20 nm，在每一個細胞膜（細胞質相鄰部分）有排列緊密整齊的蛋白質。此外，細胞膜表面上還會伸出一些纖維到對面的細胞膜上，與對面細胞膜的胞橋小體連接在一起。胞橋小體的功能是使相鄰的細胞緊密連接在一起，形成牽扯力（stretch）不變的組織，例如皮膚組織即常見此種結構（圖1-10(a)）。

   ⑵緊密結合（tight junction）：相鄰的兩個細胞以緊密結合的方式結合在一起，像腸黏膜（intestinal mucosa）及腎小管（renal tubule）之上皮細胞間，即以此種方式連結在一起，兩個細胞間不留有空隙（圖1-10(b)），大多數的有機分子無法通過緊密

(a)胞橋小體（Desmosome）

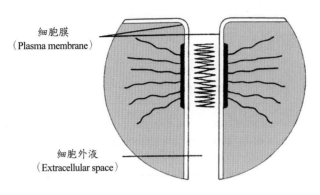

細胞膜
（Plasma membrane）

細胞外液
（Extracellular space）

(b)緊密結合（Tight junction）

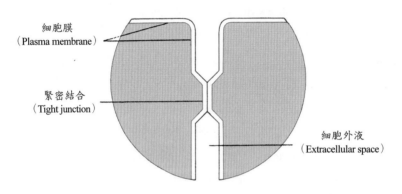

細胞膜
（Plasma membrane）

緊密結合
（Tight junction）

細胞外液
（Extracellular space）

(c)裂隙結合（Gap jumction）

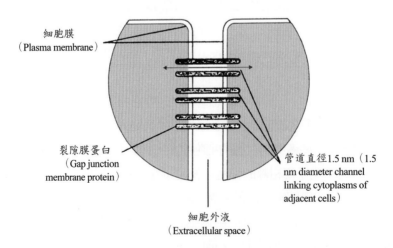

細胞膜
（Plasma membrane）

裂隙膜蛋白
（Gap junction
membrane protein）

管道直徑1.5 nm（1.5
nm diameter channel
linking cytoplasms of
adjacent cells）

細胞外液
（Extracellular space）

圖1-10　相鄰細胞結合的方式

結合，只有小型的離子及水分子可以通過。例如，消化道黏膜上的上皮細胞即以緊密方式結合，所以消化道的產物無法通過緊密結合，只好通過細胞再進入血液中。

(3)裂隙結合（gap junction）：相鄰的兩個細胞之間空隙約2～4 nm，而且蛋白質跨在兩個細胞間，形成通道相連接，此通道的直徑約小於2 nm（圖1-10(c)），所以只有小分子及離子才可以通過，而蛋白質則無法通過。裂隙結合可以使相鄰兩個細胞的訊息傳遞速度非常快，例如電氣傳導（voltage communication）即可經由此裂隙結合而傳到另一個細胞，當A細胞因離子通道打開，離子迅速進出細胞，引起A細胞膜電位（membrane potential）發生改變，A細胞之離子變化可以經由裂隙結合傳給B細胞，快速使B細胞因離子濃度變化，也產生膜電位的改變，甚至傳遞到整個組織。再如，心肌及平滑肌中均見有裂隙結合的構造，在心肌的部分將會討論裂隙結合對肌肉細胞之間訊息傳遞的重要性。

物質通過細胞膜的方式
（Methods of Substances Across Cell Membrane）

物質通過細胞膜的方式有：擴散（diffusion）、滲透（osmosis）、媒介運輸（carrier-mediated transport）、外吐作用（exocytosis）及胞攝作用（endocytosis）。胞攝作用又分吞噬作用（phagocytosis）、胞飲作用（pinocytosis）。

擴散作用（Diffusion）

定義

擴散作用指一些非極性分子或較小無機離子以布朗運動由高濃度通過細胞膜往低濃度移動，最後達平衡的現象稱之（圖1-11）。

擴散現象的方向及大小

擴散現象指物質（氣體、非極性小分子或較小的無機離子）以布朗運動的方式，依濃度差異（concentration difference）或濃度梯度（concentration gradient），由高濃度往低濃度移動（雙方向均移動，只是高往低之速度大於低往高之速度），最後達平衡狀態。事實上，當擴散達至平衡時，物質移動仍在進行，只是兩個移動方向的大小一樣（圖1-11）。擴散現象的方向及大小，可依Fick's law來加以解釋。

$$\text{Fick's law} : J = -DA\frac{\Delta C}{\Delta X}$$

J：淨擴散速率（net rate of diffusion）

D：擴散係數（diffusion coefficient）

A：擴散面積（diffusion area）

$\Delta C/\Delta X$：濃度梯度（concentration gradient）

　　淨擴散速率（J）取決於擴散係數（D）、擴散面積（A）及濃度的差異（$\Delta C/\Delta X$）。也就是說，淨擴散速率正比於擴散係數、擴散面積及濃度差異。例如，氧（O_2）及二氧化碳（CO_2）在組織細胞的交換（圖1-12）。組織細胞利用氧進行各種的生化反應而產生廢物二氧化碳。在組織中細胞內含較高濃度的二氧化碳，較低濃度的氧，所以氧由細胞外液以被動擴散的方式進入細胞內供使用，而二氧化碳則以反方向由細胞內液移至細胞外液中。

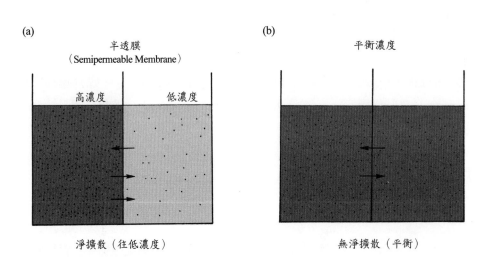

註：(a)淨擴散由高濃度往低濃度移動，物質由高濃度通過半透膜到低濃度區；(b)當擴散達平衡，半透膜隔開的兩區若無濃度差異，則無淨擴散。

圖1-11　擴散作用

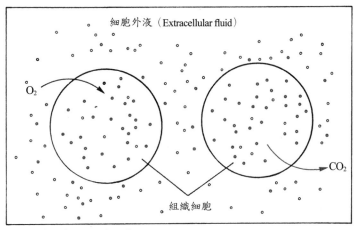

註：O_2為黑色，CO_2為灰色。

圖 1-12　細胞外液及細胞內液之間，氣體（O_2及CO_2）以擴散方式進行交換

離子通過離子管道的擴散

擴散現象又稱為簡單擴散作用（simple diffusion），非極性物質以布朗運動方式，以被動步驟由高濃度區通過細胞膜的磷脂質（phospholipid）層，到達低濃度區。但是一些小分子的無機鹽離子（eg. Na^+、K^+、Ca^{++}），其對磷脂質之溶解度不高，不易通過磷脂質層，所以這些離子可經由細胞膜上的離子管道（ion channel）來進出細胞。這些離子管道是由細胞膜上的整合蛋白質（integral protein）所形成（圖 1-13(a)）。當離子通過離子管道時，是以被動擴散的方式進行的。而且每一種離子管道均不相同。圖 1-13(b)中，離子管道是由細胞膜上的蛋白質所形成，而且這些蛋白質均具有專一性（specificity），亦即 Ca^{++} 管道只允許 Ca^{++} 通過，因為被動擴散現象，所以當 Ca^{++} 管道打開，其淨值結果為 Ca^{++} 由細胞外進入細胞內。相同的，K^+、Cl^- 及 Na^+ 均有其專一的離子管道，當 K^+ 管道打開，則只允許 K^+ 通過，因為 K^+ 在細胞內的濃度遠大於細胞外，所以淨值結果為 K^+ 由細胞內移出到細胞外。此外，如果離子管道關閉，則離子無法經由其通道進出細胞。

(a)

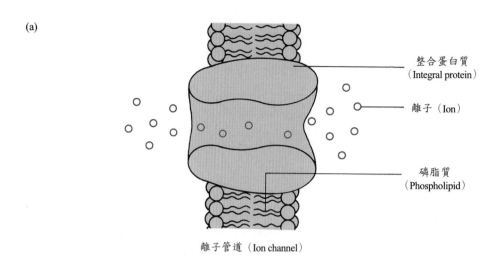

整合蛋白質
（Integral protein）

離子（Ion）

磷脂質
（Phospholipid）

離子管道（Ion channel）

(b)

鈉離子管道
（Na⁺ channel）

鉀離子管道
（K⁺ channel）

氯離子管道
（Cl⁻ channel）

鈣離子管道
（Ca⁺⁺ channel）

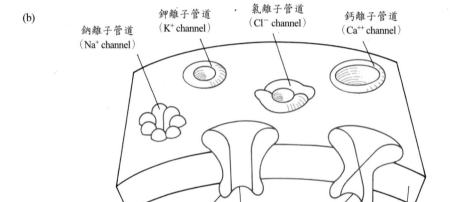

整合蛋白質
（Integral protein）

管道打開
（Open channel）

管道關閉
（Closed channel）

脂質雙層
（Lipid bilayer）

註：(a)無機離子（如 Ca⁺⁺、K⁺、Cl⁻、Na⁺）可經由離子管道進出細胞；(b)離子管道具有專一
性，當離子管道只允許該種離子通過而關閉時，則其他離子無法通過。

圖 1 - 13　離子管道

滲透作用（Osmosis）

　　滲透作用是指在半透膜（semipermeable membrane）兩邊的溶液，因為溶質濃度差異，造成水分子（溶劑）通過半透膜的淨值。圖 1-14 中，在半透膜兩邊，右側的溶質含量較高，而左側則含水分子較多，則水分子由左側往右側移動。而足以阻止溶劑移動所需要的壓力，即稱為該溶液之滲透壓（osmotic pressure）。例如，在容器中間有一半透膜將此容器等分隔開（圖 1-15），左側有葡萄糖（glucose）180 g/l（1M），而右側有葡萄糖 360 g/l（2M），雙方

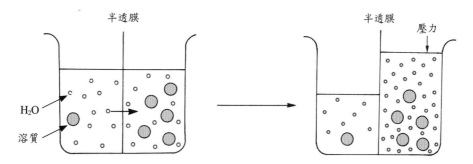

註：圖中半透膜可允許水分子通過，但溶質不可以通過。一開始，左右兩側之體積相同，但
　　右側含較高濃度之溶質，所以水分子由左側往右側移動。滲透壓即是足以阻止水分子移
　　動之壓力（⬤代表溶質，○代表水分子）。

圖1-14　滲透（Osmosis）之圖示

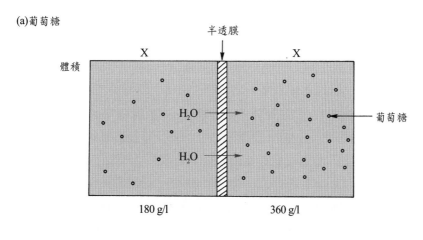

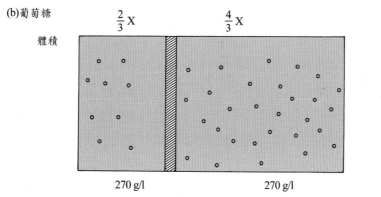

圖1-15　(a)半透膜對水通透，但對葡萄糖不通透，水分子由左側往右側移動；
　　　　(b)平衡後因水分子移動使左側體積減少，右側體積增加，但最後濃度是平衡的

體積是相同的（Vol ＝ X），水分子會由左側低濃度區往右側高濃度區移動，最後使得左側因水分子的移動，體積減少（Vol ＝ 2/3X），而右側體積增加（Vol ＝ 4/3X）。因為半透膜對葡萄糖不通透，所以左側因體積減少使得葡萄糖之濃度為270　g/l（1.5M），而右側因體積增加，溶質並未增加，使得葡萄糖的濃度減少為270　g/l（1.5M），此即為滲透作用。所以滲透作用的結果，使得雙方體積改變，但最後溶質濃度是相等的。

重量莫耳濃度

葡萄糖是一單醣，分子量為180。蔗糖（sucrose）為雙醣，是一分子葡萄糖加一分子果糖去一分子水而成，分子量為342。任何物質1莫耳均含有6.02×10^{23}（亞佛加厥數）個分子。1公升的溶液中含有1莫耳的溶質，即溶液的濃度為1M。將1莫耳的溶質加入1公斤的水中，所形成之溶液的濃度則為1 molality（m），如圖1-16。將1莫耳（＝180g）的葡萄糖加入溶成1公升的溶液，所得溶液為1M，而將1莫耳（＝180g）的葡萄糖加1公斤的水，所形成溶液的濃度則為1m。對滲透作用而言，重量莫耳濃度是比較重要的。

滲重量莫耳濃度

如果180g的葡萄糖溶在1公斤的水中，其重量莫耳濃度為1m。滲透壓是與物質的重量莫耳濃度有關，特以osmolality（Osm）來表示，1m之葡萄糖溶液，其osmolality則為1Osm。如1m的果糖溶液加1m的葡萄糖溶液，與2m的葡萄糖溶液所呈現的osmolality均為2 Osm（圖1-17）。所以osmolality是與溶液中所含之重量莫耳濃度（m）有關。而電解質（electrolyte），如NaCl，是會解離成為兩種離子，一分子的NaCl會解離成Na^+及Cl^-，所以1m的NaCl所產生的osmolality為2 Osm的濃度（圖1-18），因此溶液解離成含1m Na^+及1m Cl^-，共有2m之重量莫耳濃度，所以有2 Osm之滲透壓。經過滲透作用，水分子由左側往右側移動，最後使得雙側體積改變，但雙側之溶質濃度相等，其滲透壓也相等，均為1.5 Osm。

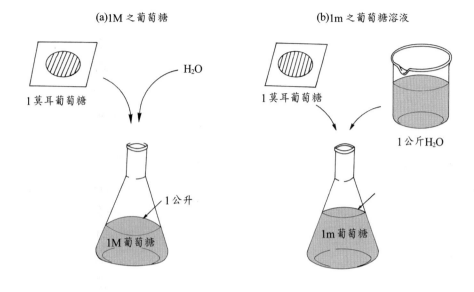

(a)1M 之葡萄糖

H₂O

1 莫耳葡萄糖

1 公升

1M 葡萄糖

(b)1m 之葡萄糖溶液

1 莫耳葡萄糖

1 公斤H₂O

1m 葡萄糖

圖1-16　圖示1M與1m之差異

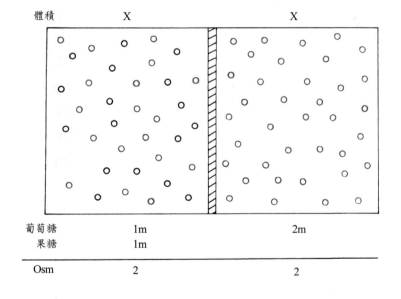

體積	X	X
葡萄糖	1m	2m
果糖	1m	
Osm	2	2

圖1-17　半透膜兩側之溶液，若所含之重量莫耳濃度（m）相同，則其Osmolality相同，所引起之滲透壓也相同

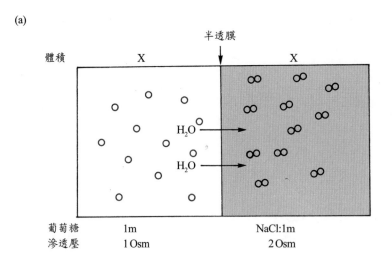

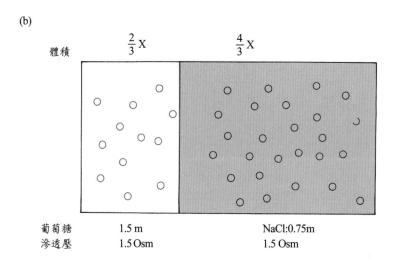

圖 1-18　(a)水分子1m葡萄糖溶液經過半透膜往1m NaCl溶液中移動，此乃因NaCl會解離成Na^+加Cl^-。而半透膜只對水通透，對葡萄糖及NaCl均不通透；(b)經過滲透作用，半透膜兩側之滲透壓是相等的

液體張性

　　血漿（plasma）的滲透壓（osmotic pressure）為300 mOsm（0.3 Osm），所以0.3m的葡萄糖溶液及0.15m的NaCl溶液，兩者均有300 mOsm的滲透壓。所以兩者均可用來作靜脈注射用（intravenous injection; IV），5%的葡萄糖（glucose; dextrose; Dw）其重量莫耳濃度為0.3m，

而0.9%NaCl（又稱生理食鹽水）其重量莫耳濃度為0.15m，因此，5%葡萄糖及生理食鹽水均與血漿具相同的滲透壓，可稱與血漿為等滲透壓溶液（isoosmotic solution）。若溶液之滲透壓大於300 mOsm，即其所含溶質濃度大於0.3m，則此溶液對血漿而言，為一高滲透壓溶液（hyperosmotic solution）；反之，若溶液之濃度小於0.3m，則其滲透壓小於300 mOsm，則此溶液對血漿而言，為低滲透壓溶液（hypoosmotic solution）（表1-6）。

　　溶液的張性（tonicity）是指以半透膜隔開的兩溶液之間的滲透作用。將紅血球放入一等滲透壓的溶液中，紅血球細胞膜的水分移動淨值為0，可以維持細胞的體積，則此溶液特稱為等張溶液（isotonic solution）。在等張溶液中，溶液之滲透壓與細胞內之滲透壓相同，且可以維持細胞形狀（圖1-19），例如，0.9%NaCl既與細胞之滲透壓相同，可維持細胞形狀，所以為等張溶液。而0.3m的尿素（urea）雖與細胞的滲透壓相同，但尿素為可以自由通透細胞膜的物質，所以不是等張溶液，只算是等滲透壓溶液而已。若一溶液之滲透壓小於血漿（或細胞），則水分子會由細胞外往細胞內移動，使細胞體積增加，甚至破裂而死亡，則此溶液稱為低張溶液（hypotonic solution）（圖1-19；圖1-20）；反之，若溶液之滲透壓大於血漿或細胞，則水分子會由細胞內往細胞外移動，造成細胞體積縮小，甚至萎縮（shrink），則此溶液稱為高張溶液（hypertonic solution）。各溶液之解釋請見表1-6。

表1-6　有關溶質Osmolality及溶液張性（Tonicity）之名詞解釋

Isosmotic	溶液含300 mOsm/l之溶質，此溶質可能為可通透或不通透之溶質
Hyperosmotic	溶液含大於300 mOsm/l之溶質，此溶質可能為可通透或不可通透
Hypoosmotic	溶液含小於300 mOsm/l之溶質，此溶質為可通透或不可通透
Isotonic	溶液含300 mOsm/l之溶質，此溶質為不可通透，可以維持細胞體積
Hypertonic	溶液含大於300 mOsm/l之不可通透溶質，會造成細胞體積萎縮（減少）
Hypotonic	溶液含小於300 mOsm/l之不可通透溶質，會造成細胞體積增加

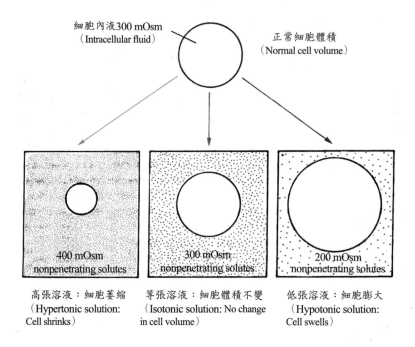

圖1-19 細胞在高張溶液、等張溶液及低張溶液中的體積變化

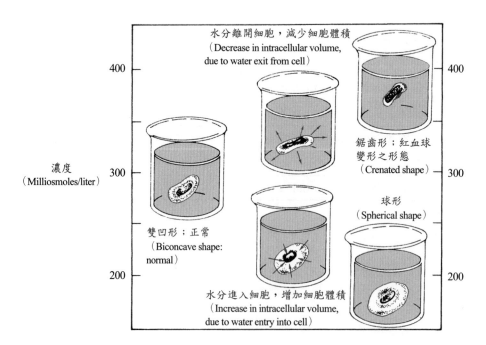

註:紅血球放入300 mOsm之溶液中呈正常的雙凹形,位於200 mOsm之低濃度溶液中,水分進入細胞內,使紅血球變成球形。若置於高濃度400 mOsm,則紅血球因水分離開而體積縮小,最後呈鋸齒形。

圖1-20 細胞的體積變化

媒介運輸系統（Mediated transport system）

　　前述之擴散作用及滲透作用的進行，均靠物質之濃度梯度（concentration gradient）來驅動，擴散作用指非極性的分子或極性的小分子因濃度差異由高濃度通過半透膜往低濃度進行的現象。滲透作用指半透膜兩側因為溶質濃度不同，引起水分子由低濃度往溶質高濃度一側移動的現象。本節討論之媒介運輸系統，不同於擴散及滲透作用，媒介運輸系統必須依靠細胞膜上之蛋白質來協助以利物質（溶質）的運輸，又可分為協助型擴散作用（facilitated diffusion）及主動運輸（active transport）。協助型擴散仍屬被動步驟，依濃度梯度來進行，只是必須靠細胞膜上之蛋白質來幫助。主動運輸為一主動步驟，通常是依逆濃度梯度來進行，所以必須有能量（energy）的供應。物質通過細胞膜的方式如圖1-21中所示，本節就媒介運輸系統詳加介紹。

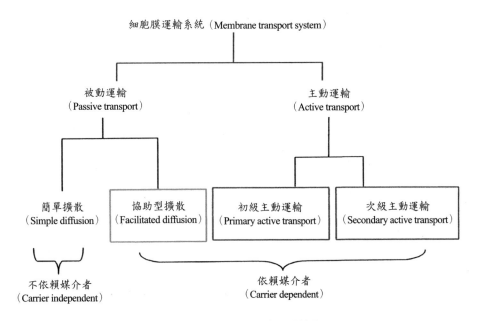

圖1-21　細胞膜運輸系統總覽

協助型擴散

　　細胞膜為一雙層脂質（lipid bilayer）（圖1-9），對離子及水溶性大分子是不通透的（impermeable），例如葡萄糖、胺基酸（amino acid）及其他代謝物。這些物質的移動必須靠細胞膜上的蛋白質當作媒介者（carrier）或管道（channel）來幫助方可通過細胞膜。有關離子管道（ion channel）已在擴散作用中敘述，因為離子通過離子管道時並沒有最大速度限制，只

要離子管道打開，離子即會大量進出細胞，不同於協助型擴散，其物質移動是有最大速度限制，是屬於被動擴散作用。而協助型擴散，需要膜上蛋白質（媒介者）協助，主要因為媒介者會被飽和（saturation），且媒介者是具有特異性（specificity）的（圖1-22）。

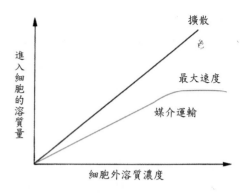

圖1-22　比較擴散作用與媒介運輸系統流速的差異

　　協助型擴散作用（facilitated diffusion）主要運送親水性物質（hydrophilic substance）進出細胞膜，必須要靠細胞膜上之媒介蛋白質（carrier protein）的幫助，並不需要能量的供應，因為物質由高濃度往低濃度進行，為順濃度梯度進行，為一被動步驟（圖1-23）。媒介蛋白質與親水性物質結合，造成媒介蛋白質的形態改變（conformation change），使得媒介蛋白質轉向，且與親水性物質的結合力下降，而將物質送進細胞內。

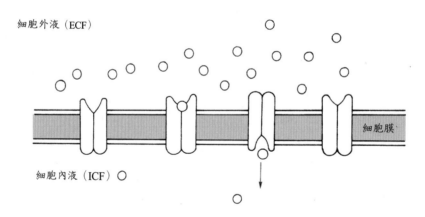

註：親水性物質與細胞膜之媒介蛋白質結合，改變了媒介蛋白質的形態而將物質送進細胞內。

圖1-23　協助型擴散作用之模型

主動運輸（active transport）

　　前述有關物質運輸的方式，如被動擴散、滲透及協助型擴散，均屬被動的步驟，是順濃度差來進行，結果使得半透膜兩側物質濃度達至平衡。生理上的細胞常需要在已經是溶質高濃度處再增加溶質的濃度，此時，溶質須由低濃度往高濃度進行，是一逆濃度差的步驟，這種物質運輸方式稱為主動運輸。主動運輸需要能量的供應，也像協助型擴散作用一樣需要媒介蛋白質的執行。主動運輸依照其能量供給方式不同（直接或間接）可分為兩種：一是初級

主動運輸（primary active transport），能量供應為直接由ATP（adenosine triphosphate）供給；其二是次級主動運輸（secondary active transport），能量的供應是間接的，一般是因離子被動擴散提供能量，促使次級主動運輸進行，生理上通常是由鈉離子所提供。

1. **初級主動運輸**（primary active transport）：最典型的初級主動運輸是鈉離子泵浦（sodium pump），此泵浦是位於大部分動物細胞的細胞膜上，又稱為Na^+-K^+ ATPase pump。此泵浦可將$3Na^+$送出細胞外，並將$2K^+$送入細胞內，而能量的供給來自ATP，因為pump本身具有ATPase的活性，ATPase可將ATP分解成能量較低之ADP（adenosine diphosphate）及提供一高能磷酸鍵（如方程式）。

$$ATP \xrightarrow{\text{ATPase}} ADP + \sim Pi$$

此高能磷酸鍵提供能量給pump，促使pump將$3Na^+$與$2K^+$互換，而使得細胞內液（ICF）維持高K^+濃度及低Na^+濃度的狀態（圖1-24）。初級主動運輸對細胞而言為一重要的生理現象，細胞有三分之一的能量是用來維持初級主動運輸的進行。

2. **次級主動運輸**（secondary active transport）：當以逆濃度差運送溶質，而其能量的供給非直接來自ATP時，稱之為次級主動運輸。通常此種運輸方式之能量來自儲存在電化學梯度（electrochemical gradient）中之能量。在動物細胞中，通常是Na^+。Na^+由細胞外的高濃度往細胞內的低濃度移動，而提供能量。換言之，次級主動運輸是利用細胞膜上的媒介蛋白質，同時運送Na^+及溶質，Na^+一定由高濃度往低濃度進行，提供能量，而溶質是屬次級主動運輸，由低濃度往高濃度進行（圖1-25）。

鈉離子在細胞內相較於細胞外而言，是較低濃度且電荷是較負的（因Na^+在細胞內濃度遠低於細胞外），所以非常容易由細胞外往細胞內移動。有許多的溶質欲逆濃度差通過細胞膜時，常與Na^+一起運送。依照溶質運送方向，若與Na^+運送方向相同，稱為共同運輸（cotransport or symport）（圖1-26(a)）；若與Na^+運送方向相反，則稱為反向運輸（countertransport or antiport）（圖1-26(b)）。因此，次級主動運輸分為兩種：一是共同運輸，即溶質運送方向與Na^+相同，均由細胞外往細胞內進行，Na^+為順濃度差並提供能量，而溶質由細胞外的低濃度往高濃度進行；其二是反向運輸，即溶質運送方向與Na^+相反，為由細胞內的低濃度往細胞外高濃度進行（表1-7；圖1-27）。

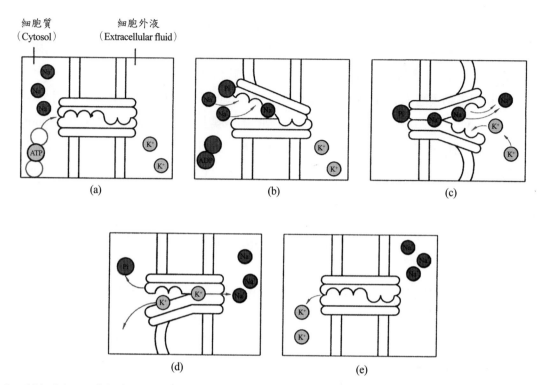

註：(a)細胞內 Na⁺ 濃度增加，ATP 會與 Na⁺-pump 之蛋白質結合；(b)因 Na⁺-pump 具 ATPase 活性，所以 ATP→
ADP+Pi；(c)Pi 使 pump 磷酸化供給能量，有三個 Na⁺ 會與 Na⁺-pump 上之特殊位置結合，如此促使 pump 形態改
變，將 3Na⁺ 送出細胞外；(d)2K⁺ 再與 pump 上之特殊位置結合，並送入細胞內；(e)當 2K⁺ 送入細胞內，則同時
完成去磷酸化的作用。

圖1-24　初級主動運輸模式

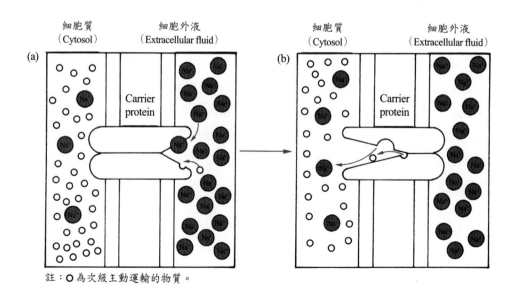

註：○為次級主動運輸的物質。

圖1-25　次級主動運輸（Secondary active transport）模式

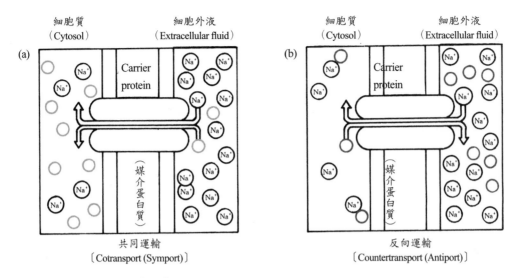

註：指(a)及(b)中之○及 ●進行次級主動運輸，依賴 Na^+ 之電化學梯度（electrochemical gradient）
來進行；(a)Na^+ 由細胞外高濃度依被動步驟（passive　process）經由 carrier　protein 進入細胞
內，所產生之能量供物質○由細胞外低濃度依次級主動運輸進入高濃度的細胞內，因
與 Na^+ 運輸方向同，稱為 cotransport（共同運輸）；(b)Na^+ 同(a)的運輸方向，而物質○則
與 Na^+ 運輸方向相反，此種次級主動運輸為 countertransport（反向運輸）。

圖 1-26　次級主動運輸的模式

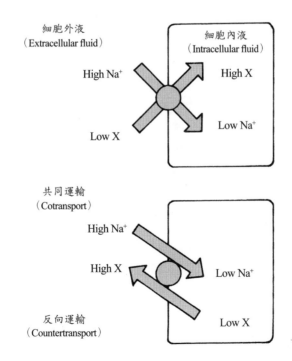

圖 1-27　次級主動運輸進行時，若溶質 X 運輸方向與 Na^+ 相同，稱為共同運輸，若溶質 X
運輸方向與 Na^+ 相反，稱為反向運輸。而溶質 X 為由低濃度往高濃度的主動運輸

表1-7 次級主動運輸方式

	Na⁺運送方向	Na⁺濃度方向	溶質運送方向	溶質濃度方向
Cotransport	外→內	High→Low	外→內	Low→High
Countertransport	外→內	High→Low	內→外	Low→High

註：溶質為次級主動運輸。

　　圖1-28中，以Ca^{++}為例，細胞外的Ca^{++}濃度遠大於細胞內，而細胞內的Ca^{++}大多儲存在胞器內質網中。當細胞內需要Ca^{++}時，如神經細胞動作電位（action potential）時，或骨骼肌肉收縮時，Ca^{++}會由細胞外經Ca^{++}離子管道進入細胞內，或由胞器內質網或肌漿質網（sarcoplasmic reticulum）經Ca^{++}管道釋放到細胞質中，以產生生理作用。當作用結束，Ca^{++}則會以初級主動運輸方式回到胞器內質網中儲存，或是以初級主動運輸及反向運輸的次級主動運輸方式離開細胞到細胞外液（ECF）。

　　表1-8中，將物質各種不同運輸方式做一比較。

表1-8 物質通過細胞膜方式的主要特性及差異

	擴散作用		媒介型運輸		
	經由脂質雙層	經由離子管道	協助型擴散作用	初級主動運輸	次級主動運輸
淨物質移動方向（Direction of net flux）	高濃度→低濃度	高→低	高→低	低→高	低→高
平衡後狀態	Co＝Ci	Co＝Ci	Co＝Ci	Co≠Ci	Co≠Ci
使用膜上蛋白質	No	Yes	Yes	Yes	Yes
飽和（最大流速）	No	No	Yes	Yes	Yes
化學特異性	No	Yes	Yes	Yes	Yes
能量供應	No	No	No	Yes: ATP	Yes: ion gradiet (Na^+)
典型例子	非極性分子 O_2, CO_2, Fatty acid	離子 Na^+, K^+, Ca^{++}, Cl^-	極性分子 Glucose	離子 Na^+, K^+, Ca^{++}, H^+	極性分子 Amino acid, glucose (at renal tubule intestinal)，一些 ions

註：Co 表示細胞外濃度，Ci 表示細胞內濃度。

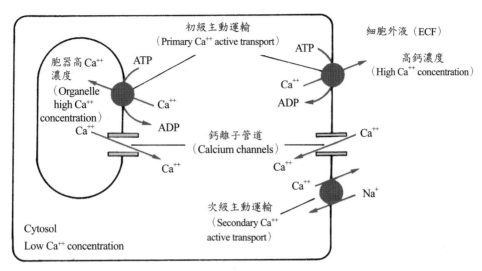

註：細胞膜上及胞器內質網的 Ca^{++} ion channel 可增加細胞質中的 Ca^{++} 濃度，而初級
　　主動運輸及次級主動運輸（與 Na^+ 反向運輸）可降低細胞質中 Ca^{++} 之濃度。

圖 1-28　影響細胞質中鈣離子濃度的運輸方式

調控細胞訊息傳遞的機制
（Regulation of signal Transduction Mechanism）

　　當外界環境發生改變時，體內的內在環境會維持一恆定狀態，此恆定狀態的維持，最主要的兩大系統是神經系統與內分泌系統。神經系統分泌神經傳遞物質（neurotransmitter），而內分泌系統則分泌激素（hormone）來調控生理的平衡。大多數的細胞會利用化學傳訊物質來互通訊息，神經傳遞物質及激素所作用的細胞，就稱為標的細胞（target cell）。內分泌腺體所分泌的激素，靠血液運送會作用在標的細胞（圖 1-29），而神經細胞所分泌神經傳訊物質對擴散作用直接支配標的細胞。某些神經細胞所分泌出來的化學物質，必須進入血液循環，到達較遠方的標的細胞才會有作用，這些物質稱為神經激素（neurohormone），這種調節機制稱為神經內分泌（neuroendocrine）。若分泌細胞分泌出來的物質只作用在鄰近的標的細胞，則稱為旁分泌（paracrine），這種作用方式，只作用於局部。另外一種是細胞分泌的化學物質，作用在分泌細胞上，這種稱為自分泌（autocrine）。

接受器（Receptor）

　　恆定系統的維持，須透過化學傳訊物質（chemical messenger）才能使各細胞互通訊息。化學傳訊物質必須與標的細胞上的特殊蛋白質結合，才能發揮該化學傳訊物質的生理作用。這些蛋白質稱為接受器（receptor），也可說是化學傳訊物質的「結合區」。

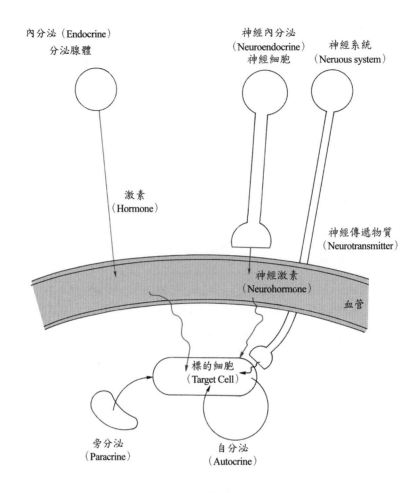

圖1-29　化學傳遞物質的分類

接受器的性質

　　接受器是位於細胞膜上或細胞內的蛋白質或是醣蛋白。一般而言，水溶性的激素或神經傳遞物質如腎上腺素（epinephrine）的接受器位於細胞膜上，而脂溶性激素如類固醇激素（steroid hormone）的接受器位於細胞內。蛋白質要成為接受器，必須有下列的性質：

1. **專一性**（specificity）：選擇性，一種接受器只能和某種分子或結構相似的分子結合（圖1-30）。化學傳訊物質只可與A細胞上之蛋白質結合。

2. **飽和性**（saturation）：接受器與化學傳訊物質結合的程度，如果全部的接受器被占滿，飽和性為100%；如果只占一半，飽和性為50%。一般細胞所具有的接受器含量均少量，很快即會被化學傳訊物質所占滿，稱為接受器的飽和性。

3. **親和力**（affinity）：接受器與化學傳訊物質的結合能力，必須是高親和力，才算是接受器。

4. **競爭性**（competition）：結構相似的化學傳訊物質，會與同一種接受器結合，互相競爭，進而影響彼此的結合。

5. **生理反應**（biological response）：生理上接受器與化學傳訊物質結合後必須能引起生理反應。

接受器的調節

具有上述性質的蛋白質分子，即可稱為接受器。接受器還具有一些相關的性質：

1. **作用劑**（agonist）：某分子與接受器結合，促使該細胞產生類似化學傳訊物質作用的生理反應。

2. **拮抗劑**（antagonist）：某分子會與化學傳訊物質互相競爭接受器，但卻不具有生理反應，或是產生相反的作用。

3. **向下調節**（down-regulation）：當化學傳訊物質在細胞外的濃度長久偏高，致使標的細胞上之接受器數量減少。

4. **向上調節**（up-regulation）：當化學傳訊物質在細胞外的濃度長久偏低，造成標的細胞上之接受器數量增加。

5. **超敏感性**（supersensitivity）：當化學傳訊物質的濃度超過一定量之後，標的細胞的反應就會增強，通常與向上調節有關。

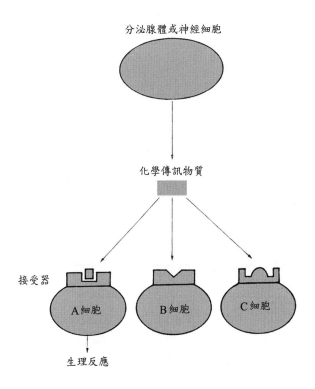

圖1-30　接受器專一性與化學傳訊物質之關聯

接受器的分類

　　前述接受器依其化學傳訊物質的親水性或親脂性（hydrophobic）可分為位於細胞膜或細胞內。表1-9中，親脂性較高的化學傳訊物質，如類固醇激素（steroid hormone）及甲狀腺素（thyroid hormone）之接受器位於細胞內，此種接受器稱為細胞內接受器（intracellular receptor），與此種接受器結合之化學傳遞物質的主要作用位置在細胞核內的染色體上。親水性較高的激素，其接受器的位置位於細胞膜上。細胞膜上之接受器又可分為三種不同的形態：一是接受器本身即是一個離子管道（ion channel），稱為管道型接受器（channel-link receptor）；其二是接受器本身即具有蛋白活化酵素（protein kinase；蛋白質激酶）的活性，如tyrosine kinase，稱為酵素型接受器（enzyme-link receptor）；其三是接受器與化學傳訊物質結合後，活化細胞膜上的G蛋白，稱為G蛋白活化接受器（G-protein coupling receptor），而G蛋白被活化後進而作用在細胞膜上的酵素或離子管道，啟動一連串的生化反應。大部分位於細胞膜上之接受器作用形式屬於第三者，在後文接受器訊息傳送中會有更詳細的介紹。

表1-9　依傳訊方式不同，接受器的分類

---

1. 位於細胞內的接受器，作用於細胞核內之基因
　　例如：類固醇激素（Steroid hormone）及甲狀腺素（Thyroid hormone）之接受器
2. 位於細胞膜上之接受器
　　(1) 接受器本身即具有離子管道的功能
　　　　例如：r-胺基丁酸（gamma-aminobutyric acid; GABA）之接受器
　　(2) 接受器本身具有蛋白質激酶（Protein kinase）的活性，特別是酪胺酸激酶（Tyrosine kinase）。例如：胰島素接受器
　　(3) 活化G蛋白的接受器，再作用於細胞膜上之酵素或離子管道
　　　• Adenylyl cyclase：可促進形成 cyclic AMP
　　　• Guanylyl cyclase：可促進形成 cyclic GMP
　　　• Phospholipase C：可促進形成 diacyiglycerol 及 inositol triphosphate（IP3）
　　　• 離子管道

訊息傳遞系統之機轉（Signal transduction mechanism）

　　訊息（signal）是指接受器的活化反應，而傳送（transduction）是指接受器活化後的一連串細胞內的反應。首先了解何謂「第一傳訊者」（first messenger），是指由細胞外傳送到細胞內的物質，不管是哪一種分子，都可視為第一傳訊者。在生理上，第一傳訊者通常是指激素或神經傳遞物質等化學傳訊物質（chemical messenger）而言。

細胞膜接受器之訊息傳送機轉

　　蛋白質或胜肽（peptide）結構之激素或神經傳遞物質通常是親水性的（hydrophilic; water-soluble），因此也不溶於細胞膜之脂肪層，不易進入到細胞內作用，所以這一類的化學傳訊者必須靠細胞內的傳訊者或第二傳訊者（second messenger）來幫忙完成其生理作用。此類化學傳訊者之接受器位於細胞膜上，其中一部分位在細胞外，為激素結合位置，一部分穿透細胞膜進入細胞質中，此部分可刺激產生一連串的生化反應。茲分述如下：

1. **管道型接受器**（channel-link receptor）：接受器本身為一離子管道，這一種細胞膜接受器是最簡單的接受器，不會引起複雜的變化。接受器本身即是一種與離子管道形成之複合體（圖1-31）。當第一傳訊者與接受器結合，活化接受器即刺激將離子管道打開，引起生理反應。此種接受器最典型的例子之一為 r - 胺基丁酸（gamma-aminobutyric acid; GABA）接受器有一部分即為 Cl^- 管道。

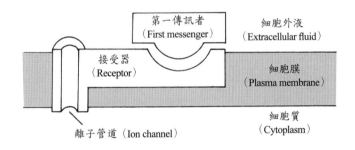

註：當第一傳訊者與接受器結合，活化接受器後，即打開離子管道，使
　　離子由細胞外進入細胞內。

圖1-31　接受器即為離子管道

2. **G蛋白活化接受器**（G-protein coupling receptor）：可以活化 G 蛋白之接受器，含有此種接受器的細胞，其傳訊機制比較複雜（圖1-32；表1-10），種類也最多，這一類的訊息傳送機制中會產生第二傳訊者（second messenger）。在這裡一共會有五種第二傳訊者，包括 cyclic AMP（cAMP）、cyclic GMP（cGMP）、diacyiglycerol（DAG or DG）、inositol triphosphate（IP_3）及 Ca^{++} 五種，在之後的章節會詳細介紹。首先我們先了解，活化 G 蛋白之接受器的訊息傳送機制雖然複雜，但其機制相當類似，圖1-32 及表1-10中顯示，第一傳訊者（first messenger）活化接受器後，接著活化細胞膜上之 G 蛋白，活化 G 蛋白再進一步活化細胞膜上的離子管道或酵素，進而在細胞質中產生第二傳訊者（second messenger），第二傳訊者活化蛋白質激酶（protein kinase），活化的蛋白質激酶促使蛋白質磷酸化反應（protein phosphorylation），便可產生細胞反應

（cell response），亦即有生理反應產生。分述如下：

⑴cyclic AMP當第二傳訊者：cyclic 3'，5'-adenosine monophosphate簡寫成cyclic AMP或是cAMP。cAMP的產生，是當位於細胞膜內側的酵素adenylyl cyclase活化，即可催化ATP（adenosine triphosphate）形成cyclic AMP（圖1-33），而所形成的cAMP很快會被位於細胞質中的酵素磷酸二酯酶（phosphodiesterase）分解形成5'-AMP，而失去活性。

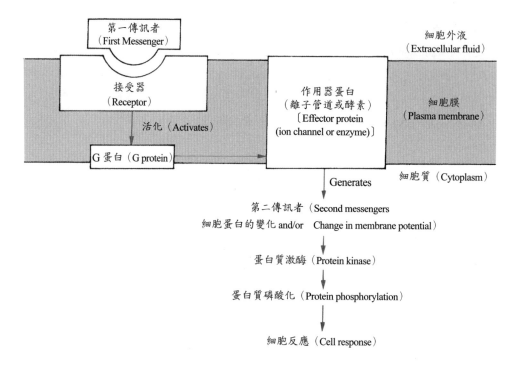

圖1-32　G蛋白活化之訊息傳遞系統

表1-10　活化G蛋白之接受器的訊息傳送步驟

1.Primary messenger bind to its receptor
2.Activate G protein in plasma membrane
3.G protein activate enzyme or ion channel in cell membrane
4.Produce second messenger
　⑴adenylyl cyclase: cyclic AMP
　⑵guanylyl cyclase: cyclic GMP
　⑶phospholipase C: DAG & IP_3
　⑷ion channel open: Ca^{++} (common)
5.Activate protein kinase
6.Activate protein phosphorylation
7.Cell response

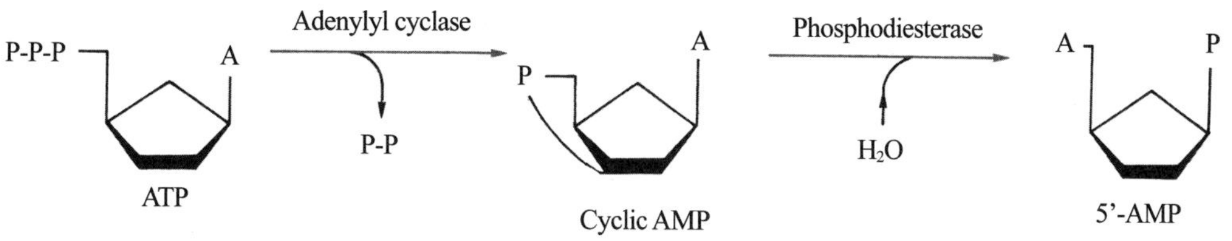

註：A為adenosine；P為phosphate。

圖1-33　ATP經Adenylyl cyclase作用形成cAMP，接著cAMP在
Phosphodiesterase作用下，形成不具活性的5'-AMP

當第一傳訊者（first messenger）與其細胞膜上之接受器結合，可活化細胞膜之整合蛋白質（integral protein），此整合蛋白質需要烏嘌呤核苷三磷酸鹽（guanosine triphosphate; GTP）來幫助其功能之執行，所以稱為G蛋白（G protein），其中一G蛋白會刺激adenylyl cyclase，稱為Gs蛋白；另一種會抑制adenylyl cyclase，稱為Gi蛋白（圖1-34）。當Gs蛋白被活化，即可活化細胞膜內側上之酵素adenylyl cyclase，一旦adenylyl cyclase活化，即催化ATP轉變成cAMP（圖1-33），cAMP即可活化cAMP依賴之各種蛋白質激酶（cAMP-dependent protein kinase），此蛋白質激酶通常為蛋白質激酶A（protein kinase A），活化的蛋白質激酶A可促進蛋白質磷酸化（protein phosphorylation），即蛋白質上接上一磷酸根離子（protein-PO_4^{-3}）。蛋白質產生磷酸化後，即被活化而引起細胞反應（cell response）的產生。圖1-35，在生理上腎上腺素（epinephrine）的作用機轉，即經由cAMP當第二傳訊者的典型例子，活化的cAMP促進cAMP依賴蛋白質激酶活化，此蛋白質激酶可同時活化肝醣磷酸分解酶（glycogen phosphorylation），並且抑制肝醣合成酶（glycogen synthetase）活化，以催化肝醣分解及抑制肝醣合成，進而增加血糖（blood sugar）應付緊急狀態。生理上除腎上腺素以cAMP當作第二傳訊者外，其他利用cAMP為第二傳訊者之一些激素，列於表1-11。

另外，類似cAMP的第二傳訊者為cGMP，在某些組織當第二傳訊者用。cyclic GMP的形成及細胞內的訊息傳送步驟均類似cAMP。即當接受器被第一傳訊者活化，再活化G蛋白，促使guanylyl cyclase活化，而催化GTP轉變成cGMP。第二傳訊者cGMP接著活化蛋白質激酶G（protein kinase G），以進一步促進蛋白質磷酸化而產生生理反應。

表1-11　一些利用cAMP當第二傳訊者之激素

激素（Hormones）	標的組織（Targer tissue）
• Adrenocorticotropic hormone (ACTH) • Epinephrine (β-adrenergic receptor) • Glycogen • Luteinizing hormone (LH) • Follicle-stimulating hormone (FSH) • Parathyroid hormone (PTH) • Thyroid-stimulating hormone (TSH) • Thyrotropin-releasing hormone (TRH) • Antidiuretic hormone (ADH)	• 腎上腺皮質（Adrenal cortex） • Heart, skeletal muscle, adipose • Liver • Testis and ovary • Testis and ovary • Bone • Thyroid gland • Thyrotropins in anterior pituitary • Collecting duct of nephron

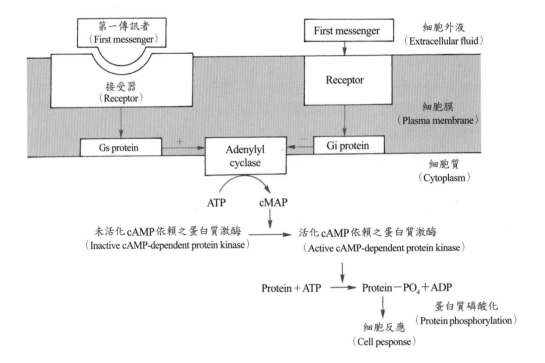

註：第一傳訊者與接受器結合後，活化G蛋白（Gs：刺激；Gi：抑制），進而活化
　　（或抑制）adenylyl cyclase，以形成（或抑制）cAMP。cAMP形成則促進蛋白質
　　激酶活化，促進蛋白質磷酸化反應（protein phosphorylation），以產生細胞反應。

圖1-34　cAMP當第二傳訊者之系統

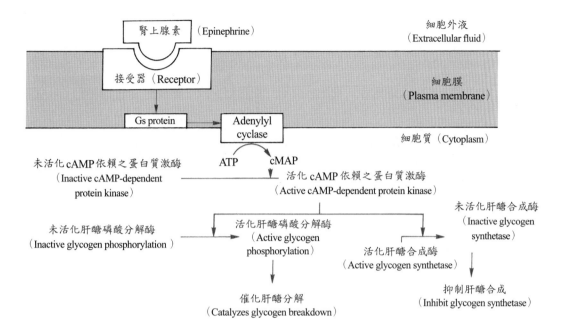

圖1-35　腎上腺素經由刺激cAMP形成，進而促進肝臟細胞（Liver cell）進而肝醣分解
（Glycogen breakdown）及抑制肝醣合成（Glycogen synthesis）的步驟，以增加血
糖（Blood sugar）應付緊急需要。cAMP活化蛋白質激酶可同時活化Glycogen
phosphorylase並抑制Glycogen synthetase

(2)IP_3及DAG當第二傳訊者：1950年代，科學家們發現細胞膜上的脂質，與細胞內訊
息傳送相關。一直到近些年來，發現細胞膜上之脂質phosphotidylinositol與訊息傳
送相關。phosphotidylinositol由ATP處獲得兩個磷酸根，便會形成phosphotidylinositol
4,5-bisphosphate（PIP_2），此PIP_2即為細胞內訊息傳送因子的前驅物（precusor）。

$$\text{Phosphotidylinositol} \xrightarrow{\text{ATP}} PIP_2 + AMP$$

圖1-36中，PIP_2經酵素磷脂酶C（phospholipase C）的作用，分解成diacyiglycerol
（DAG）及inositol triphosphate（IP_3）。

第一傳訊者與接受器結合，活化 G 蛋白（GTP 結合蛋白質），此系統只會刺激 G 蛋白，但不會抑制 G 蛋白。此 G 蛋白活化，接著活化細胞膜上之 phospholipase C（其地位相當於 adenylyl cyclase），進而催化 PIP_2 水解成 IP_3 及 DAG。IP_3 及 DAG 均可當作細胞內的第二傳訊者，只是經由不同的途徑完成細胞反應（圖 1-37）。DAG 的地位相當於 cAMP，只是 DAG 形成後仍位於細胞膜上（cAMP 是在細胞質中形成），進而活化細胞膜上之蛋白質激酶 C（protein kinase C），此蛋白質激酶 C 地位同 cAMP 依賴之蛋白質激酶（一般認為蛋白質激酶 A），可促使細胞質中許多的特殊蛋白質產生磷酸化作用（phosphorylation），以產生細胞反應。

形成的 IP_3 由細胞膜內側上釋放入細胞質中（圖 1-37），進而作用在胞器內質網（endoplasmic reticulum; ER）上，使 Ca^{++} 管道打開，增加細胞內 Ca^{++} 的濃度。Ca^{++} 也當作第二傳訊者，接著要討論 Ca^{++} 在訊息傳送系統中之角色。

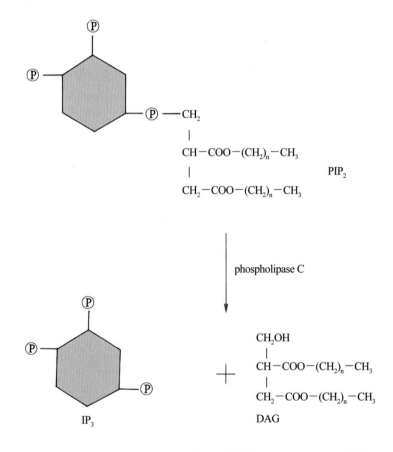

圖 1-36　Phosphatidylinositol 4,5-bisphosphate（PIP_2）經由 Phospholipase C 作用
　　　　 分解成 Inositol triphosphate（IP_3）及 Diacyiglycerol（DAG）的步驟

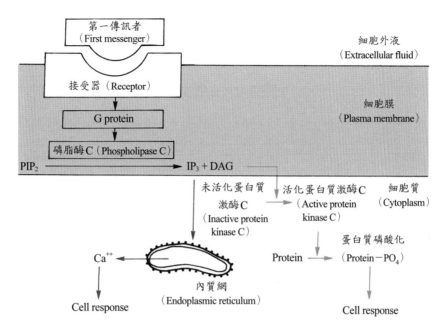

註：活化之G蛋白可促使磷脂酶C（phospholipase C）催化PIP_2分解成IP_3及DAG。DAG活化蛋白質激酶C，促使蛋白質磷酸化，產生細胞反應（作用機轉似cAMP）。IP_3則促使內質網釋放Ca^{++}，以引發細胞反應。

圖1-37　DAG及IP當作第二傳訊者之系統

(3)Ca^{++}當作第二傳訊者：Ca^{++}方可當作第二傳訊者，當細胞質中的Ca^{++}濃度上升，即會引起生理反應。可促使細胞內Ca^{++}濃度增加的方式有三：

①接受器本身連接Ca^{++}管道（圖1-31），所以當第一傳訊者與接受器結合，同時也打開Ca^{++}管道，使細胞內Ca^{++}濃度上升。

②G蛋白直接打開Ca^{++}管道（圖1-38），接受器經由與第一傳訊者結合活化後，此活化之G蛋白可直接打開Ca^{++}管道，增加細胞質中Ca^{++}濃度。

③經由第二傳訊者IP_3（圖1-37），增加細胞質中Ca^{++}濃度。

當細胞內Ca^{++}濃度增加，Ca^{++}會與Ca^{++}結合蛋白質結合。Ca^{++}的結合蛋白質有兩種：一是位於骨骼肌中之肌鈣蛋白C（troponin C），另一是位於細胞質中的調鈣蛋白（calmodulin）。Ca^{++}與細胞質中之calmodulin結合形成活化狀態，進而刺激calmodulin依賴蛋白質激酶活化（圖1-39），此蛋白質激酶活化即會促進蛋白質磷酸化反應，進而產生細胞反應。

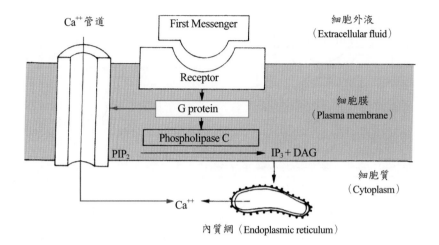

圖1-38　G蛋白直接打開 Ca⁺⁺ 管道

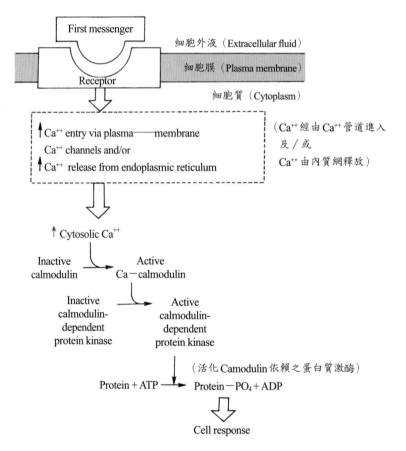

註：Ca^{++} 經由 Ca^{++} 管道或內質網釋放，增加細胞質 Ca^{++} 濃度，進而活化 Ca-camodulin 複合物，便可活化 camodulin 依賴之蛋白質激酶（camodulin-dependent protein kinase）之活化，進行蛋白質磷酸化，而有細胞反應。

圖1-39　Ca^{++} 當第二傳訊者之訊息傳送機轉

3. **酵素型接受器**（enzyme-link receptor）：接受器本身具有蛋白質激酶活性，或可以活化細胞質中的蛋白質激酶。位於細胞膜上之接受器，除上述之作用機轉外，有一些胜肽（peptide）之機轉不像上述之作用。像insulin（胰島素）、生長激素（growth hormone）及生長因子（growth factor）等，這些激素及生長因子的接受器為一穿過細胞膜之接受器（transmenbrane receptor）。此類接受器又可以分為兩種：一是接受器位於細胞質的部分，即具有蛋白質激酶的活性（圖1-40(a)），此蛋白質激酶為酪胺酸激酶（tyrosine kinase），如胰島素（insulin）、生長因子（growth factor）的接受器屬於此類。當第一傳訊者與其接受器結合，活化接受器，同時也活化接受器位於細胞質部分之tyrosine kinase，所以此tyrosine kinase即會促進蛋白質磷酸化反應，而有生理反應產生。二是接受器本身不具有tyrosine kinase（圖1-40(b)），而是當第一傳訊者；如生長激素（growth hormone）或白血球間質（interleukins）與接受器結合後，活化的接受器進一步促使位於細胞質中的JAK kinase（亦為一種tyrosine kinase）活化，JAK kinase促進蛋白質磷酸化而產生生理反應。

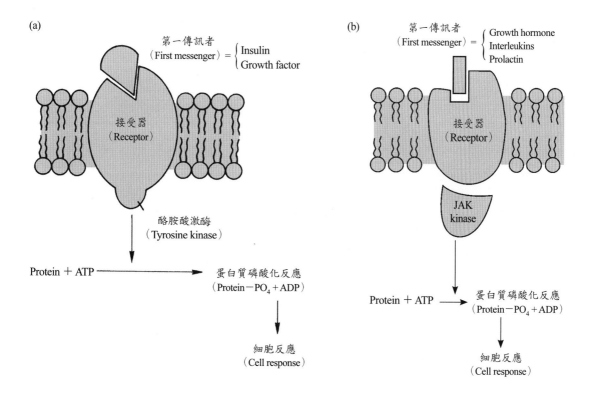

圖1-40　(a)接受器本身具有蛋白質激酶活性；(b)接受器與first messenger
接合後，可以活化細胞質中另一蛋白質激酶─JAK kinase活性

細胞內接受器之訊息傳送機轉

脂溶性（lipid-soluble）較高的親脂性（hydrophobic）化學傳訊者，像類固醇激素（steroid hormone）及甲狀腺激素（thyroid hormone），容易通過細胞膜進入細胞內，因此這些物質不需要第二傳訊者即可產生其生理作用。

關於類固醇激素及甲狀腺激素的作用機轉（圖1-41），一般而言，親脂性的化學傳訊者，在血液循環中均與血液中之攜帶蛋白質（carrier protein）結合在一起，當與carrier protein分開時，才會通過細胞膜，進入細胞內與其接受器結合。過去認為此種接受器位於細胞質中，最近科學家們發現自由態（free form）之接受器是位於細胞核內的。與激素結合之接受器的激素／接受器複合體（hormone/receptor complex）會進行形態改變（conformation change），以俾使易於與細胞核DNA（deoxynucleoic acid）上之結合位置（acceptor site）結合，進而刺激轉錄作用（transcription）而產生mRNA，mRNA進入細胞質中，移到rER上的核糖體進行轉譯作用（translation），將mRNA之密碼轉譯成特殊的蛋白質，而產生各種生理作用。屬於這種訊息傳送機制的激素，列於表1-12。

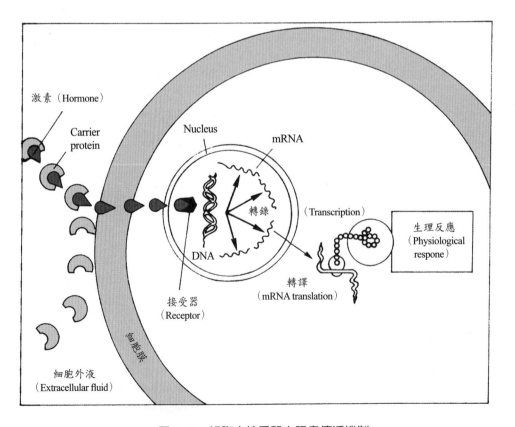

圖1-41 細胞內接受器之訊息傳遞機制

表1-12 接受器位於細胞內之激素

Hormone	
Steroidal hormone	• estrogen: ex. estradiol • progesterone • androgen: ex. testosterone • glucocorticoid hormone: ex. cortisol • mineralcorticoid hormone: ex. aldosterone • vit D_3（cholecalciferol）
Thyroid hormone	• thyroxine（T_4） • triiodothyronine（T_3）

專有名詞中英文對照

第二章　可興奮的細胞——神經元

章節大綱

神經元的組織結構

靜止膜電位

動作電位

突觸及神經傳導物質

學習目標

研習本章後，你應該能做到下列幾點：

1. 說明神經細胞的基本構造及分類
2. 了解突觸的性質及生理作用
3. 了解神經細胞的靜止膜電位的形成
4. 能繪圖說明神經細胞的動作電位
5. 比較動作電位與階梯電位之差異
6. 說明興奮性突觸後電位以及抑制性突觸後電位

　　體內恆定狀態（homeostasis）的維持，主要靠神經系統及內分泌系統來完成。而神經系統是反應環境變化，維持恆定較快的方法。神經系統由神經元（neuron）及神經膠細胞（glial cell）所組成。神經元負責感覺、統合及反應，感應體外環境變化，傳入中樞神經系統整合之後，下達命令經傳出神經，由肌肉收縮及腺體分泌來反應外在環境的變化。

神經元的組織結構（Histological Structure of Neuron）

神經元的組織學（Histology of neuron）

　　神經元又稱為神經細胞（nerve cell），人體內約有數百億個神經細胞，其構造包含細胞本體（cell body）、樹突（dendrite）及軸突（axon）（圖2-1）。細胞本體包括細胞核及含顆粒的細胞質所組成，神經細胞所釋放之神經傳導物質（neurotransmitter），大多在細胞本體合成。樹突狀似樹枝，數目多，接受訊息（signal）傳給細胞本體。軸突只有一條，將訊息由細胞本體傳給另一神經元或其他細胞。有些細胞的軸突外有髓鞘（myelin）細胞包圍住，稱為具髓鞘之神經元（myelinated neuron）。沒有髓鞘包圍軸突的細胞稱為不具髓鞘之神經元（unmyelinated neuron）（圖2-2）。大部分在周邊神經系統（peripheral nervous system）的髓鞘為許旺細胞（Schwann cell），而在中樞神經系統（central nervous system）的髓鞘細胞多為寡突細胞（oligodendrocyte）（圖2-2）。具髓鞘之神經元，其許旺細胞之細胞膜包裹並圍繞在軸突外層，使得此處為絕緣，只有在未被許旺細胞包圍之郎氏結（node of Ranvier）（圖2-1）具有傳導作用。

神經元的種類（Classification of neuron）

　　神經元依其功能不同，可分為：(1)感覺或傳入神經元（sensory or afferent neuron）（圖2-3），負責將神經衝動（nerve impulse）由接受器傳到中樞的腦及脊髓；(2)中間神經元（interneuron），又稱聯絡神經元，位於中樞神經系統（central nervous system）內，負責將神經衝動由感覺神經元傳到運動神經元或下一個中間神經元；(3)運動或傳出神經元（motor or efferent neuron），負責將中樞的神經衝動傳給肌肉或腺體等作用器官（effector）。

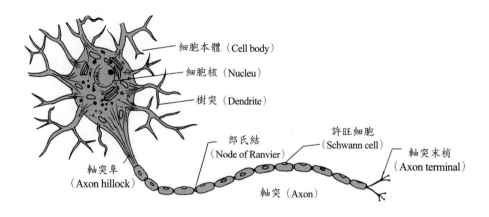

圖2-1 具有髓鞘之神經細胞

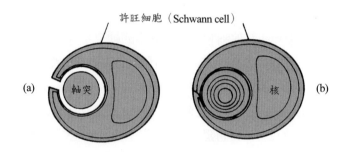

圖2-2 (a)不具髓鞘神經細胞之橫切面；(b)具髓鞘神經細胞之橫切面

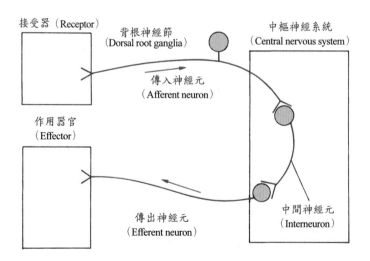

圖2-3 三種神經元及其傳導方向

突觸（Synapse）

　　兩個神經元接觸之處稱為突觸（synapse）（圖2-4），是神經傳導物質發揮生理作用的地方。突觸包括突觸前神經元（presynaptic neuron）及突觸後神經元（postsynaptic neuron）或突觸後細胞（postsynaptic cell）。將訊息傳給突觸之神經元稱為突觸前神經元；而位於突觸傳導方向之後，接受由突觸傳來之訊息的神經元，則稱為突觸後神經元。在有些地方，突觸後的細胞不一定是神經元，而是接受傳出神經指令的作用器官，例如骨骼肌（skeletal muscle）之神經肌肉接合處（neuromusular junction），或自主神經的作用器官等。

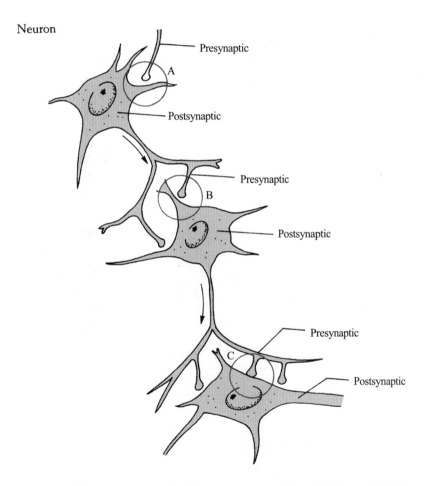

註：突觸前（presynaptic），突觸後（postsynaptic）。就B突觸而言，A神經元為
　　presynaptic，B神經元為postsynaptic；但就C突觸而言，B神經元則
　　為presynaptic，C神經元則為postsynaptic。

圖2-4　突觸位於神經元之關係

靜止膜電位（Resting Membrane Potential）

神經細胞膜（Cell membrance of neuron）

　　細胞膜內外之離子濃度差異及電荷分布不一，可導致離子通過細胞膜，而進出細胞膜。這種離子濃度不同，稱之為濃度梯度（concentration gradient）或濃度差（concentration difference），這種濃度差結果使得膜內外電荷（electrical charge）分布不均，稱之為膜電位（membrane potential）。

　　膜電位的產生是因為膜內外陽離子及陰離子分布不均（表2-1），陽離子及陰離子分別貢獻於膜內外的電位，最後淨值差即為平衡的膜電位（圖2-5）。神經細胞膜內外離子的分布與體內大部分細胞都相似，細胞內含較高濃度的 K^+ 及低濃度的 Na^+，而細胞外則含較高濃度的 Na^+ 及低濃度的 K^+。這些離子可以通過細胞膜，平衡後貢獻於膜內外的電荷分布。影響離子分布的因素有(1)濃度差；(2)電位差；(3)主動運輸；及(4)細胞膜對離子的通透性。因濃度差之故，Na^+ 可由 Na^+ 管道（Na^+-channel）以被動方式，由外往內移動，而 K^+ 則以被動方式經 K^+ 管道（K^+-channel），由內往外移動（圖2-6）。因細胞內較負，所以帶正電離子有往細胞內移動的傾向，而帶負電離子則往細胞外移動。此外，主動運輸之 $Na^+ - K^+$ pump 則不斷將 $3Na^+$ 送出細胞外，將 $2K^+$ 送入細胞內，使得膜內較膜外為負。

表2-1　哺乳動物神經細胞膜內外的離子濃度

離子	濃度（mM）		平衡電位（mV） （Equilibrium potential）
	細胞內	細胞外	
Ka^+	15.0	150.0	$+60$
K^+	150.0	5.5	-90
Cl^-	9.0	125.0	-70
靜止膜電位＝－70mV			

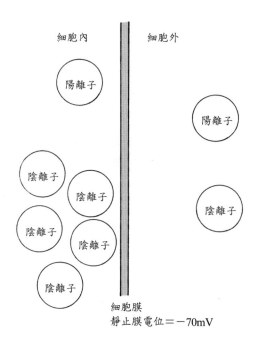

圖2-5　膜電位表示細胞內較細胞外負70mV

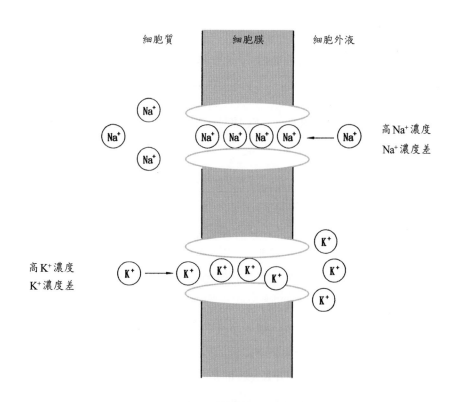

圖2-6　K^+ 及 Na^+ 的濃度差及其移動的方向

靜止膜電位的產生（Generation of resting membrane potential）

平衡電位的產生，源自於該離子在細胞膜內外分布的結果。圖2-7為平衡電位建立的假說。假設一開始，在細胞內之陽離子（K⁺）數目與陰離子數目相同，則細胞內為不帶電（圖2-7(a)）；因為濃度差，K⁺會移出細胞，但陰離子是蛋白質為大分子，故無法通過細胞膜，而使得細胞內因陽離子與陰離子不平衡，造成細胞內為帶負電（圖2-7(b)）；接著，細胞內負電會吸引ECF之K⁺往細胞內移動，而K⁺因濃度差會更多的移出細胞，使得細胞內更負（圖2-7(c)）；當有更多的K⁺移出細胞，所造成的負電會再將K⁺吸引入細胞內（圖2-7(d)），最後雙方移動速率相等，此時之電位稱之為K⁺之平衡電位（E_k）。所以，平衡電位意指任何一個離子在膜內外之移動淨值（net flux）為0時，對細胞膜所貢獻的電位，可以Nernst Equation來表示。

$$E_{ion} = \frac{RT}{ZF} \times \log\frac{[Ion]_o}{[Ion]_i} \text{ at } 37°C$$

$$= 61.5 \log\frac{[Ion]_o}{[Ion]_i} \text{ at } 37°C$$

R：氣體常數
T：絕對溫度
Z：電荷數
F：法拉第常數

由此公式可算出$E_k = -90mV$，$E_{Na} = +60mV$，而$E_{Cl} = -70mV$。但是由此公式只能算出單一離子的平衡電位，但對膜電位而言，尚包括Na⁺及Cl⁻之貢獻。此外，當神經細胞未受刺激時，對K⁺之通透性（permeability）大於對Na⁺及Cl⁻之通透性，所以這些均會影響神經細胞之靜止膜電位。其關係稱為Goldmann, Constant-Field公式：

$$V = \frac{RT}{ZF} \times \ln\frac{P_{K^+}[K^+]_o + P_{Na^+}[Na^+]_o + P_{Cl^-}[Cl^-]_i}{P_{K^+}[K^+]_i + P_{Na^+}[Na^+]_i + P_{Cl^-}[Cl^-]_o}$$

V：膜電位
P：通透性

靜止膜電位的產生，是位於細胞膜內外的離子分布貢獻而來，其中主要的原因是神經細胞內之蛋白質及細胞外之K⁺所致（圖2-8）。細胞膜內外的正負電離子可成對存在，在細胞膜內有多餘的負電荷，而此負電荷源自於蛋白質所帶的負電，而細胞外之正電，則源自多餘的K⁺。這種在靜止狀態下細胞膜內帶負電的分布情形，稱之為極化（polarization）（圖2-9），而測得之細胞膜內外電位差，即為靜止膜電位（resting membrane potential; RMP）。

除了神經細胞膜內外的離子分布，使得RMP為負值外（約在 -70mV），細胞膜上之Na⁺-K⁺pump，不斷的將3Na⁺送出細胞外，而只將2K⁺送入細胞內（圖2-10），Na⁺-K⁺pump除了維持細胞膜內外K⁺及Na⁺的濃度差之外，也影響了靜止膜電位，其結果使得膜內多一負電荷，因此，維持了靜止膜電位為負值。

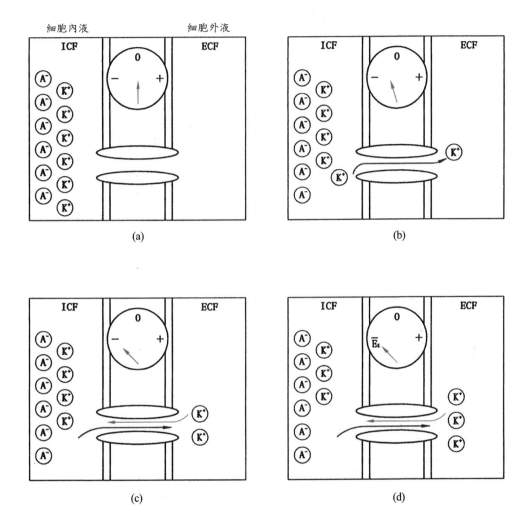

註：指針由(a)→(d)漸往「─」移動。(a)細胞質中陽離子數目等於陰離子數目，為不帶電；
　　(b)K⁺經K⁺管道跑出細胞，細胞內帶負電；(c)因細胞內帶負電，所以K⁺會再進入細胞內，而因濃
　　度差關係，K⁺仍持續移到細胞外；(d)K⁺進出細胞速率相同，使得細胞內更負，此時之電位，稱
　　為K⁺之平衡電位（E_k）。

圖2-7　平衡電位建立的假說

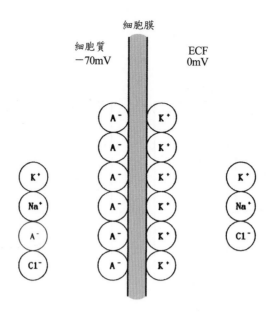

圖2-8　神經細胞靜止膜電位產生原因

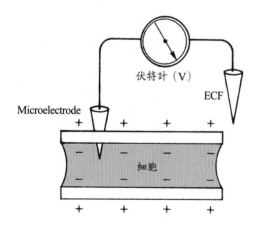

圖2-9　細胞膜電位的測定

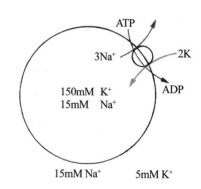

圖2-10　鈉—鉀pump

動作電位（Action Potential）

　　神經細胞在靜止狀態，因為各種離子所貢獻的平衡電位及 $Na^+ - K^+$ pump 作用結果，使得細胞內較細胞外為負，稱為極化。若膜電位差由靜止膜電位（RMP）的 $-70mV$ 減少為 $-60mV$、$-50mV$ 或更少，稱之為去極化（depolarization）（圖2-11）；若是由 RMP 增加為 $-80mV$ 或更高，稱為過極化（hyperpolarization）。不論是去極化或過極化，再恢復到 RMP，則稱為再極化（repolarization）。但若去極化結果，使得膜電位差變成細胞內較細胞外為正電，則稱為逆極化（overshoot）（圖2-11）。

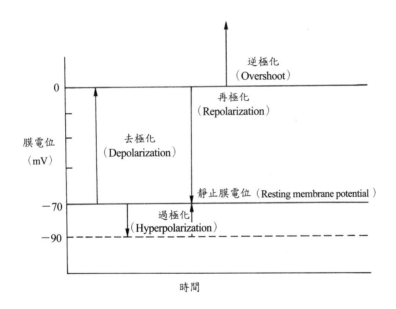

圖2-11　膜電位的變化

動作電位

　　神經細胞膜上有許多的離子管道（ion channel），當神經細胞受到刺激時，各種離子管道會隨著膜電位改變，打開或關閉，而進出細胞膜的電荷會影響膜內負電荷數，進而影響膜電位。

　　動作電位意指由神經細胞傳導的電氣衝動（electric impulse），它會使得膜電位由負的靜止狀態在短時間內轉變成正電荷（圖2-12）。當膜電位由靜止膜電位之 $-70mV$ 往上減

少，變得較正時，稱為去極化（depolarization）；如果當膜電位變化到達閾值（threshold）（圖2-13），約－55mV時，則膜電位快速變得更正（圖2-12），在此上升相（rising phase）可達+30mV之後，膜電位變化開始再極化（repolarization）（圖2-12；圖2-13）。接著再到達靜止膜電位前會先有過極化現象，此區稱為後過極化（after-hyperpolarization），才回到靜止膜電位。

當刺激神經之刺激強度足以使膜電位改變到－55mV時，稱之為閾值刺激（threshold stimulus），此時膜電位到達閾值則會產生動作電位（圖2-13）。若為閾值下刺激強度，則膜電位改變不足以產生動作電位；如果為閾值上刺激強度，不管其刺激強度多大，一旦膜電位到達閾值，所產生動作電位的形狀及大小大致相同，此種現象稱為全或無律（all-or-none law）。

動作電位與離子傳導之關係
（Relationship of action potential and ion conductance）

靜止狀態下，神經細胞膜對Na$^+$及K$^+$通透性都低，此時細胞膜上的Na$^+$管道及K$^+$管道都是關閉的。當神經細胞受到刺激，對Na$^+$的通透性增加，Na$^+$管道大量開啟，使得Na$^+$大量由細胞外進入細胞內造成去極化（圖2-14）。當到達逆極化時，Na$^+$管道開始關閉，Na$^+$通透性開始降低。當膜電位差不再往正值，而開始往負值進行時，K$^+$管道開啟速度加快，K$^+$由胞內移出胞外，使得膜電位差增加，再度使得細胞內負外正，稱之為再極化。當Na$^+$管道完全關閉，而K$^+$管道仍在進行，使得膜電位變得比靜止膜電位還負，稱之為後過極化（after-hyperpolarization）。因此，動作電位的去極化與Na$^+$傳導較相關，而其再極化則因為K$^+$傳導增加之故。此外，這些造成動作電位的Na$^+$管道及K$^+$管道開關受控於膜電位，稱為壓控通道（voltage-gated channel）。

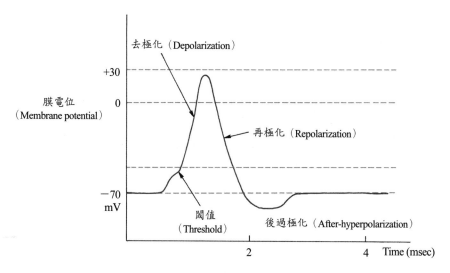

圖2-12　神經細胞的動作電位

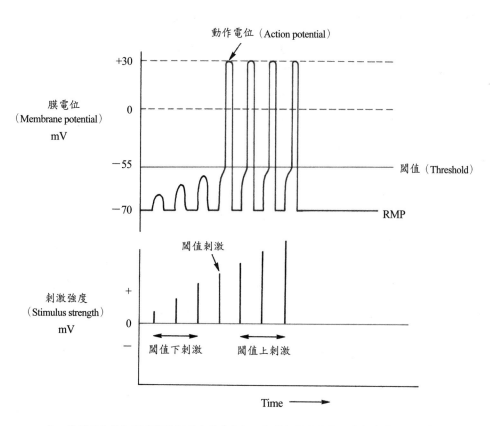

註：當膜電位變化到達閾值即產生動作電位，但增加刺激強度，其動作電位仍一樣大。

圖2-13　不同刺激強度下，膜電位的變化

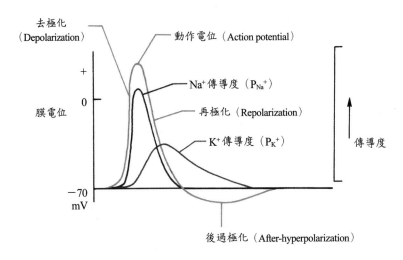

圖2-14 動作電位中Na⁺及K⁺的傳導度

興奮性與不反應期（Excitability and refractory period）

在動作電位的初期，神經細胞沒有辦法再接受刺激產生第二次動作電位，此期稱為絕對不反應期（absolute refractory period）（圖2-15）。在此期中即使給予再大的刺激也無法產生第二次的動作電位。這可能是因為 Na⁺ channel 仍處在不活化狀態。當神經細胞進行再極化，膜電位恢復近閾值處，開始為相對不反應期（relative refractory period）。在此期中，若刺激強度加強（刺激2）時，神經細胞仍會產生第二次動作電位，但其閾值會提高，且所產生動作電位的尖形峰（spike）較小。如果神經細胞恢復到靜止膜電位，再給予刺激（刺激3），則仍可以產生正常之動作電位。

當神經細胞接受刺激，膜電位未達閾值前，因膜電位已改變，若再給予刺激，即可引起動作電位，此時神經細胞之興奮性較大，稱為附加潛伏期（period of latent addition）（圖2-16）。一旦去極化達到閾值，產生動作電位，進入不反應期，此時神經細胞之興奮性非常低，即使給予再大刺激也無法產生動作電位。在後過極化時其膜電位較靜止膜電位更負，需要更強的刺激才會引起動作電位，稱為常度下時期（subnormal period），其興奮性較正常低。

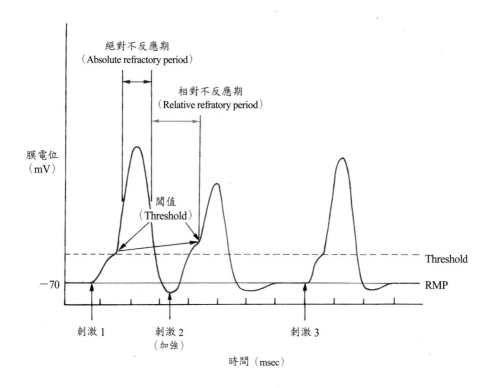

圖2-15 動作電位中之絕對不反應及相對不反應期

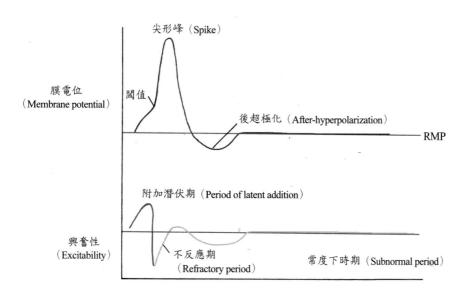

圖2-16 動作電位過程中神經細胞之興奮性

動作電位的傳導方向及速度（Direction and speed of action potential）

　　神經細胞產生動作電位，Na^+由ECF進入軸突，使得細胞內為正電，此時Na^+會移到附近的軸突區（圖2-17），使得此區之軸突細胞膜產生去極化，如果去極化達到閾值，接著又產生動作電位，依此方法再繼續使附近軸突產生去極化，進而產生動作電位，而將動作電位依此方向傳遞。

　　當神經細胞產生動作電位，電流（current）繼續往軸突末端傳遞，在不具髓鞘的神經細胞其動作電位則依上述方法，慢慢往末端傳遞，稱為線形傳導（cable conduction）（圖2-18(a)），其傳導速度為神經軸突直徑開平方（$V=\sqrt{d}$）。當神經軸突愈粗，直徑愈大，則阻力減小，傳導速度便會加快。而在具髓鞘（myelinated）的神經，軸突被許旺細胞包圍住，對離子通透性非常低，阻力增加，只有在郎氏結（node of Ranvier）具有離子通透性，因此電流傳遞只發生在郎氏結，使得只在此產生動作電位，而加速了動作電位傳導速度，動作電位由一個郎氏結跳到另一個郎氏結（圖2-18(b)），稱為跳躍式傳導（saltatory conduction）（圖2-18(b)），其傳導速度為軸突直徑的六倍（$V=6d$）。

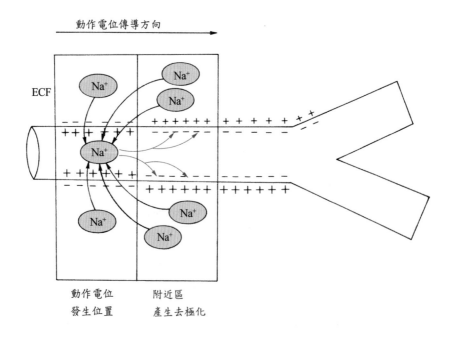

圖2-17　動作電位傳到附近區，因移動使得軸突細胞膜產生去極化

(a)線形傳導
（Cable conduction）

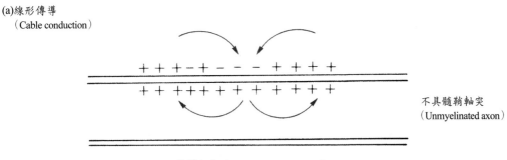

不具髓鞘軸突
（Unmyelinated axon）

傳導方向（Direction of conduction）

(b)跳躍式傳導
（Saltatory conduction）

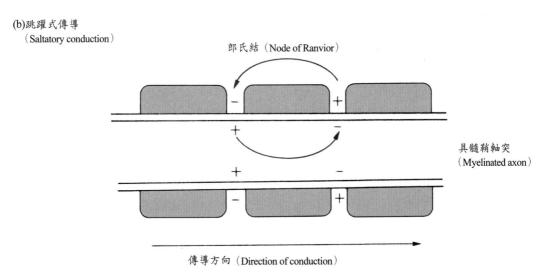

郎氏結（Node of Ranvior）

具髓鞘軸突
（Myelinated axon）

傳導方向（Direction of conduction）

註：(a)不具髓鞘軸突：線形傳導；(b)具髓鞘軸突：跳躍式傳導。

圖2-18　軸突中電流傳遞的方式

突觸及神經傳導物質（Synapse and Neurotransmitter）

　　神經細胞彼此之聯繫主要經由神經傳導物質來進行，而突觸就是神經傳導物質發揮作用的位置。當突觸前神經產生動作電位，使得軸突末梢上之 Ca^{++} 管道打開，Ca^{++} 進入軸突，促使神經末梢以外吐方式釋出神經傳導物質（圖2-19）。神經傳導物質在突觸空隙（synaptic cleft）經被動擴散，作用於突觸後細胞膜上之接受器，而將上一個神經訊息傳遞給突觸後之神經。

突觸的種類（Classification of symapse）

突觸的種類可分為電氣性突觸（electrical synapse）及化學性突觸（chemical synapse）。電氣性突觸主要由裂隙結合（gap junction）組成，離子可直接由此細胞傳給另外一個細胞，其傳導方向為雙向。體內大部分之突觸均屬化學性突觸（圖2-19），靠神經傳導物質將訊息往下傳遞。而化學性突觸又可分為兩種：其一為興奮性化學突觸（excitatory chemical synapse），可產生興奮性突觸後電位（excitatory postsynaptic potential; EPSP），為一階梯電位（graded potential）；另一為抑制性化學突觸（inhibitory chemical synapse），可產生抑制性突觸後電位（inhibitory postsynaptic potential; IPSP），亦屬階梯電位。

階梯電位（Graded potential）

階梯電位不同於動作電位，當刺激強度為閾值下刺激時，產生膜電位改變未達閾值，軸突不會產生動作電位，但仍有去極化現象，稱之為階梯電位（graded potential），其方向可去極化或過極化（圖2-20(a)）。階梯電位的產生沒有閾值，其大小隨刺激強度大小而變化（圖2-20(b)），且其大小會隨著傳導距離加長而減小（圖2-20(c)），沒有不反應期，而且可以加成（summation）。加成可分為時間性加成（temporal summation）及空間性加成（spatial summation）（圖2-20(d)），若縮短兩刺激之時間，即增加刺激頻率，所產生之加成稱為時間性加成；如果同時給予兩個不同之刺激（X+Y），所產生之加成稱為空間性加成。加成結果如果達到閾值，方可引起動作電位。

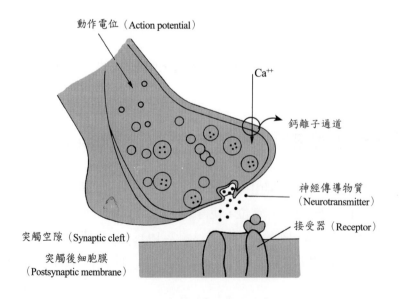

圖2-19　突觸與神經傳導物質之釋放

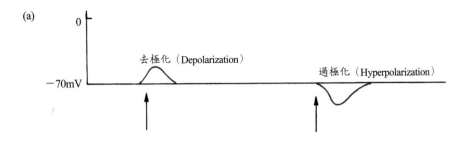

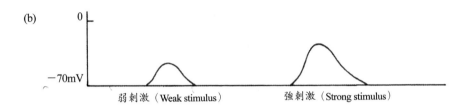

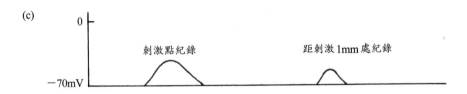

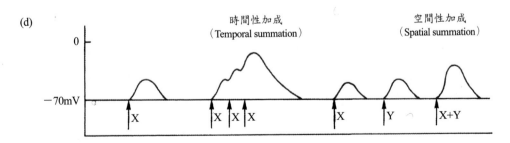

註：(a)可去極化或過極化；(b)隨刺激強度大小而改變；(c)傳導距離增加則大小減小及；(d)可加成。

圖2-20　階梯電位

突觸後電位（Postsynaptic potential）

突觸後電位為一種階梯電位。當神經傳導物質由軸突末梢釋放出來，與突觸後細胞膜（圖2-19）上之接受器結合，才能引起生理反應。神經傳導物質作用後不見得會引起突觸後細胞產生動作電位，因為當接受器受刺激後，可能引起突觸後細胞膜上之離子管道打開，而這些離子管道打開的結果使得膜電位發生改變，稱為突觸後電位（postsynaptic potential）。

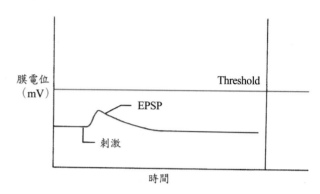

圖2-21　興奮性突觸後電位

如果神經傳導物質屬於興奮性的，那麼當它與其接受器結合後，會使得Na^+管道打開，Na^+由胞外進入胞內，使得膜電位差減少，產生去極化，這種突觸後電位稱為興奮性突觸後電位（EPSP）（圖2-21）。反之，抑制性神經傳導物質與其接受器結合，使得K^+或Cl^-管道打開，造成膜電位增加而引起過極化，這種突觸後電位稱為抑制性突觸後電位（IPSP）（圖2-22）。

突觸後電位（EPSP或IPSP）為階梯電位，所以沒有閾值，且具有加成性，一是時間性加成（temporal summation），另一是空間性加成（spatial summation）（圖2-23）。A、B二神經元所形成之突觸為興奮性突觸，C神經元所形成之突觸為抑制性突觸。當增加A神經元突觸之刺激頻率，或是同時增加A及B神經元之刺激，均可記錄到突觸後電位的加成反應，這種加成性可能使突觸後電位增大或減弱，一旦加成之後達到閾值，就會引發動作電位的產生。反之，同時引發A及C之刺激，EPSP及IPSP之反應剛好抵銷，則不見電位之改變。

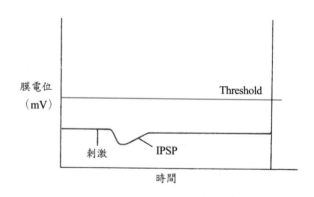

圖2-22　抑制性突觸後電位

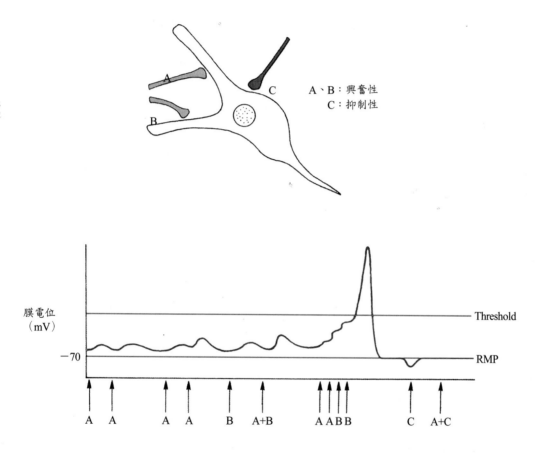

圖2-23 興奮性突觸後電位（EPSP）及抑制性突觸後電位（IPSP）的性質

專有名詞中英文對照

第三章　可興奮的細胞——肌肉細胞

章節大綱

學習目標

研習本章後，你應該能做到下列幾點：

1. 區分肌肉組織的分類

2. 繪圖並說明骨骼肌之肌纖維的構造

3. 了解神經肌肉接合處的構造及運動單位的功能

4. 描述骨骼肌的滑行學說

5. 說明肌肉收縮的分子機制——E-C coupling

6. 了解肌肉長度與張力的關係

7. 描述骨骼肌收縮的特性——單一收縮，加成性，強直及疲勞

8. 描述骨骼肌的分類及其差異

9. 區別平滑肌的種類

10. 描述平滑肌的電氣變化及收縮原理

前言（Introduction）

　　骨骼和關節形成身體的骨架，提供身體活動所需要的槓桿作用，但它們本身無法使身體活動，身體的活動必須靠肌肉的收縮與放鬆的動作才能完成。肌肉組織是高度特化的細胞所形成的，它與神經細胞一樣是可被興奮的（excitable）組織。肌肉組織具有四個特性，在維持身體恆定（homeostasis）上扮演重要角色。

1. **興奮性**（excitability）：指肌肉組織（muscle tissue）具有接受刺激，並且產生反應的能力。
2. **收縮性**（contractility）：指肌肉組織接受足夠的刺激，可以引起肌肉收縮變短且變粗的能力。
3. **伸展性**（extensibility）：指當肌肉組織受拉力拉扯時，具有伸展其長度的能力。
4. **彈性**（elasticity）：指肌肉組織進行收縮或伸展反應後，能夠恢復原狀的能力。

　　肌肉組織具有這些特性，經由收縮作用，可以完成運動（motion），姿勢維持（maintenance of posture）及產熱（heat production）的作用。

肌肉組織的分類（Classification of Muscle）

　　肌肉組織的分類，可以有不同的依據而有不同的分類法，可根據位置（location）及功能（function），或依據在顯微鏡下的構造，或依其控制運動的模式來分類。

依據位置及功能的肌肉組織分類（Classification of muscle according to its location and function）

　　依肌肉所在位置及其功能，可將肌肉組織分成三大類型：骨骼肌（skeletal muscle）、內臟肌肉（visceral muscle）及心肌（cardiac muscle）（圖3-1）。

骨骼肌

　　身體內的肌肉大部分為骨骼肌，其生理功能主要與運動及姿勢的維持（maintenance of posture）有關。大部分骨骼肌通常連接兩塊不同的骨骼，少部分的骨骼肌如舌頭肌肉，只有一端連在骨骼上，或如上食道的肌肉為骨骼肌，但卻未連接在骨骼上。

內臟肌肉

　　位於臟器上如消化道上、支氣管上及血管壁上的肌肉，謂之內臟肌肉，又稱為平滑肌（smooth muscle）。

心肌

　　構成心臟的肌肉謂之心肌，而且它只存在於心臟，與心臟收縮送出血液的功能有關。

依據顯微構造的肌肉組織分類
（Classification of muscle according to its histological structure）

　　在顯微鏡下觀察肌肉組織，其分為兩大類：一是橫紋肌（striated muscle），另一是平滑肌（smooth muscle）（圖3-1）。所謂橫紋是指在顯微鏡下觀察，肌肉細胞可見規則的橫線條（cross strip）排列。骨骼肌及心肌都具

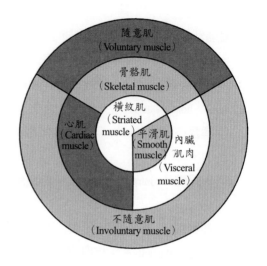

圖3-1　肌肉組織三種不同分類法之簡圖

有橫紋，均稱為橫紋肌。內臟肌肉在顯微鏡下觀察不具橫紋，所以稱為平滑肌。

依據運動及神經控制模式的肌肉組織分類
（Classification of muscle according to its locomotion and neural control）

　　因為大部分骨骼肌的運動均可隨意識控制來進行，所以骨骼肌又稱為隨意肌（voluntary muscle）（圖3-1）。大部分骨骼肌的收縮受中樞神經系統（central nervous system; CNS）的控制。平滑肌（內臟肌）則為不隨意肌（involuntary muscle），其運動受自主神經系統（autonomic nervous system; ANS）的調控，意識無法控制平滑肌的收縮。某些時候，平滑肌也受激素的調控。心肌雖為橫紋肌，但它也屬於不隨意肌，心肌收縮直接受心臟上之節律點（pacemaker; SA node）所發出的訊息（signal）來收縮及維持，而且收到自主神經和激素來調控收縮快慢及強度，所以心肌亦為不隨意肌。如果切斷自主神經控制，心肌仍能收縮，是因有 pacemaker 之故。但心肌也受自主神經控制，影響心跳的快慢，交感神經（sympathetic nerve）刺激心跳加快，而副交感神經（parasympathetic nerve）刺激則心跳變慢。

骨骼肌（Skeletal Muscle）

　　骨骼肌最主要的功能即是收縮（contraction），可使骨骼肌縮短，並使某部分骨骼移動。

骨骼肌的構造（Structure of skeletal muscle）

骨骼肌的解剖構造

　　骨骼肌基本結構的了解，有助於了解肌肉的功能。骨骼肌的橫切面（圖3-2），中間為骨骼，最外層的結締組織為肌外衣（epimysium）（圖3-2(a)）。將其中肌束纖維（bundles of muscle; fasciculi）放大則為圖3-2(b)，肌束纖維的外層為結締組織肌束衣（perimysium）所包圍，肌束衣為肌外衣向內凹所形成的；圖3-2(c)為圖3-2(b)之圓圈放大，則可見構成肌束纖維（fasciculi）之肌細胞（或肌纖維）（muscle cell = muscle fiber）；將肌纖維放大，可見肌纖維外層為肌漿膜（sarcolemma；相當於肌肉細胞之細胞膜）所包住（圖3-2(d)）。每一個肌纖維中由許多的肌原纖維（myofibril）所構成，外圍的結締組織則為肌內衣（endomysium），肌內衣為肌束衣向內凹所組成。

骨骼肌的細胞與分子構造

　　骨骼肌的基本收縮單位為肌細胞（肌纖維）。將肌束纖維放大，即發現肌束纖維是由肌纖維（肌細胞）所構成，而肌纖維又由肌原纖維所構成。圖3-3中，顯示骨骼肌的組成，所有的骨骼肌皆由直徑10～80μm大小不等的肌纖維所構成。而大部分的肌纖維均與該肌肉等長，而且每一條肌纖維僅受一個神經末梢（nerve ending）支配；此神經末梢位於肌纖維的中央部位。

1. **肌纖維（肌細胞）**：肌纖維為骨骼肌的基本單位，也就是相當於一個細胞。每一個肌纖維均為肌漿膜（sarcolemma）所包圍（圖3-4），肌漿膜即是肌纖維的細胞膜。此外，骨骼肌為多核細胞。每一條肌纖維含有數百至數千條的肌原纖維（myofibril）。每一肌原纖維均為粒線體及肌漿質網（sarcoplasmic reticulum; SR）所包圍（圖3-5），粒線體是提供骨骼肌收縮時所需之能量。肌漿質網在肌纖維中含量非常豐富，其中含有大量的Ca^{++}。而在肌漿質網兩端呈膨大的構造，稱為終池（terminal cistern）。兩個不同肌漿質網間有一垂直於肌原纖維的小管子，稱為T小管（transverse tubule），T小管為肌膜往內凹所形成，因此T小管的開口在肌漿膜上，同時T小管可穿過肌原纖維到達另一側，並且這些管子也可分支（圖3-5）。此外，T小管開口於肌膜上，所以含有細胞外液（ECF），因此有動作電位產生，如此可經由T小管傳到肌纖維內部，以引發肌肉收縮。每一T小管與其相鄰的兩個終池，合稱三元體（triad）。

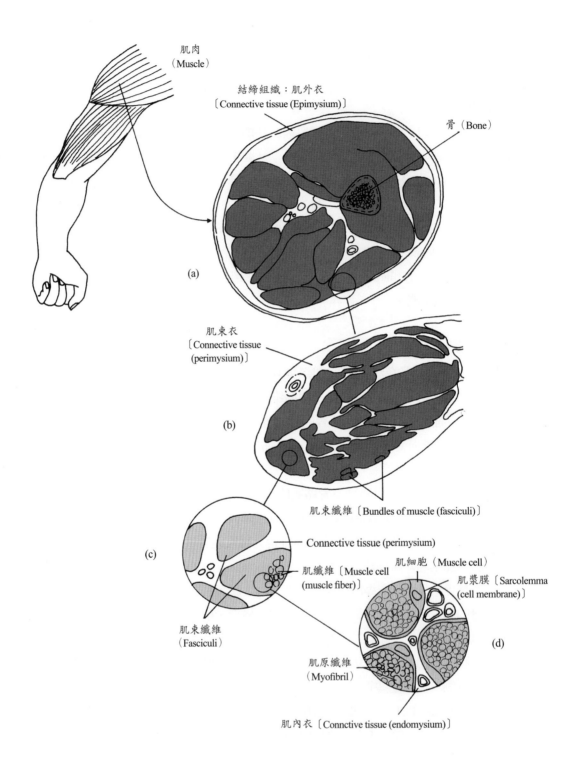

肌肉
（Muscle）

結締組織：肌外衣
〔Connective tissue (Epimysium)〕

骨（Bone）

(a)

肌束衣
〔Connective tissue
(perimysium)〕

(b)

肌束纖維〔Bundles of muscle (fasciculi)〕

(c)

Connective tissue (perimysium)

肌細胞（Muscle cell）

肌漿膜〔Sarcolemma
(cell membrane)〕

肌纖維〔Muscle cell
(muscle fiber)〕

肌束纖維
（Fasciculi）

(d)

肌原纖維
（Myofibril）

肌內衣〔Connctive tissue (endomysium)〕

圖3-2　肌肉組織的解剖構造

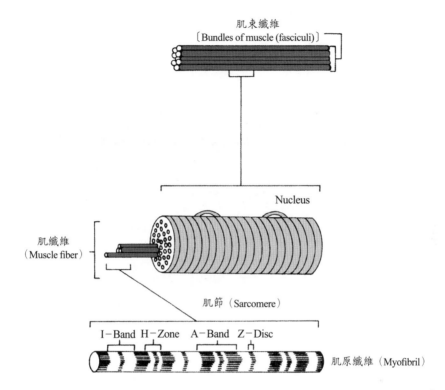

註：縱走之肌纖維由肌原纖維構成，肌原纖維上有許多的肌節。

圖3-3　骨骼肌的縱切結構

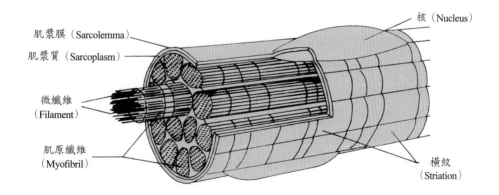

圖3-4　肌纖維（肌細胞）的構造

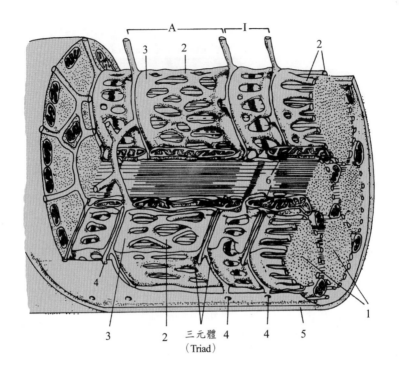

註：(1)肌原纖維（myofibril）之橫切面，含有許多微纖維（filaments）；(2)肌漿質網（sarcoplasmic reticulum; SR）；(3)終池（terminal cistern）；(4)T小管（transverse tubule; T-tubule）；(5)肌漿膜（sarcolemma）；(6)粒線體（mitochondria）。

圖3-5　骨骼肌之肌纖維（肌細胞）的構造

2. **肌原纖維**（myofibril）、肌凝肌絲（myosin filament）及肌動肌絲（actin filament）：肌纖維中含有許多的肌原纖維（圖3-3），將其中一條肌原纖維放大來看，可見暗帶及明帶（圖3-6），所以骨骼肌因暗帶及明帶交互出現，而呈現橫紋（striation）。暗帶含有myosin filament及actin filament的末端，因對極光呈雙折光性（anisotropic），又稱A band。明帶則只含actin filament，因對極光呈單折光性（isotropic），又稱I band。在I band中間之Z線（Z line），以連接actin filament，相鄰兩條Z line之間，則稱為肌節（sarcomere）。此外，在myosin filament之旁側有向外伸出之小突起，稱之為橫橋（cross briäe）。橫橋與actin filament連接之後產生的作用可引起肌肉收縮。

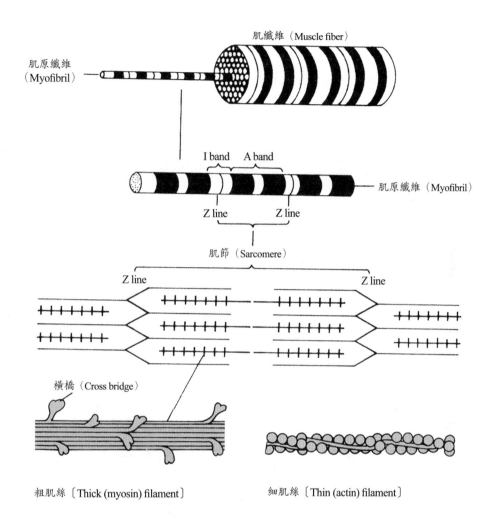

圖3-6　肌纖維的分子結構

神經肌肉接合處（Neuromuscular junction; NMJ）

骨骼肌受體神經（somatic nerve）所支配，體神經所釋放的神經傳遞物質（neurotransmitter）為乙醯膽鹼（acetylcholine; ACh）。

運動單位

體神經的運動神經細胞本體（cell body）是位於脊髓灰質（gray matter）的腹角（ventral horn）。體神經的運動神經（motor nerve）末梢可以分支，每一條體運動神經的分支，只支配一條肌纖維（muscle fiber）（圖3-7）。一條由脊髓出來的運動神經之分支，所能支配的全部肌纖維數目，稱之為運動單位（motor unit）。每一條運動神經所支配的運動單位可能都不相同。

神經肌肉接合處

運動神經的每一分支，只支配一條肌纖維（圖3-8），圖中顯示三個運動神經分支，支配三條肌纖維。每一運動神經分支的神經末梢支配肌纖維處，稱之為神經肌肉接合處（NMJ）（圖3-8之方格）。此時肌纖維的肌漿膜（sarcolemma）會形成皺摺（fold），稱為運動終板（motor end-plate）。運動神經的神經末梢含有許多的液泡（vesicle），內含有神經傳遞物質乙醯膽鹼。神經與運動終板之間的空隙，為神經肌肉裂隙（neuromuscular cleft）。

當運動神經產生動作電位（action potential）時，細胞外的Ca^{++}進入軸突末梢，使ACh被釋放到神經肌肉裂隙。ACh可與運動終板上之ACh接受器（receptor）結合，使得在肌細胞上運動終板膜上之Na^+管道打開，Na^+進入細胞內，產生膜電位差的變化（減少），稱為終板電位（end-plate potential; EPP）。終板電位為一階梯電位（graded potential），會沿著肌漿膜產生，當其加成到達閾值（threshold），可引起肌細胞產生動作電位，動作電位經由T小管傳入肌細胞中，即可引起肌肉收縮（詳細機制將在後面章節敘述）。

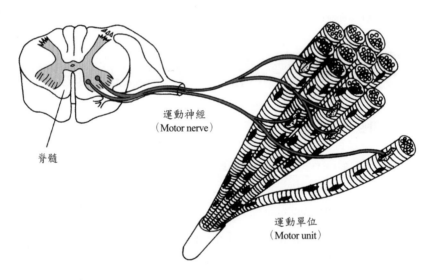

運動神經
（Motor nerve）

脊髓

運動單位
（Motor unit）

註：圖解說明每一條肌纖維（muscle fiber）均有一條運動神經分支所支配，一條運動神經所支配的全部肌纖維數稱為一運動單位。

圖3-7 體運動神經支配骨骼肌

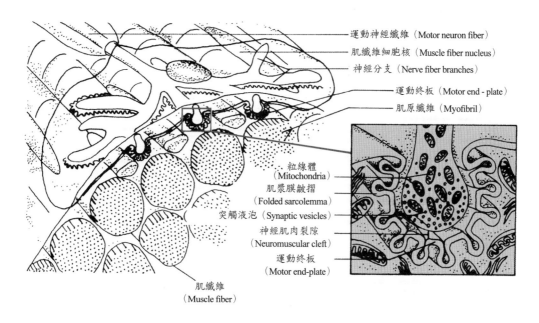

運動神經纖維（Motor neuron fiber）

肌纖維細胞核（Muscle fiber nucleus）

神經分支（Nerve fiber branches）

運動終板（Motor end - plate）

肌原纖維（Myofibril）

粒線體
（Mitochondria）

肌漿膜皺摺
（Folded sarcolemma）

突觸液泡（Synaptic vesicles）

神經肌肉裂隙
（Neuromuscular cleft）

運動終板
（Motor end-plate）

肌纖維
（Muscle fiber）

圖3-8　神經肌肉接合處

肌肉收縮的分子機制（Molecular basis of muscle contraction）

收縮的滑行學說

　　骨骼肌收縮時，肌節會縮短，圖3-9中，(a)為放鬆狀態，當肌肉產生收縮時，肌節縮短（圖3-9(b)），兩相鄰之Z line上之actin filament開始靠近，而且與myosin filament互相重疊。若收縮力量加大，則兩Z line互相靠近，使兩actin filament更接近，而Z line也因actin filament往內拉，而與myosin filament的末端靠近。肌肉收縮即為蛋白絲滑行的機制（sliding mechanism）。

　　但是什麼力量使得actin filament會沿著myosin filament向內滑動呢？首先必須先了解actin filament及myosin filament的構造。

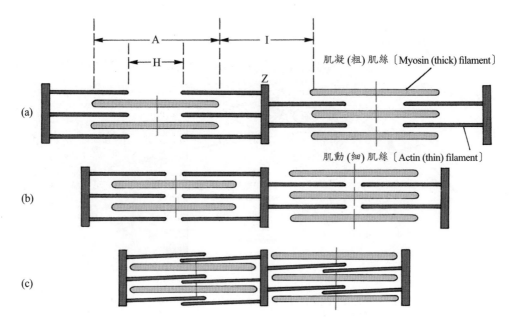

註：(a)放鬆狀態；(b)收縮狀態；(c)收縮力量加大。

圖3-9　肌肉收縮的滑行學說

肌凝肌絲（myosin filament）

　　myosin filament 又稱為粗肌絲（thick filament）（圖3-10(a)），是由六條多胜肽鏈（polypeptide chain）所組成，包括兩條重鏈（heavy chain）及四條輕鏈（light chain），每條重鏈的分子量均為200K，而輕鏈的分子量約為20K。兩條重鏈則彼此互相纏繞在一起，成為一個雙螺旋體（double helix）（圖3-10(b)），此二重鏈的N端及四條輕鏈形成球狀蛋白，稱之為頭端（head），兩條重鏈的C端則形成尾部。每一myosin filament的雙螺旋體部分和頭端連接，像一雙手臂從蛋白絲往外伸出，稱之為橫橋（cross bridge）（圖3-10(c)；圖3-6）。橫橋具有兩個可伸縮的樞紐（hinge），因樞紐的存在於頭端與體部相連部位，所以使頭端可參與真正的收縮。

　　myosin filament的頭端，除了有橫橋（cross bridge）的構造外，其上尚有肌動蛋白結合位置（actin binding site）。此外，另一特徵為具有ATPase的功能，於肌肉收縮時，它可分解ATP，使ATP分解出高能磷酸鏈供肌肉收縮所需之能量（表3-1）。

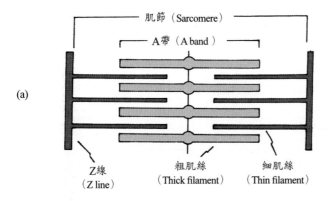

(a)

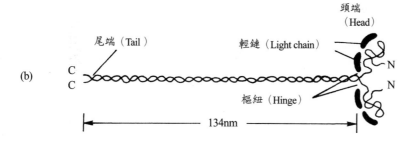

(b)

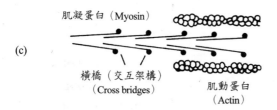

(c)

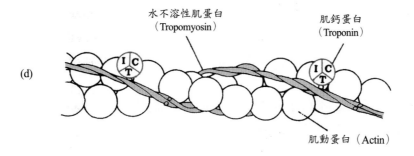

(d)

圖3-10　(a)骨骼肌中的細肌絲（Actin）及粗肌絲（Myosin）；
　　　　(b)Myosin分子構造；(c)Myosin及橫橋與Actin之關係構造；
　　　　(d)Actin filament中Actin、Tropomyosin及Troponin的構造

表 3 - 1　Myosin filament 及 Actin filament 的分子構造

1.Myosin filament—thick filament
　(1)2 heavy chain
　(2)4 light chain
　(3)head（heavy chain 之 N 端 4 light chain）
　　• ATPase
　　• actin binding site
　　• cross bridge
2.Actin filament——thin filament
　(1)2 gobular unit (F-actin)
　(2)tropomyosin
　(3)troponin
　　• T: tropomyosin binding
　　• I : inhibit binding with myosin
　　• C: calcium binding protein

肌動肌絲（actin filament）

　　actin filament 又稱為細肌絲（thin filament）（圖 3 - 10(a)），每一肌節中有兩段 actin filament，分別連接在兩條 Z line 上。

　　actin filament 的構造包括兩條球蛋白（globular unit）、tropomyosin 及 troponin 等（表 3 - 1）。actin filament 是以兩條球蛋白為主幹，此兩條球蛋白主要為雙鏈的 F-肌動蛋白（F-actin）所構成（圖 3 - 10(d)），此雙鏈的 F-actin 也是以雙螺旋體方式組成。每個雙鏈的 F-actin 螺旋體中的兩條鏈均由聚合的 G-肌動蛋白 G-actin 分子所組成，每隔十三個 G-actin 分子就完成一次旋轉，每一個 G-actin 均與一個 ADP 分子結合。一般相信，ADP 分子正是 actin filament 上與 myosin filament 之橫橋作用以產生肌肉收縮的作用位置。

　　在 actin filament 上的另一蛋白質為水不溶性肌蛋白（tropomyosin）（圖 3 - 10(d)；表 3 - 1）。tropomyosin 也以雙螺旋方式纏繞在兩股 F-actin 的邊緣。在肌肉放鬆時，actin filament 上的活化位置為 tropomyosin 所遮蓋住，無法與 myosin filament 結合，所以肌肉無法收縮。

　　另一蛋白質為肌鈣蛋白（troponin）。troponin 為三個結合在一起的次單位所構成，每一個次單位在肌肉收縮過程中均扮演重要角色（表 3 - 1；圖 3 - 10(d)）。

　　1.troponin T：與 tropomyosin 有很強的結合能力。

　　2.troponin I：與 actin 有很強的親和力，阻礙 actin 與 myosin 結合。

　　3.troponin C：又稱為 Ca^{++} 結合蛋白（calcium binding protein），可與 Ca^{++} 結合。

肌肉收縮的分子機制

　　肌肉收縮時，因肌纖維長度縮短而導致整塊肌肉縮短的現象，而肌纖維的縮短則因其中之肌原纖維縮短之故。肌肉收縮時，兩條 Z line 間之肌節會縮短，但 A band（myosin）卻不縮短，而 I band 會縮短（圖3-9）。肌肉收縮的理論即是滑行學說（sliding theory）。

　　在 A band 中間，有一區稱之為 H zone。因 A band 含有 myosin filament 及 actin filament，而 A band 中有一段只有 myosin filament 而無 actin filament，顏色較其他 A band 淡些，稱為 H zone，H zone 中間有一 M line。肌肉收縮時，actin filament 與 myosin filament 互相滑行，A band 長度不變，但其中之 H zone 因 actin 及 myosin 互相重疊部分增加，所以 H zone 會減少（圖3-9）。

1. **興奮─收縮聯合作用**（excitation-contraction coupling; E-C coupling）：骨骼肌受體神經支配，當體神經（somatic nerve）所釋放的乙醯膽鹼（acetylcholine; ACh）與肌肉運動終板（motor end-plate）上之乙醯膽鹼接受器（acetylcholine receptor）結合，產生終板電位（end-plate potential; EPP）。EPP 到達閾值可引發產生動作電位（action potential），動作電位經由 T 小管進入肌細胞中，刺激 Ca^{++} 由肌漿質網釋放出來（表3-2），與 troponin C 結合，引起 actin 及 myosin 交互作用，而引起肌肉收縮，稱為興奮─收縮聯合作用。而當 Ca^{++} 以主動運輸回肌漿質網，會有更多的 Ca^{++} 與 troponin C 分開，actin 及 myosin 的交互滑行作用即中止。

表3-2　骨骼肌收縮與放鬆的過程

收縮	• ACh released from somatic motor neuron • ACh receptor binding • Action potential→T-tabule→muscle fiber • Ca^{++} released from sarcoplasmic reticulum • Ca^{++} bind to troponin C • muscle contraction
放鬆	• Ca^{++} return back to sarcoplasmic reticulum • Muscle relaxation

2. **橫橋交互作用**：肌肉收縮為一肌絲滑行的現象，由 myosin 伸出無數的橫橋（cross bridge）與 actin 相互作用所產生。橫橋是由 myosin（粗肌絲）伸出的蛋白質，包括粗肌絲所形成的「arm」及終端的球蛋白「頭端」（head）。每一個 myosin 的球蛋白頭端，均包含有 ATP 結合位置（ATP binding site）及 actin 結合位置（actin binding site）（圖3-11）。球蛋白頭端本身即具有 ATPase 的酵素功能，可以將 ATP 分解成 ADP 及高能磷酸鍵（Pi）。

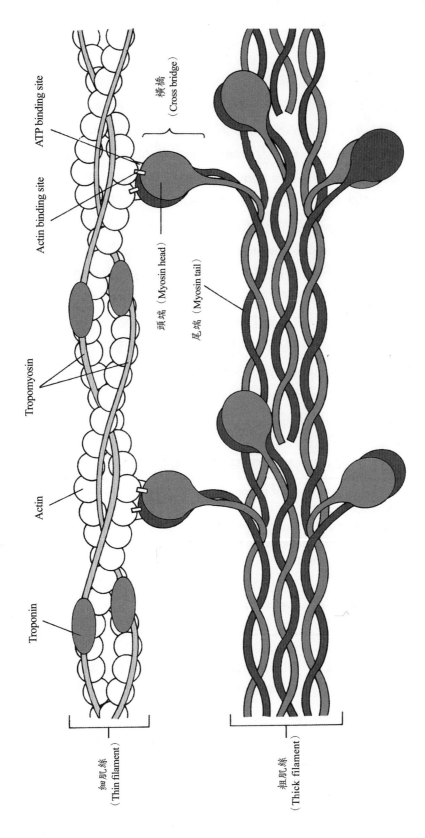

註：球蛋白「頭端」具有 ATP binding site 及 actin binding site，可與 actin 結合，進行肌肉滑行作用，以產生肌肉收縮。

圖 3 - 11　Myosin 上之 Cross bridge 構造

橫橋與actin作用之前，ATP先受ATPase作用，提供Pi給橫橋，使之活化，才可以與actin結合。在橫橋與actin結合之前，ADP及Pi一直都與myosin的頭端連接在一起（圖3-12(a)）。此時，myosin頭端可與actin結合，當橫橋與actin結合後，會引起此複合物的形態改變（conformation change），而促使ADP及Pi由頭端釋放，同時因橫橋方向改變產生power stroke，結果使得細肌絲（actin）往A band（粗肌絲）的中央拉近（圖3-12(b)(c)）。當power stroke結束時，則有新的ATP再與橫橋之球蛋白頭端結合，促使myosin與actin分開（圖3-12(d)）；接著myosin頭端之ATPase水解ATP，ADP及Pi再度活化橫橋（圖3-12(e)），準備再一次的power stroke。值得注意的是，在cross bridge與actin結合及power stroke之前，ATP就必須先分解成ADP+Pi。此外，因為有新的ATP接在頭端，才可使myosin與actin分開。

每一次的power stroke引起肌肉收縮時，只可縮短肌肉長度的1%。但肌肉收縮最多可縮短肌肉休息狀態時長度的60%，所以power stroke引起肌肉收縮是重複非常多次的。

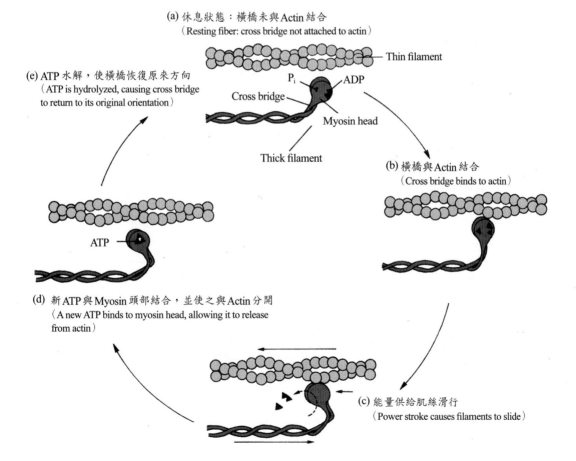

(a) 休息狀態：橫橋未與Actin結合
（Resting fiber: cross bridge not attached to actin）

Thin filament
P_i　　ADP
Cross bridge
Myosin head
Thick filament

(e) ATP水解，使橫橋恢復原來方向
（ATP is hydrolyzed, causing cross bridge to return to its original orientation）

ATP

(d) 新ATP與Myosin頭部結合，並使之與Actin分開
（A new ATP binds to myosin head, allowing it to release from actin）

(b) 橫橋與Actin結合
（Cross bridge binds to actin）

(c) 能量供給肌絲滑行
（Power stroke causes filaments to slide）

圖3-12　橫橋與Actin作用，引起滑行的步驟

3. **Actin 與 Ca⁺⁺ 的作用**：當 myosin 上之橫橋與 actin 結合，即會引起 power stroke，使肌肉收縮。為了使肌肉放鬆，必須防止 actin 橫橋結合，此作用主要由 actin（細肌絲）上之蛋白質來執行。

　　actin（細肌絲）是由兩條 F-actin 互相纏繞所呈的雙螺旋體，而每一條 F-actin 約有 300～400 個球蛋白（G-actin）所組成（圖 3 - 13）。tropomyosin 是位於 F-actin 之雙螺旋體構造的溝中，亦呈雙螺旋構造。troponin C 則接在 tropomyosin 上，有三個次單位（見前述），其中 troponin T 與 tropomyosin 接著。tropomyosin 及 troponin 共同作用來調節 actin 與橫橋的結合。當肌肉放鬆時，troponin 及 tropomyosin 的立體結構，恰好將 G-actin 上之橫橋結合位置遮蓋住，阻止 actin 與 myosin 結合。而當 Ca⁺⁺ 與 troponin C 結合，改變 tropomyosin 的立體結構，使 G-actin 上之橫橋結合位置裸露，促使 myosin 與 actin 結合，產生肌肉收縮。

　　肌肉放鬆時，tropomyosin 阻止了 cross bridge 與 actin 結合，此時在肌漿質（sarcoplasm；即相當於細胞質）中之 Ca⁺⁺ 濃度非常低。當肌肉受刺激時，Ca⁺⁺ 迅速由肌漿質網（sarcoplasmic reticulum）中釋放到肌漿質中。此時，Ca⁺⁺ 與 troponin C 結合，使得 tropomyosin 之形態改變，G-actin 上之橫橋結合位置（cross bridge binding site）易與橫橋結合（圖 3 - 14），引起 power stroke 使肌肉收縮。

4. **Ca⁺⁺ 與肌肉收縮的關係**：當體神經釋放的乙醯膽鹼（acetylcholine）與運動終板（motor end-plate）上之 acetylcholine receptor 作用，使骨骼肌產生終板電位（end-plate potential; EPP），若達閾值，可使肌細胞產生動作電位。肌細胞之動作電位類似神經細胞之動作電位，是全或無律（all-or-none law）。肌細胞之動作電位沿著 T 小管進入細胞內，引發肌漿質網釋放 Ca⁺⁺（圖 3 - 15），動作電位傳到肌漿質網，使得肌漿質網的終池

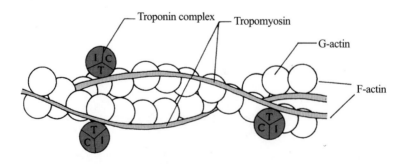

註：troponin 有三個次單位，troponin I、troponin T 及 troponin C，troponin 是接
　　在 tropomyosin 上，並未直接與 F-actin 接在一起。

圖 3 - 13　Actin filament 之構造，Troponin、Tropomyosin 及 F-actin 之關係

（terminal cistern）上之Ca^{++}離子管道（Ca^{++} ion channel）打開，Ca^{++}進入肌漿質（sarcopl-asm）中。Ca^{++}擴散到actinfilament，與其上之troponinC結合，使得tropomyosin-troponin之複合體產生形態改變，myosin之橫橋可與actin結合，引起肌肉收縮。

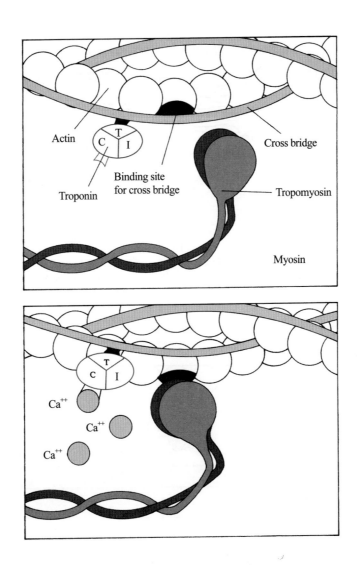

圖3-14　Ca^{++}與Troponin C結合，促使Tropomyosin conformation change，則G-actin上之Cross bridge binding site與Cross bridge結合，產生Power stroke，引起肌肉收縮

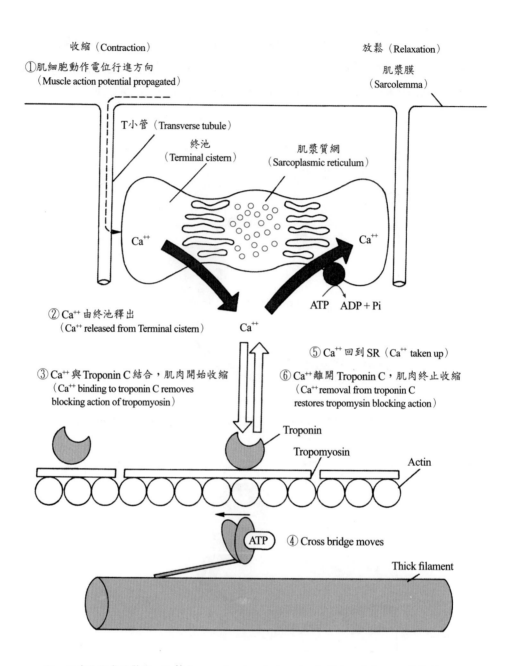

圖 3-15　Ca^{++}與肌肉收縮的關係

肌肉收縮的時間長短，是依據神經刺激強度來決定。只要持續有神經刺激，肌肉有動作電位產生，Ca^{++}則可持續與troponin C結合，那麼橫橋則可與actin結合，肌肉仍進行收縮。當神經刺激結束，肌細胞之動作電位不再產生，那麼Ca^{++}則會以主動運輸方式回到肌漿質網中（圖3-15）。Ca^{++}以主動運輸方式回肌漿質網，為一需能反應，所以水解ATP，得ADP及Pi，Pi供主動運輸之能量。接著Ca^{++}會持續與troponin C分開，回到肌漿質網中，肌肉則處於放鬆狀態（relaxation）。表3-3為骨骼肌之興奮─收縮聯合作用的順序。

表3-3　骨骼肌興奮-收縮聯合作用的順序

- 體神經產生 Action potential，Ca^{++}由ECF進入體神經之軸突末梢，促使其釋放神經傳遞物質 Acetylcholine 於神經肌肉接合處（Neuromuscular junction; NMJ）。
- Acetylcholine 與肌漿膜（Sarcolemma）上之 ACh receptor 結合，促使骨骼肌產生動作電位。
- 動作電位沿著肌漿膜進入T小管到達肌纖維內。
- 促使肌漿質網之終池釋出 Ca^{++}。
- Ca^{++}與 Troponin C 結合，並改變 Tropmyosin-troponin 之結構。
- Actin上之結合位置顯露出來，與活化之 Myosin 的 Cross bridge 結合。
- 引起Power stroke，使細肌絲（Actin）與粗肌絲（Myosin）互相滑動。
- 新ATP與Cross bridge結合，使得 Myosin 與 Actin 分開，Ca^{++}仍與 Troponin C 結合，則準備下次收縮週期的開始。
- 當動作電位結束，Ca^{++}與 Troponin C 分開，回到肌漿質網，而 Actin filament 恢復原有的構造，肌肉放鬆。

長度與張力的關係

影響肌肉收縮強度（strength of muscle contraction）的因素有許多，簡單而言，單一肌纖維的張力變化及每次活化的肌纖維數目（表3-4），為影響肌肉收縮強度最直接的因素。動作電位的頻率愈快，則肌肉收縮愈強，肌纖維的長度及直徑均與肌肉收縮強度成正比，此三因素直接影響單一肌纖維（肌細胞的收縮強度）。但值得注意的是，肌纖維的收縮是全或無律（all-or-none law），即一次的動作電位只有一次收縮，而且每次動作電位刺激所產生的肌肉均一樣大。但是因動作電位頻率不同，所以肌肉收縮強度會有大小不同，動作電位頻率增加，則肌肉收縮強度增強，所產生的張力也增強。此外，每次刺激，每一運動單位所支配的肌纖維數目，直接影響收縮力大小，體神經所支配肌纖維數愈多，則收縮強度增加，每次所能活化的運動單位也正比於收縮強度。

表3-4 影響肌肉收縮強度的因素

1. Tension developed by each muscle fiber
   ⑴action potential frequency
   ⑵fiber length
   ⑶fiber diameter
2. Number of active fiber
   ⑴number of fibers per motor unit
   ⑵number of active motor unit

　　就單一肌纖維而言，一個理想的肌纖維長度（休息狀態時），可以產生最大的收縮強度。圖3-16之(c)表示肌肉在休息狀態時的肌節長度約2.0～2.25μm，此時actin filament（細肌絲）與myosin filament（粗肌絲）只有少部分重疊，此時的肌纖維長度收縮所能產生的強度（相對張力；relative tension表示）為最大（圖3-16(a)）。若將肌纖維拉長至肌節長為3.65μm（約為休息時的80%）（圖3-16(d)），actin filament與myosin filament完全沒有重疊，此時肌纖維無法收縮。反之，將肌纖維長度縮短到肌節長度為1.65μm（約只有休息狀態的60%長）（圖3-16(b)），myosin filament會碰觸到Z line，此時肌纖維亦無法產生收縮（圖3-16(a)）。總而言之，肌纖維休息時之長度為肌節長2.0μm，若將此長度當作100%，當肌纖維拉長至肌節長度為2.25μm時，其收縮強度仍一樣（當作1.0）；當肌纖維慢慢拉長，則肌肉收縮力漸減，當拉長到肌節長度為3.65μm時，則無肌肉收縮。而當肌纖維漸漸縮短，相同的，肌肉收縮力漸減，至肌節長度為1.65μm時，則無肌肉收縮產生。

肌肉收縮的特性（Characters of muscle contraction）

　　哺乳類動物的骨骼肌細胞內外的離子分布狀態（表3-5），與大部分的細胞一樣，細胞內液中含較多的K^+及蛋白質，細胞外液含較多的Na^+、Cl^-及HCO_3^-，所以細胞內較細胞外為負，每一種離子在骨骼肌細胞的平衡電位如表3-5，而骨骼肌細胞的靜止膜電位為$-90mV$。

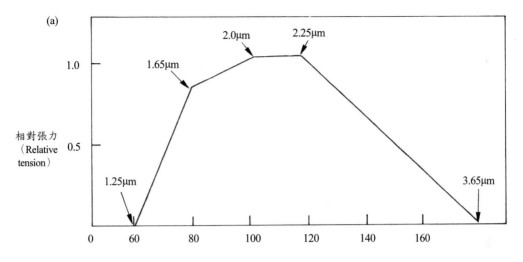

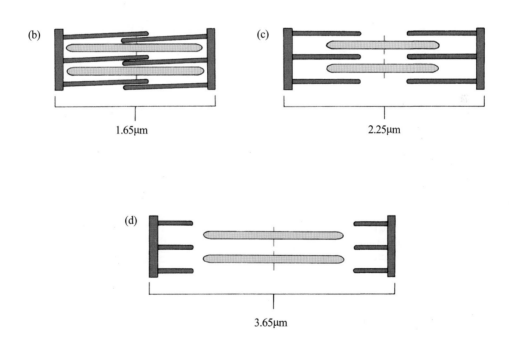

註：(a)2.0μm肌節長度當作100% 時，肌纖維拉長到肌節為 3.65μm 時，則張力為0。相同的，肌
　　纖維縮短，則收縮力漸減，到肌節為 1.65μm 時，無收縮力；(b) 肌節長度為 1.65μm，myosin
　　filament 接觸 Z line；(c) resting length＝2.25μm；(d) 肌節長度＝3.65μm。

圖3-16　肌纖維長度與張力的關係

表3-5　骨骼肌細胞內外離子分布狀態及其平衡電位

離子（Ion）	濃度（mmole/1）		平衡電位（mV）
	細胞內液（ICF）	細胞外液（ECF）	
Na^+	12	145	+65
K^+	155	4	−95
Cl^-	3.8	120	−90
HCO_3^-	8	27	−32
A^-	155	0	……
RMP = −90mV			

肌肉單一收縮

　　肌纖維受單一電刺激，引起肌肉快速收縮及放鬆的步驟，亦即單一肌肉收縮，稱為 muscle twitch。當肌纖維受刺激產生動作電位，才會引起肌肉收縮，單一動作電位產生，只引起一次的肌肉收縮（圖3-17）。單一肌纖維的收縮是全或無律（all-or-none law），但動作電位頻率增加，參與收縮之肌纖維數目也增加，肌纖維因收縮次數增加，而可以增加收縮強度，所以肌肉收縮反應具有加成性（summation）。

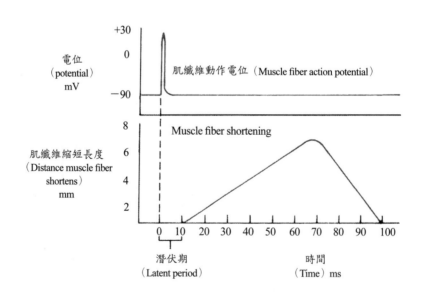

註：上圖為肌纖維動作電位，時間約3～5ms；下圖為肌纖維的收縮（纖維縮短），
　　時間約100ms（因肌肉種類而異）。

圖3-17　肌肉單一收縮與動作電位之關係

等長收縮與等張收縮

　　肌肉收縮時，因所對抗力量較大，以致肌肉長度並未縮短，稱為等長收縮（isometric contraction）（圖3-18(b)）。肌肉收縮時，若肌肉長度縮短，而張力固定不變，稱為等張收縮（isotonic contraction）（圖3-18(a)），會對外界作功，也消耗較多能量，所以可以移動物體。等張收縮與等長收縮的差異性有三：

1. 等張收縮會對外作功，肌肉消耗較多能量。
2. 等張收縮可舉起或移動負載物（load）。當肌肉已停止收縮，負載物仍有動量（momentum），使其繼續移動。所以同一肌肉的等張收縮較等長收縮可持續較長的時間。
3. 等長收縮時，肌原纖維不須有太多的滑行。等長收縮可隨意產生，增加肌肉的張力，這些增加的張力可儲存起來，直至肌纖維縮短，亦即等長收縮可以轉變成等張收縮。

　　體內的所有骨骼肌均可進行等張收縮及等長收縮這兩種型式，而大部分的肌肉收縮都是這兩種型式的混合型。例如：一個人站立時，股四頭肌（quadriceps）為等長收縮，用力拉緊膝關節，使小腿保持直立。當一個人提起重物時，二頭肌（biceps）產生等張收縮，才可舉起物體。而當人在跑步時，小腿肌肉的收縮為等長及等張的混合型，等長收縮使小腿在落地時保持下肢直立，而等張收縮則使另一小腿的屈肌收縮，可以移動。

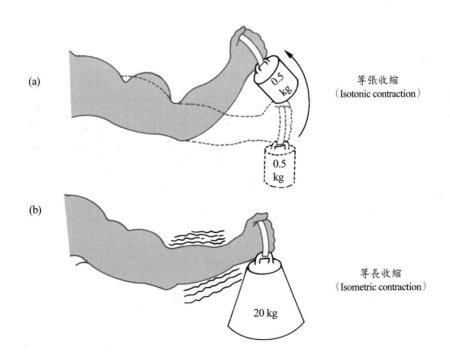

圖3-18　(a)等張收縮及(b)等長收縮（等張收縮時，二頭肌會縮短長度；等長收縮時，二頭肌產生力量，但無法縮短也無法舉起重物）

肌肉的加成性

所謂肌肉的加成性（summation），指肌纖維單一收縮相加所造成的強力肌肉收縮運動。圖3-17中，肌纖維動作電位的持續時間約數ms（毫秒）之間，而肌纖維之單一收縮時間約可持續數十毫秒至百毫秒之間。一次動作電位產生一次肌肉收縮（圖3-19(a)），若當肌肉放鬆，再有一次動作電位產生，那麼可以分開得到三次的肌肉單一收縮。

1. **時間性加成**（temporal summation）：一次動作電位引起一次肌肉收縮，如果當肌肉仍處在收縮狀態或未完全放鬆，肌纖維又產生第二次動作電位，那麼肌纖維又再次收縮，所產生的加成稱為temporal summation（圖3-19(b)）。若增加各個運動單位的收縮速率，即增加肌纖維產生動作電位的頻率，所產生的肌肉收縮加成作用，稱之為時間性加成。

2. **空間性加成**（spatial summation）：在同一時間給予兩種不同的刺激，即可使同一時間收縮的運動單位數增加，則收縮強度會增加（圖3-19(c)），稱為spatial summation。

3. **強直**（tetanus）：當肌肉受愈來愈快的刺激頻率時，則肌肉收縮的程度愈來愈大，這就是肌肉的加成性。兩次刺激間，因刺激頻率加快，致使肌肉放鬆的時間愈來愈短，而肌肉產生等長收縮所引起之張力（＝收縮強度）愈來愈增加，稱為「不完全強直」（imcomplete tetanus）。如果將刺激肌肉的頻率逐漸增加，使連續收縮達到融合現象，即兩次收縮之間沒有放鬆（relaxation）產生，肌肉一直處在收縮狀態，這種情形稱為「完全強直」（complete tetanus）（圖3-20）。

4. **疲勞**（fatigue）：肌肉長期收縮後，會導致肌肉疲勞，即使給予再強再多的刺激，肌肉仍無法收縮（圖3-20）。肌肉疲勞的出現與肌肉內肝醣（glycogen）的消耗率成正比，亦即肌肉無法再提供能量給肌肉收縮之用。此外，有可能是肌細胞在收縮一段時間後，K^+堆積在細胞外液，減少膜電位差，使得肌細胞無法再產生動作電位；或是因為收縮後，細胞內H^+液增加，使pH下降，或是肌漿質網無法再釋出Ca^{++}，而致使肌肉疲勞。

肌肉收縮時的能量來源

肌肉收縮時，須利用能量——腺嘌呤三磷酸（adenosine triphosphate; ATP）。ATP所提供的能量供肌肉收縮時橫橋的移動，及肌肉放鬆時以主動運輸將Ca^{++}送回肌漿質網時使用（表3-6）。而肌肉獲得ATP的來源有磷酸肌酸（phosphoryl creatine）、葡萄糖的無氧呼吸（anaerobic respiration）及有氧呼吸（aerobic respiration），或脂肪酸（fatty acid）及胺基酸的氧化作用（表3-6；圖3-21）。

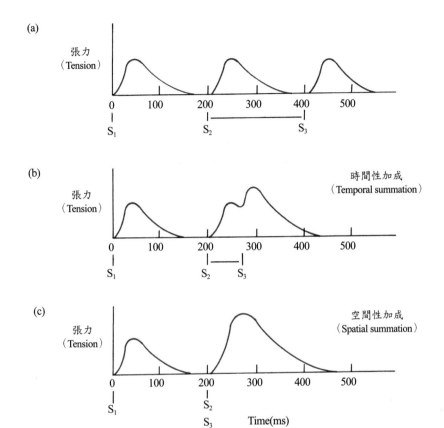

註：(a)三次刺激的頻率，足以讓肌肉放鬆，所以得三個單一收縮；(b)時間性加成（temporal summation）：增加各運動單位的收縮速率；(c)空間性加成（spatial summation）：增加同一時間收縮的運動單位。

圖3-19　等長收縮的加成作用

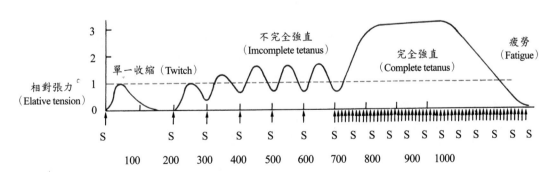

註：每秒給10次刺激之頻率會引起不完全強直；若每秒給予100次刺激，則引起完全強直。
肌肉長期收縮後，會導致肌肉疲勞（fatigue）。

圖3-20　單一收縮、不完全強直及完全強直之比較

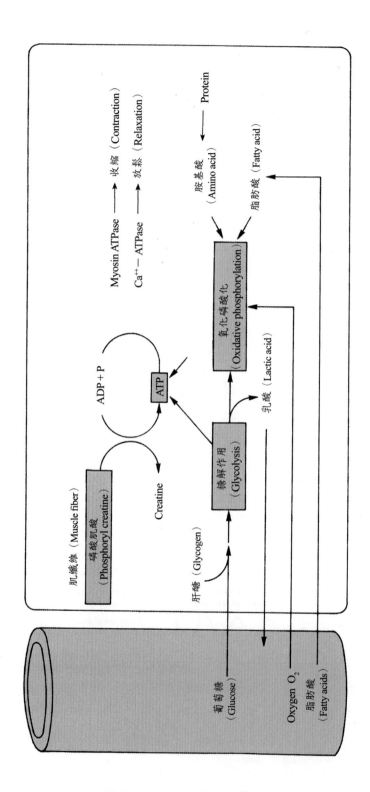

圖 3-21　肌肉收縮時，ATP供收縮時和橫橋移動時之能量，及肌肉放鬆時，Ca⁺⁺ pump 將 Ca⁺⁺ 送回肌漿質網

註：提供ATP的來源，可來自 phosphoryl creatine、glucose 之有氧及無氧呼吸、脂肪酸及胺基酸的氧化作用。

表3-6　肌肉收縮時能量的來源

1.ATP (adenosine triphosphate): for cross bridge calcium pump
2.Phosphoryl creatine
　phosphoryl creatine + ADP $\longrightarrow$ creatine + ATP
3.Anaerobic oxidation (glycolysis；糖解作用)
　glucose + 2 ATP $\longrightarrow$ 2 lactic acid + 4 ATP(O_2 debt)
4.Aerobic oxidation
　glucose + 2 ATP $\xrightarrow{O_2}$ 6 CO_2 + 6 H_2O + 40 ATP
5.Oxidation of fatty acid
　Fatty Acid $\xrightarrow{O_2}$ CO_2 + H_2O + ATP

　　肌肉收縮時，若胞內粒線體所貯存之ATP用完，則用phosphoryl creatine提供能量，接著才會由碳水化合物供給，由血液而來的葡萄糖或貯存在肌細胞中的肝醣可進行糖解作用（無氧呼吸）或是有氧呼吸（氧化磷酸化反應）供給能量，最後才可能由脂肪酸及胺基酸進行氧化作用供給能量。

骨骼肌的分類

　　骨骼肌依據其收縮的速度及利用能量的方式，可分為慢速氧化肌（slow-oxidative fiber）、快速氧化肌（fast-oxidative fiber）及快速糖解肌（fast-glycolytic fiber）。前者為慢肌，後兩者為快肌，而前兩者利用能量的方式為氧化作用，後者為糖解作用（表3-7）。

　　slow-oxidative fiber又稱慢肌，因其所含ATPase活性較低，所以收縮速度較慢，如比目魚肌（圖3-22）。此種骨骼肌所需之ATP來自氧化磷酸化（oxidative phosphorylation），所以含有豐富的微血管、粒線體及肌血球素（myoglobin），因此呈現紅色，又稱紅肌。因為收縮速率慢，又利用氧化作用獲取能量，所以比較不容易疲勞（圖3-23）。

　　fast-glycolytic fiber又稱快肌，因其所含ATPase活性高，收縮速度較快，如眼肌（ocular muscle）（圖3-22），因含較少之肌血球素，顏色較淡，又稱為白肌。此種骨骼肌所需能量來自糖解作用，較易疲勞（圖3-23）。

　　腓腸肌則為fast-oxidative fiber，利用氧化磷酸化取得能量，收縮速度介於前兩者間。

表3-7 三種形式骨骼肌的特性

	Slow-oxidative fiber (Type I or red muscle)	Fast-oxidative fiber (Type IIA or red muscle)	Fast-glycolytic fiber (Type IIB or white muscle)
纖維直徑	小	中	大
運動單位	小	中	大
ATP產生的來源	氧化磷酸化 （Oxidative phosphorylation）	氧化磷酸化 （Oxidative phosphorylation）	糖解 （Glycolysis）
粒線體含量	多	多	少
微血管	多	多	少
肌血球素含量 （Myoglobin）	高（紅肌）	高（紅肌）	低（白肌）
肝醣含量	低	中	高
糖解作用酵素	低	中	高
疲勞速率	慢	中	快
Myosin ATPase活性	低	高	高
收縮速率	慢（慢肌）	快（快肌）	快（快肌）

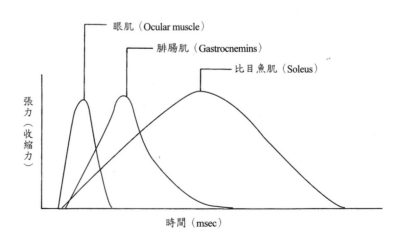

圖3-22 三種骨骼肌等長收縮持續的時間

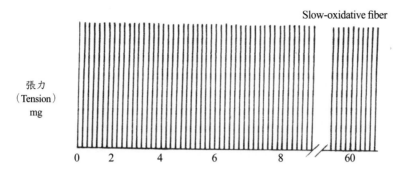

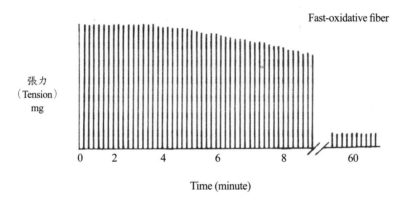

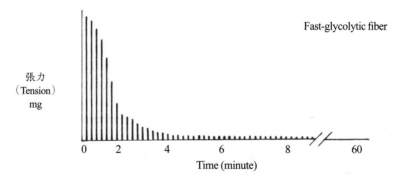

註：顯示 fast-glycolytic fiber 最易疲勞，而 slow-oxidative fiber 最不易疲勞。
　　Tension＝收縮強度。

圖3-23　三種骨骼肌之等長收縮

平滑肌（Smooth Muscle）

平滑肌是由更小的纖維所組成，與骨骼肌較粗較長的纖維不同。平滑肌與骨骼肌不同之處有：(1)平滑肌沒有橫紋，含有actin filament及myosin filament，但排列不規則，actin與myosin的含量比值為16：1；(2)肌漿質網含量非常少，所需Ca++來自細胞外液；(3)雖然含有actin filament，但是沒有troponin；(4)平滑肌中粒線體含量少，所以肌肉收縮所需的能量來自糖解作用（glycolysis）（表3-8）。

表3-8　平滑肌與骨骼肌構造的差異

* No cross striation: lrregularly arranged of actin and myosin
* Sarcoplasmic reticulum rare
* No troponin
* Energy source: glycolysis because less mitochondria

平滑肌的分類（Classification of smooth muscle）

平滑肌依照其功能不同，可分為兩大類：即單一單位平滑肌（single-unit smooth muscle）及多單位平滑肌（multi-unit smooth muscle）。

單一單位平滑肌

單一單位平滑肌（single-unit smooth muscle），主要構成中空臟器如血管、消化道、支氣管等之平滑肌，所以又稱內臟平滑肌（visceral smooth muscle）（表3-9）。因此種平滑肌，細胞間有裂隙結合（gap junction）相通，所以細胞間阻力非常小，當有動作電位（action potential）產生，很容易經由gap junction傳到另一個細胞，而引起所有肌纖維的收縮。此種平滑肌因為肌纖維的連接，所以又稱syncytium（合體）。當平滑肌收縮時，所有肌纖維是一起收縮的。平滑肌平時即處於節律點（pacemaker）狀態，當受刺激如牽扯（stretch）（如消化道內容物增加），即可引起平滑肌收縮。

表3-9　單一單位平滑肌與多單位平滑肌的差異

	Single-unit smooth muscle	Multi-unit smooth muscle
Gap junction	low resistance bridge	
Type		Non-syncytial fushion
Stimuli	By spontaneous slow wave	By transmitter from ANS
Tissue	Uterus, intestine, ureter, blood vessel etc.	Iris, ciliary muscle, arrector pili muscle etc.

多單位平滑肌

多單位平滑肌（multi-unit smooth muscle）乃由分離的平滑肌纖維所組成，每一纖維均與其他纖維完全獨立，不同於單一單位平滑肌（表3-9）。所以，多單位平滑肌之肌纖維間沒有gap junction，因此也不是合體連結（syncytial fushion）的構造。多單位平滑肌的另一特徵是它們受自主神經控制而興奮，當自主神經釋放神經傳遞物質（neurotransmitter），可影響多單位平滑肌的活性，此異於單一單位平滑肌的非神經性刺激，如牽扯（stretch）。多單位平滑肌主要構成眼球上之虹膜（iris）及睫狀肌（ciliary muscle）及豎毛肌（arrector pili muscle）等。

內臟平滑肌的性質（Property of visceral smooth muscle）

本節只針對內臟平滑肌的電氣性質及機械活性來探討，不涉及多單位平滑肌。

電氣機轉

內臟平滑肌可接受自主神經刺激及非神經性，如牽扯（stretch）之刺激。支配平滑肌的神經可分泌乙醯膽鹼（acetylcholine）或正腎上腺素（norepinephrine; NE），造成平滑肌的興奮或抑制結果。

在正常靜止狀態下，平滑肌的靜止膜電位在$-30mV$及$-70mV$之間，稱之為慢波（slow wave）或是節律性電位（pacemaker potential）（圖3-24(a)）。電位由$-70mV$減到$-30mV$之波形，稱為上升波（rising phase），為一被動步驟，主要是由細胞外以被動擴散進入細胞內，使膜電位差減少。電位由$-30mV$增加到$-70mV$之波形，稱為下降波（falling phase），為一主動步驟，Na^+以主動運輸由細胞內送出細胞外，使膜電位增加。在慢波（或節律性電位）的任何一期，上升波或下降波若受刺激均可引起動作電位的產生，此一動作電位為Ca^{++}依賴（calcium dependent）的現象。平滑肌受刺激，Ca^{++}由Ca^{++}管道流入肌纖維中，使膜電位差減少，產生去極化（depolarization），而產生動作電位。另外，此Ca^{++}可引起肌肉收縮（下節詳述），所以在平滑肌，Ca^{++}扮演兩種角色：引起動作電位產生及肌肉收縮。如果直接刺激平滑肌也可引發典型的平滑肌動作電位（圖3-24(b)）。

機械活性

平滑肌和骨骼肌一樣，當細胞內Ca^{++}增加可引發肌肉收縮。在平滑肌，當受自主神經刺激或牽扯（stretch），平滑肌或改變其所處化學環境，均可增加細胞內Ca^{++}濃度。因平滑肌少肌漿質網（sarcoplasmic reticulum），所以增加的Ca^{++}來自細胞外液。

　　平滑肌收縮的機制，同骨骼肌亦有興奮－收縮聯合作用（E-C coupling）。但平滑肌沒有troponin，所以肌肉收縮前沒有Ca^{++}－troponin C的結合。因平滑肌細胞內含有大量的calmodulin（調鈣蛋白），所以Ca^{++}與calmodulin結合而引起平滑肌收縮，其過程如下：

1. Ca^{++}與calmodulin結合。
2. 活化myosin輕鏈上之蛋白質激酶。
3. 磷酸化myosin。
4. myosin、橫橋與actin結合，引起平滑肌收縮。

心肌的特性及收縮機制，將於第五章中再討論。

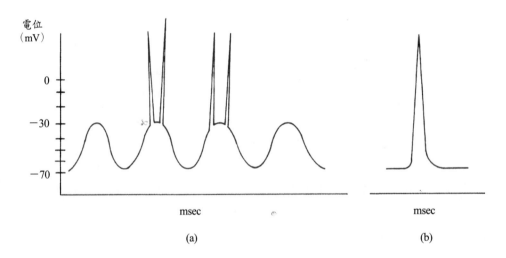

註：(a)發生於腸道平滑肌的慢波或節律性電位，亦可引起尖峰電位（動作電位）；(b)外來刺激引發之典型平滑肌動作電位。

圖3-24　內臟平滑肌的電氣性質

專有名詞中英文對照

第四章　血液

章節大綱

血液的性質與組成

白血球

紅血球

血小板

血漿

學習目標

研習本章後，你應該能做到下列幾點：

1. 說明血比容的定義
2. 描述白血球的分類及其生理功能
3. 描述紅血球的組成及其生理功能
4. 了解血型如何決定及臨床上如何鑑定血型
5. 說明止血的步驟及其機轉
6. 說明防止血管內凝血的機轉
7. 說明血漿的成分及其功能
8. 了解血紅素及結合之飽和曲線

心臟血管系統（cardiovascular system）包括血液（blood）、心臟（heart）及血管（blood vessel）。本章主要討論血液，血液在循環系統（circulatory system）主要負責運輸（transportation）、調節（regulation）及保護（protection）的功能（表4-1）。

表4-1　血液的功能

功　能	說　明
運輸	• 運送O_2、CO_2及營養物至全身各處。 • 運送代謝廢物至腎、汗腺及肺。
調節	• 含大量水，可調節體溫（Body temperature）。 • 運送激素（Hormone）及酵素（Enzyme），調節各生理功能。 • 含胺基酸、蛋白質及緩衝劑（如HCO_3^-/H_2CO_3），可調節體液pH值。 • 經由Na^+來調節細胞的含水量。
保護	• 血小板負責凝血及凝血機制，防止體液喪失。 • 白血球及淋巴球抵抗外來的侵犯。

血液的性質與組成（Property and Composition of Blood）

血液占體重的8%，全血包括血球（blood cell）及血漿（plasma）。將全血加入抗凝血劑檸檬酸鈉（sodium citrate），以3000 rpm離心十分鐘，可得下層血球約占45%，即所謂血比容（hematocrit; Hct）（圖4-1），上層含溶解物質的黃色液體約占55%，為血漿部分。

全血（whole blood）為紅色帶有腥味的液體，比重為1.05～1.06，黏滯度（viscosity）為水的四倍，滲透壓（osmotic pressure）約為300 mOsm，占體重1/13（8%）（表4-2）。全血包括血球及血漿，血球有白血球（leukocyte）、

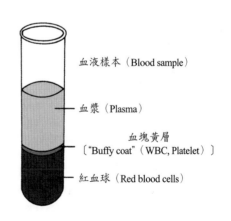

血液樣本（Blood sample）

血漿（Plasma）

血塊黃層〔"Buffy coat"（WBC, Platelet）〕

紅血球（Red blood cells）

圖4-1　血液之性質與組成

紅血球（erythrocyte）及血小板（platelet）。將全血做抹片（smear），可見三種血球的存在（圖4-2）。血漿為透明黃色液體，比重為1.026～1.031，而黏滯度為水的二倍。血漿中的蛋白質所引起的滲透壓，又稱為膠體滲透壓（oncotic pressure），約為25 mmHg。若將全血靜置到凝血再離心，所得上層液體稱為血清（serum）。血清為不含凝血因子的血漿（表4-2）。

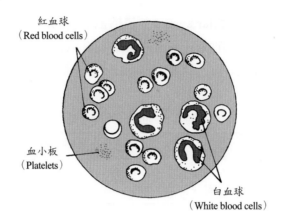

紅血球
（Red blood cells）

血小板
（Platelets）

白血球
（White blood cells）

圖4-2 血液抹片（Peripheral blood smear），可見白血球、紅血球及血小板

表4-2 血液的組成及其性質

1. Whole blood = cell + plasma，占體重8% (1/13)
2. Whole blood
   (1) color: red syrupy fluid
   (2) specific gravity: 1.05～1.06
   (3) odor: fishy
   (4) osmotic pressure: 300 mOsm
   (5) viscosity: 4X H_2O
   (6) 8% (or 1/13) of BW
3. Plasma
   (1) color: clean yellowish fluid
   (2) specific gravity: 1.026～1.031
   (3) viscosity: 2X H_2O
   (4) serum: no clotting factor's plasma
   (5) oncotic pressure = 25 mmHg
4. Cell
   (1) leukocyte (white blood cell; WBC)
   (2) erythrocyte (red blood cell; RBC)
   (3) thrombocytes (Platelet)

白血球（Leukocyte; White Blood Cell; WBC）

　　白血球（leuko = white; cyte = cell）又稱 white blood cell，簡寫為WBC。因其缺乏顏色所以稱為白血球，它是人體防衛系統的基本單位，可以對抗外來的侵犯。

白血球的分類（Classification of leukocyte）

白血球含細胞核，因細胞核的形態可分為兩大類：一是顆粒性白血球（granulocyte），其細胞質中含有顆粒，且細胞核呈多葉，又稱為多形核白血球（polymorphonuclear granulocyte; PMN）；另一是非顆粒性白血球（agranulocyte），細胞質中不含顆粒，且細胞核為球形（圖4-3）。

顆粒性白血球

顆粒性白血球的細胞核分成許多葉，又稱為多形核白血球，可分為三種（圖4-3）：

1. **嗜中性球**（neutrophil）：嗜中性球是人體內第一道防線，可以攻擊入侵的細菌、病毒及有害物質，並摧毀它們。嗜中性球為體內數目最多的白血球（50～70%）（表4-3）。

2. **嗜酸性球**（eosinophil）：數目占白血球的1～4%（表4-3），與嗜中性球比較，移動能力較差，但也具有吞噬能力。嗜酸性球與過敏反應有關，可吞噬抗原─抗體複合物（Ag-Ab complex）。嗜酸性球亦可以「摧毀」細胞的入侵生物，此外，也可減緩發炎反應的產生。

3. **嗜鹼性球**（basophil）：數目占0～1%左右，可存在組織間隙，可分泌肝素（heparin），具抗凝血效果；也可分泌血清張力素（serotonin）及過敏慢性反應物質（slow-releasing substance; SRS）等，與過敏反應有關。

表4-3　人血細胞組成之正常值（平均）

細胞（Cell）	細胞/μl（平均）	正常的大概範圍	占所有白血球的百分率
全部白血球	9,000	4,000～11,000	……
顆粒球			
嗜中性球	5,400	3,000～6,000	50～70
嗜酸性球	275	150～300	1～4
嗜鹼性球	35	0～100	0.4
淋巴球	2,750	1,500～4,000	20～40
單核球	540	300～600	2～8
紅血球：女性	4.8×10^6	……	……
紅血球：男性	5.4×10^6	……	……
血小板	300,000	200,000～500,000	……

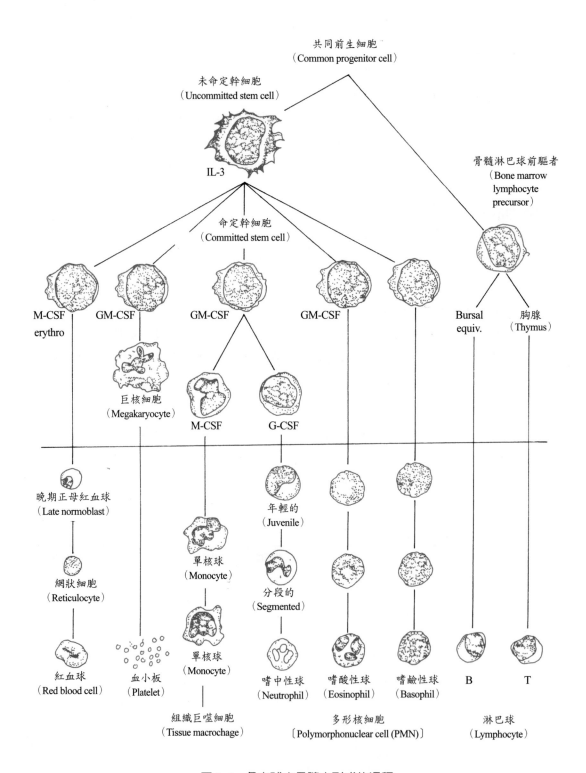

圖4-3　各血球由骨髓中形成的過程

非顆粒性白血球（agranulocyte）

非顆粒性白血球包括單核球（monocyte）及淋巴球（lymphocyte）兩種。

1. **單核球**（monocyte）：單核球為體積最大的白血球，占2～8%（表4-3）。單核球進入循環七十二小時後，會進入組織形成巨噬細胞（macrophage），例如肝中之庫弗爾氏細胞（Kupffer cell）及肺中之肺泡巨噬細胞（alveolar macrophage）等均屬之。負責防衛的功能，可吞噬外來的侵犯。

2. **淋巴球**（lymphocyte）：淋巴球數目占20～40%，負責免疫功能，又可分為T淋巴球（T-cell）負責細胞免疫（cellular immunity）及B淋巴球負責體液免疫（humoral immunity）。

白血球的生成（Formation of leukocyte）

白血球的生成來自兩個不同系列，即骨髓細胞系列及淋巴細胞系列。骨髓細胞系列只在骨髓中進行，骨髓幹細胞（bone marrow stem cell）受白血球刺激因子（如GM-CSF、M-CSF）刺激（表4-4），可發育成為顆粒性白血球（圖4-3）。CSF為colony stimulating factor的縮寫。

各種不同CSF可刺激不同顆粒性白血球的生成，其中白血球間質素-3（interleukin-3; IL-3）為T-cell所產生，可刺激血小板、紅血球、單核球及所有顆粒性白血球的生成。另外，淋巴細胞系列源自於淋巴母細胞（lymphoid progenitor cell），可在淋巴腺、脾臟、胸腺及淋巴組織中形成，有T淋巴球及B淋巴球兩種。

表4-4　調節白血球生成的因子

名　　稱	來　　源	數目增加的白血球
G-CSF	Monocyte, fibroblast, endothelial cell	Neutrophil
M-CSF	Monocyte, fibroblast, endothelial cell, T-cell, monocyte	Monocyte
GM-CSF	Eudothelial cell, fibroplast	Neutrophil, monocyte, eosinophil
IL-3 (Multi-CSF)	T-cell	Neutrophil, monocyte, eosinophil, basophil, rbc, meqakarocyte

註：CSF為colony stimulating factor；G為granulocyte；M為monocyte。

白血球的壽命（Life span of leukocyte）

　　白血球自骨髓或淋巴組織中被運送到需要的區域。顆粒性白血球約有四至五天的壽命，但若有感染，則只有數小時。單核球由骨髓釋出到循環中，七十二小時後移到組織成為巨噬細胞，可活數月或數年之久。淋巴球由淋巴組織釋出後，可活數月到數年之久。骨髓中製造的血球，大部分為白血球，但循環中的白血球數目為每微毫升（μl）有4,000～11,000個白血球，主要因白血球的壽命較短（表4-3）。

白血球的生理功能（Physiological function of leukocyte）

　　白血球可分為六種，其生理功能均有不同，也有某些類似處，詳述如下：

嗜中性球的防禦功能

　　嗜中性球為人體內的第一道防線，當有細菌或病毒等有害物質侵犯人體就會產生發炎反應（inflammatory response）。受傷組織因組織胺釋出，使血管滲透性（permeability）增加，此時，受傷部位的細菌或微生物所產生的物質，或發炎位置本身的產物，如前列腺素（prostanglandin）、白三烯素（leukotrienes）或補體（complement）會吸引嗜中性白血球移到發炎區，稱為趨化（chemotaxis）反應，而吸引嗜中性球到發炎位置的物質，則稱為趨化因子（chemotaxis factor）。嗜中性球被上述趨化因子（如前列腺素、白三烯素及補體）吸引到發炎位置，是以白血球滲出（diapedesis）離開血管（圖4-4），再以阿米巴運動移到發炎區，將微生物吞噬（phagocytosis）。這些微生物會先受到血漿因子或其他物質作用，使得嗜中性球容易辨識並加以吞噬，此作用稱為調理作用（opsonization）。嗜酸性球及嗜鹼性球的作用，請參閱白血球分類敘述。

單核球及巨噬細胞

　　單核球可移到組織成為巨噬細胞，附著在組織可存活數月或數年之久，直到它們發揮其防禦功能為止。過去這個單核球及巨噬細胞系統稱為網狀內皮系統（reticulo endothelial system; RES），認為巨噬細胞來自內皮細胞（endothelial cell）的緣故。現在此系統稱為組織巨噬系統（tissue macrophage system）較為恰當。肺泡的巨噬細胞可將由呼吸途徑入侵的微生物吞噬掉。而肝臟的庫弗爾氏細胞（Kupffer cell）亦為巨噬細胞，可將來自腸胃系統入侵的微生物吞噬，因為大量的細菌由腸黏膜進入肝門靜脈（hepatic portal vein）系統，在進入體循環之前，經過肝臟，可為 Kupffer cell 所吞噬。

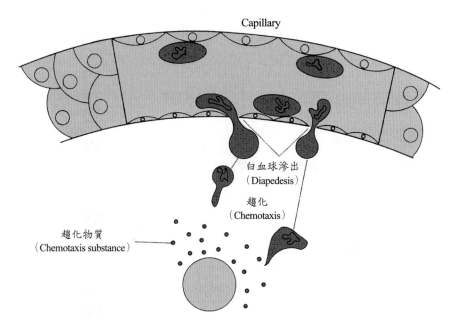

圖4-4　中性球的白血球滲出及趨化反應

淋巴球的免疫功能

　　人體內幾乎所有的組織均對具傷害性的微生物及毒素具有抵抗力，稱為免疫力（immunity）。身體內的免疫力大部分來自特別的免疫系統，可製造抗體（antibody; Ab）或活化淋巴球來攻擊並摧毀外來微生物，稱為後天性免疫（acquired immunity）。有別於後天性免疫，另一種非特定性的免疫力，稱為先天性免疫（innate immunity），包括有胞吞作用（phagocytosis）、胃酸破壞或殺死微生物、皮膚對微生物的防禦作用等。

　　後天性免疫為具專一性且強而有力的免疫系統，可對抗致命的細菌、病毒或毒素的侵犯。後天性免疫有兩種不同形式，彼此密切聯繫達到免疫力：一種為T淋巴球，負責細胞免疫（cellular immunity），T淋巴球的細胞表面抗原為 CD4+ 者，稱為 T_4 細胞（圖4-5），有輔助型T細胞（helper T cell）。而細胞膜表面抗原為 CD8+，稱為 T_8 細胞（圖4-5），有細胞毒性T細胞（cytotoxic T cell）及抑制型T細胞（suppressor T cell）。細胞毒性T細胞可直接殺死外來侵入之微生物，負責執行細胞免疫的工作；而輔助型T細胞及抑制型T細胞可分別影響細胞毒性T細胞及漿細胞（plasma cell）的作用。另外一種為B淋巴球，負責體液免疫（humoral immunity），B淋巴球在輔助型T細胞的幫助下可轉變成漿細胞或是記憶B細胞，而漿細胞可產生五種不同的抗體（antibody; Ab），而完成體液免疫（圖4-5）。漿細胞所產生的抗體為免疫球蛋白（immunoglobulin; Ig），共有五種IgG、IgA、IgE、IgM及IgD，分別負責不同的

作用，可與抗原產生凝集（agglutination）、沉澱（precipitation）、中和（neutralization）及溶解（lysis）反應，將外來微生物殺死，此部分在免疫學中應該有詳細討論。

紅血球（Erythrocyte; Red Blood Cell; RBC）

正常紅血球的外形呈雙凹盤狀（biconcave disc），平均直徑均 7～8μm，最大厚度有 2μm。紅血球的形狀可依通過微血管管徑大小的不同，而發生形態變化，以方便進出細胞。成熟的紅血球不具細胞核（圖4-3），不含 DNA 及 RNA，主要含有血紅素（hemoglobin），以攜帶氧氣（O_2）。

紅血球的生成（Formation of erythrocyte）

骨髓幹細胞（bone marrow stem cell）可發育成無核的紅血球（圖4-3）。循環中紅血球的正常數目，平均數值約每微毫升（μl）含有五百萬紅血球，因此可提供組織充足的氧氣（O_2）。如果組織中因血液量減少、貧血（anemia）、血紅素降低等因素，會刺激腎臟合成分泌紅血球生成素（erythropoietin），紅血球生成素作用於骨髓之幹細胞，增加紅血球的生成。另外，T細胞所產生之IL-3亦可刺激骨髓製造紅血球。

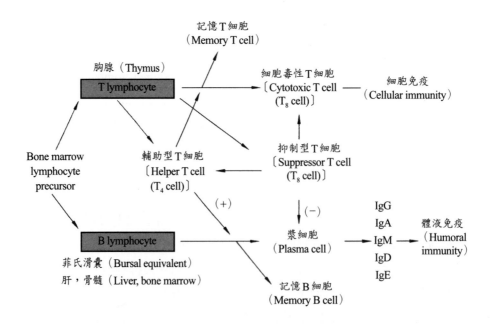

圖4-5 免疫系統的機制

血紅素與氧飽和曲線（Hemoglobin and O_2 saturation curve）

　　紅血球含有血紅素（hemoglobin; Hb），所以顏色為淡紅色，血紅素主要的作用為運輸氧氣及二氧化碳（CO_2）；此外，血紅素也具有緩衝系統（buffer system）的作用，以調節酸鹼值（pH）。

　　每一個血紅素均含一球蛋白（globulin）分子及四個血質（heme）。球蛋白分為四個次單位，2α及2β四個次單位，每一次單位有一血質，每一血質中均含有一個二價鐵離子（Fe^{++}）（圖4-6）。

　　血紅素主要作用是運送氧氣或二氧化碳。正常人血紅素的平均數值為每100ml的血液中約含有15克的血紅素（15g/dl blood）（表4-5）。每一克的血紅素可攜帶1.34ml的氧氣，所以血紅素攜氧能力（oxygen carring capacity of Hb）為20ml O_2/dl blood。在38°C，pH 7.4以下，血紅素與氧氣的結合曲線為一飽和曲線（圖4-7）。氧分壓（P_{O_2}）小於50 mmHg，氧氣與血紅素結合能力與氧分壓成正比，但當氧分壓大於60 mmHg，氧氣與血紅素的結合並沒有正比的增加，此乃因大部分的血紅素已與氧氣結合，即使氧分壓增加，並無法增加結合比例，此曲線稱為氧飽和曲線（O_2 saturation curve）。

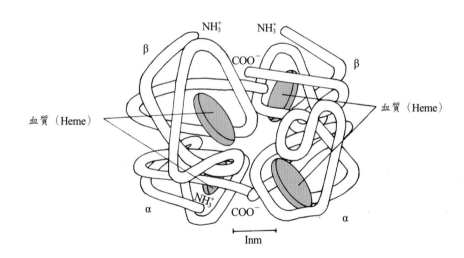

註：球蛋白分子含2α及2β四個多胜肽鏈，各含有一血質。

圖4-6　血紅素分子含有球蛋白分子及四個血質

表4-5　人體紅血球的特徵

		男	女
血球容積 Hematocrit (Hct) (%)		47	42
紅血球 Red blood cells (RBC) (millions/μl)		5.4	4.8
血紅素 Hemoglobin (Hb) (g/dl)		16	14
平均血球體積 Mean corpuscular volume (MCV) (fl)	$= \dfrac{Hct \times 10}{RBC(10^6/\mu l)}$	87	87
平均血球血紅素 Mean corpuscular hemoglobin (MCH) (pg)	$= \dfrac{Hb \times 10}{RBC(10^6/\mu l)}$	29	29
平均血球血紅素濃度 Mean corpuscular hemoglobin concentration (MCHC) (g/dl)	= Mean diameter of 500 cells in smear	34	34
平均細胞直徑 Mean cell diameter (MCD) (μm)	= Mean diameter of 500 cells in smear	7.5	7.5

註：細胞的 *MCV* > *95* 稱巨紅血球（*macrocyte*）；*MCV* < *80* 稱微血球（*microcyte*）；而 *MCH* < *25* 稱低血色（*hypochromic*）。

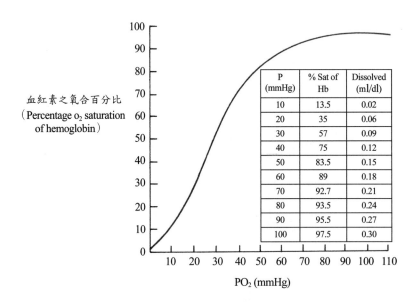

血紅素之氧合百分比（Percentage o_2 saturation of hemoglobin）

PO$_2$ (mmHg)

P (mmHg)	% Sat of Hb	Dissolved (ml/dl)
10	13.5	0.02
20	35	0.06
30	57	0.09
40	75	0.12
50	83.5	0.15
60	89	0.18
70	92.7	0.21
80	93.5	0.24
90	95.5	0.27
100	97.5	0.30

圖4-7　38˚C，pH 7.4下氧氣與血紅素的飽和曲線

氧飽和曲線表示血紅素在不同分壓下的攜氧能力。這曲線受表4-6中四個因素影響，使曲線往右移動（圖4-8），表示在低pH值、高溫、高二氧化碳的環境下，血紅素與氧氣的結合能力會下降。高二氧化碳分壓亦使pH值下降。2, 3-DPG化合物會與血質結合，降低氧氣與血紅素結合的程度。

表4-6　影響氧飽和曲線的因素

• Low pH
• High CO_2
• High temperature $\Rightarrow$ Right shift
• High 2, 3-DPG

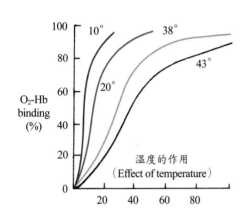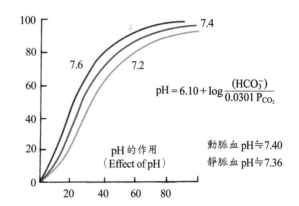

圖4-8　溫度、pH值改變對氧飽和曲線的影響

鐵質的代謝（Metabolism of iron）

紅血球之血紅素中所含四個血質中，每一個血質各有一個二價鐵離子。而每一個血質可與一分子氧或二氧化碳結合，因此每一血紅素分子可攜四分子氧或二氧化碳。

人體中的鐵含量約4g重，其中65%形成血紅素，4%形成肌血球素（myoglobin），15～30%以鐵蛋白（ferritin）形式貯存在肝臟，而有0.1%與血漿中的運鐵蛋白（transferrin）結合。

人體中鐵的運送、貯存及代謝，如圖4-9所示。紅血球的壽命約一百二十天，老化的紅血球會變脆，經血液送到肝臟，由組織巨噬系統或網狀內皮系統之巨噬細胞庫弗爾氏細胞（Kupffer cell）負責破壞，分離出來的鐵大部分被再吸收回循環，在血漿中與運鐵蛋白結合，少部分由糞中排除。在血漿中與運鐵蛋白結合的鐵，可運送到骨髓再製造血紅素，也可能送到肝臟以鐵蛋白（ferritin）方式貯存。鐵的排除主要途徑為糞便，男人每天排出約1mg的鐵，女人則因有月經週期，平均每天排出約2mg鐵。

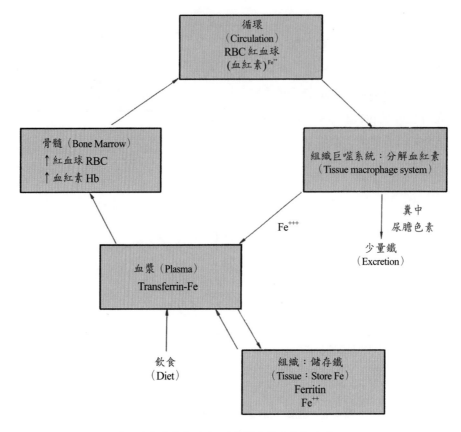

註：血紅素中為 Fe^{++}，而代謝分離出來為 Fe^{+++}。

圖4-9　鐵的運送、貯存及代謝

血紅素的合成及代謝（Synthesis and metabolism of hemoglobin）

　　血紅素在紅血球中生成，四個血質中均各含一個二價鐵離子。血紅素製造所需的材料中，除紅血球生成素（erythropoietin）、胺基酸、蛋白質外，尚需要金屬鐵、錳及鈷等。此外，仍須有維生素當作輔酶（coenzyme），維生素 B_{12} 及葉酸（folate）為合成DNA所需的輔酶，若缺乏此兩種維生素，會使得骨髓中之紅血球母細胞（erythroblast）不能快速增殖，且體積增大，形成巨母紅血球（megaloblast），無法形成成熟的紅血球，稱作巨母紅血球貧血症。

　　紅血球老化後，會在組織巨噬系統中代謝（圖4-10），巨噬細胞將紅血球破壞分解成球蛋白（globulin）、原紫質（protoporphylin）及鐵。球蛋白分解成胺基酸可再利用。鐵為三價鐵離子，進入血漿中與運鐵蛋白結合，亦可再利用。原紫質可還原成膽紅素（bilirubin），膽紅素到肝中與膽汁作用，送到小腸，轉變成糞膽素原（stercobilinogen），經由腸內菌氧化成為糞膽素（stercobilin），由糞便排除。糞膽素原另一反應變成尿膽素原（urobilinogen），循環到腎中變成尿膽素（urobilin），由尿液中排除（圖4-10）。

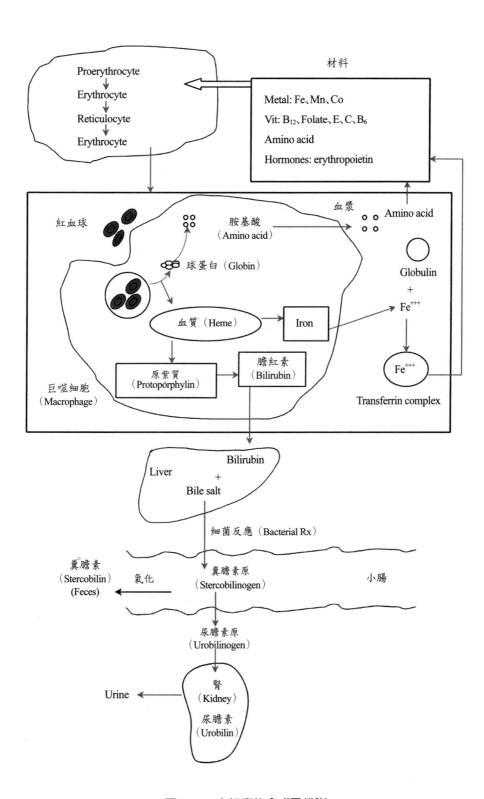

圖4-10 血紅素的合成及代謝

膽紅素（bilirubin）對神經系統具傷害性，若堆積在體內過多，會導致神經的傷害。因紅血球破壞過多，肝臟有疾病都可能導致膽紅素代謝異常，引起體內膽紅素過多症，因會造成皮膚、眼睛黏膜呈黃色，故又稱為黃疸（jaundice）。

表 4-5 中，表示紅血球在臨床上的數據。正常血比容（hematocrit; Hct）的平均數值為 45±5%，正常紅血球的平均數值為 5.0×10^6 cell/μl，而血紅素（hemoglobin; Hb）為 15±2 g/dl。表 4-5 中可見男性及女性有些差異。但值得注意這些數據都是範圍，非定值，例如男性之血紅素為 16.0±2.0 g/dl，而女性血紅素為 14.0±2 g/dl。此外，也可以平均血球體積（mean corpuscular volume; MCV）來看紅血球體積是否正常，其計算公式列於表 4-5 中，正常 MCV 數據為 87±5μm³，若大於 90，表示紅血球體積過大，若小於 80，表示紅血球體積過小。平均血球血紅素（mean corpuscular hemoglobin; MCH）代表紅血球所含血紅素含量，正常 MCH 為 29±5 pg，過多代表血紅素過多，MCH 小於 25 則表示為淺色素（血紅素太低），會影響攜氧能力。平均血球血紅素濃度（mean corpuscular hemoglobin concentration; MCHC）正常數值為 34±2%，過低代表淺色素，過高則表示紅血球體積太小。臨床上檢查時將這些數據作為診斷依據。

因為紅血球外形為雙凹盤狀，靜置時，紅血球會類似銅錢一樣，成串疊在一起，稱為錢串現象（rouleaux formation）。將血液置入 wintroke 試管中靜置一至二小時，記錄每小時的沉降速率（sedimentation rate），稱為紅血球沉降速率（erythrocyte sedimentation rate; ESR），亦可作為診斷依據。正常男性之 ESR 為 2～8 mm/hr，女性為 2～10 mm/hr。

血型（Blood type）

早期病患在輸血（transfusion）中，有些成功了，但有些卻立即或稍後產生紅血球凝集（agglutination），阻礙循環，或造成紅血球溶血（hemolysis），使紅血球破裂失去功能。不久，科學家們發現人體內有不同的血液抗原及抗體，所以引起抗原—抗體凝集反應。

科學家們發現在人體紅血球的細胞膜上有抗原（antigen），稱為凝集原（agglutinogen）。有三種不同的抗原存在紅血球表面，A、B 及 D 凝集原。而在血漿中有凝集素（agglutinin），即凝集素 a（Anti-a）、凝集素 b（Anti-b）及凝集素 d（Anti-d）三種抗體存在。紅血球表面 A、B 凝集原決定人類的 ABO 血型，而紅血球表面 D 凝集原存在與否，決定人類的 Rh 血型。

ABO血型的決定

　　紅血球細胞膜上表面抗原，A與B凝集原，及血漿中凝集素a及b，用來決定ABO血型（表4-7）。

　　若紅血球上的凝集原（抗原）為A型，則此人血型為A型，則其血漿中含凝集素b（Anti-b）；紅血球細胞膜上的凝集原為B型，則此人血型為B型，其血漿中含有凝集素a（Anti-a）；若紅血球細胞膜上具有凝集原A及B，此人血型則為AB型，其血漿中則沒有凝集素存在；若紅血球細胞膜上不具凝集原A及B，此人血型為O型，其血漿中則含有凝集素a及b。

　　血型的檢驗是利用Anti-a及Anti-b已知的抗體（或血清），先置於載玻片上，分別加入一滴血液，觀察是否有凝集（agglutination）產生，若在Anti-a血清中有凝集反應，而在Anti-b血清中無凝集反應，此人為A型（圖4-11）。反之，在Anti-a血清中無凝集反應，但在Anti-b血清中有凝集反應，此人則為B型；在Anti-a及Anti-b的血清中，加入血液後均有凝集反應，此人為AB型；若在Anti-a及Anti-b血清中均無凝集反應，則此人為O型。

表4-7　ABO血型

血型	紅血球抗原凝集原 （Agglutinogen）	血漿中抗體凝集素 （Agglutinin）
A	A	b
B	B	a
AB	A及B	無
O	無	a及b

輸血反應

　　當將A型血液輸給A型的接受者（recipient），則在接受者並沒有凝集反應產生，因為接受者不會把A型血液當作外來的抗原。但是若將A型血液輸給B型的接受者，那麼會有兩種反應產生：

1. 捐贈者（donor）血漿中的Anti-b抗體會與接受者紅血球上的凝集原（抗原）B產生凝集反應（minor；次要）。

2. 接受者血漿中的Anti-a抗體，會與捐贈者所輸入紅血球上的凝集原A產生凝集反應（Major；主要反應）。

　　前者的反應較小，原因是捐贈者Anti-b抗體，會被接受者之血液所稀釋，所以反應較小，在接受者體內只有少部分的紅血球產生凝集反應。後者的反應較大，原因是捐贈者紅血球的細胞膜表面上之凝集原A，會被接受者血漿中的Anti-a抗體作用，產生凝集反應而失去紅血球的作用，那麼輸給接受者的紅血球均無功能了。所以A型血液不適宜輸給B型血液的

受血者。有可能產生焦慮（anxiety）、呼吸困難、臉色蒼白、胸痛，嚴重者甚至產生休克症狀。

　　不適宜的輸血反應，除了上述產生抗原—抗體的凝集反應，阻塞循環系統較常發生之外，有時，不相配的血因輸血混合時，會使接受者體內產生立即的溶血反應（hemolytic reaction），破壞紅血球。輸血反應嚴重者若引起急性腎衰竭（acute renal failure），則可能導致死亡。

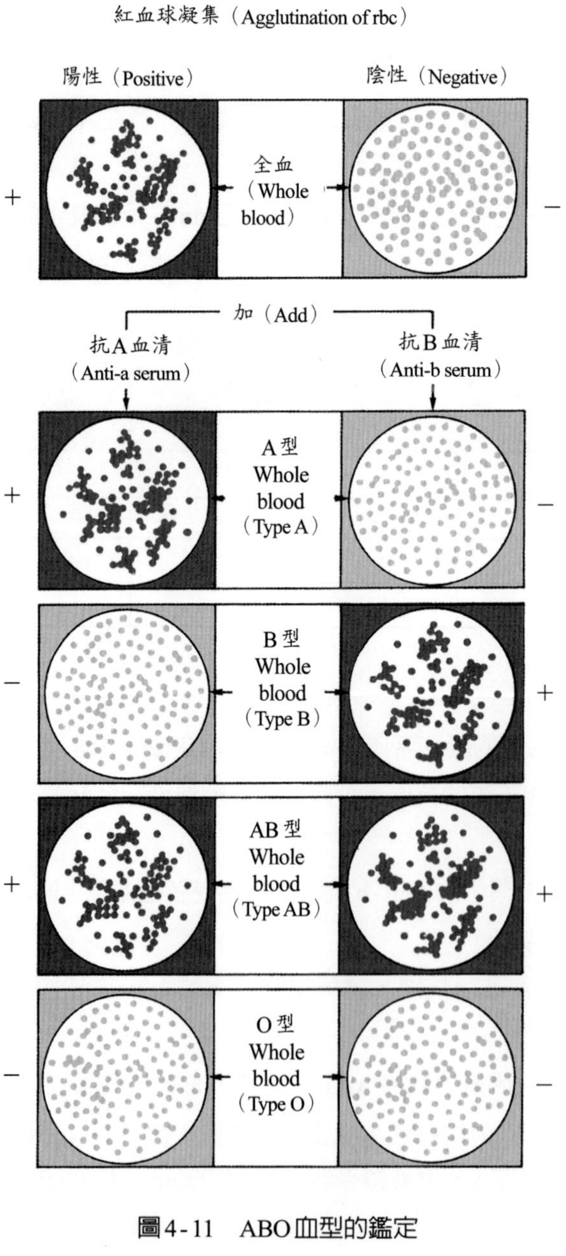

紅血球凝集（Agglutination of rbc）

陽性（Positive）		陰性（Negative）
+	全血（Whole blood）	−

加（Add）

抗A血清（Anti-a serum）		抗B血清（Anti-b serum）
+	A型 Whole blood（Type A）	−
−	B型 Whole blood（Type B）	+
+	AB型 Whole blood（Type AB）	+
−	O型 Whole blood（Type O）	−

圖4-11　ABO血型的鑑定

Rh血型的決定

除了ABO血型外，輸血反應中尚有Rh抗原也很重要。Rh抗原系統與ABO血型系統的不同點有：

1. ABO抗原系統為在紅血球細胞膜表面的凝集原（agglutinogen）A及B來決定；而Rh抗原系統為在紅血球細胞膜表面的凝集原D來決定。

2. 在ABO抗原系統中，血漿中凝集素（agglutinin）為與生俱來的；在Rh抗原系統中其凝集素自然產生的幾乎沒有，而必須在接受Rh抗原（凝集原）第一次大量刺激，產生足夠的凝集素後，才會在第二次輸血時引起輸血的凝集反應。

Rh抗原1940年首次在恆河猴（Rhesus Monkey）發現，Rh抗原稱為抗原D（或凝集原D），其抗原性比較低。如果在紅血球細胞膜表面具有抗原D，則為Rh陽性（Rh positive），若不具有，則稱為Rh陰性（Rh negative）。Rh陰性的人，其血漿中不具有Rh抗體，如果經由輸血或母親本身為Rh陰性而懷有Rh陽性的胎兒，使Rh陽性血液與Rh陰性血液混合，則在Rh陰性的受血者體內會產生Rh抗體，當第二次接受Rh陽性血液，則會引起抗原－抗體反應，使紅血球破壞產生溶血反應。所以當Rh陰性母親所懷第一胎為Rh陽性，則經由胎盤（placenta），Rh陽性血液進入母親循環系統，刺激產生Rh抗體，如果此母親第二胎亦是Rh陽性，則母親體內的Rh抗體經由胎盤進入胎兒循環，會引起胎兒紅血球產生凝集反應（agglutination），導致溶血性貧血（hemolytic anemia）引起胎兒死亡，稱為胎性母紅血球增多症（erythroblastosis fetalis）。

血小板（Platelet）

血小板（platelet或thrombocyte；thrombus＝clot）是由巨核細胞（megakaryocyte）所分裂的細胞質碎片，每一個巨核細胞的細胞質可分裂成約6,000個血小板（圖4-3），所以血小板無核，每一個血小板直徑約2～4μm，壽命（life span）約五至九天，血液中的數量平均為300,000/μl。其生理功能與血液的凝固有關。

止血（Hemostasis）

止血的目的在於防止喪失過多血液。一旦血管受創而破損時，止血通常可經由下列步驟迅速完成（圖4-12）：

1. 局部血管收縮（local vasoconstriction）。
2. 血小板凝集（platelet aggregation）產生栓子（plug）。
3. 血液凝固（blood coagulation）。
4. 血塊回收（clot retraction）。

局部血管收縮

當血管受傷破裂時，馬上會引起血管壁收縮，降低通過受傷血管的血流量。血管收縮的產生機制，因交感神經反應（sympathetic reflex）所引起，或是受傷部位血小板分泌血清素（serotonin）所引起的局部血管收縮反應，以減少失血的現象（圖4-12(b)）。

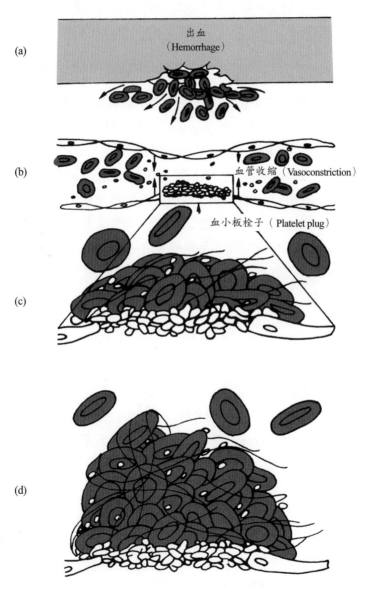

註：(a)血管受傷出血（hemorrhage）；(b)局部血管收縮（vasoconstriction）；
(c)血小板凝集；(d)血液凝固而阻塞傷口，防止失血過多。

圖4-12　血塊的形成（Formation of clot）

血小板凝集

受傷血管表面的內皮細胞，因受創會釋出腺核苷二磷酸（adenosine diphosphate; ADP），吸引血小板到受創處並凝集在一起，當血小板與受傷血管表面的膠原纖維（collagen fiber）接觸，血小板性質發生變化，會釋放ADP、血清素（serotonin）及血液凝固所需的血小板因子（血液凝固於(三)會再詳述）。ADP可使更多的血小板聚集在受傷血管表面並凝集在一起，形成栓子（plug）阻塞傷口，同時這些活化的血小板除了釋出血清素外，也會釋出血栓素A₂（thromboxane A₂）。血栓素A₂也有強力血管收縮作用，又可作用在附近的血小板使之活化，這些血小板與原先活化的血小板凝集在一起，因此，在血管的受傷處，受傷血管壁被一連串經活化過程所活化的血小板凝集，累積所形成的血小板栓子（platelet plug）阻塞住，防止失血（圖4-12(c)；圖4-13）。

血液凝固

凝血（coagulation）是受創血管防止失血過多的必要步驟。凝血的過程即是凝血酶（thrombin）促使血漿中的可溶性纖維蛋白原（fibrinogen）轉變成不溶性纖維蛋白（fibrin），纖維蛋白在傷口處形成網狀，防止血球及血漿的流失（圖4-13），稱為血塊。凝血過程有許多凝血因子（clotting factor）的參與。凝血因子列於表4-8。

表4-8　凝血因子（Clotting Factors）

凝血因子	名　　稱	位　置
凝血因子一（Factor Ⅰ）	纖維蛋白原（fibrinogen）	血漿
凝血因子二（Factor Ⅱ）	凝血酶原（prothrombin）	血漿
凝血因子三（Factor Ⅲ）	組織凝血質（tissue thromboplastic）	組織細胞
凝血因子四（Factor Ⅳ）	鈣離子（calcium ion）	血漿
凝血因子五（Factor Ⅴ）	• 前促進質（proaccelerin） • 不安定因子（labile factor） • 前進質球蛋白（accelerator globulin）	血漿
凝血因子七（Factor Ⅶ）	• 前轉換質（proconvertin） • 安定因子（stable factor） • serum prothrombin conversion accelerator (SPCA)	血漿
凝血因子八（Factor Ⅷ）	• 抗溶血因子（antihemophilic factor; AHF） • 抗溶血因子（antihemophilic factor A） • 血小板共同因子Ⅰ（platelet cofactor Ⅰ）	血漿
凝血因子九（Factor Ⅸ）	• 血漿凝血質（plasma thrombophastin component; PTC）	血漿

（續）

	• 聖誕因子（christmas factor）	
凝血因子十（Factor X）	• 抗溶血因子（Bantihemophilic factor B） • 史都華強力因子（Stuart power factor）	血漿
凝血因子十一（Factor XI）	• 史都華因子（Stuart factor） • 前血漿凝血質（plasma thromboplastin antecedent; PTA） • 抗溶血因子（Cantihemophilic factor C）	血漿 血漿
凝血因子十二（Factor XⅡ）	• 黑格門因子（Hagemen factor） • 接觸因子（contact factor）	血漿
凝血因子十三（Factor XⅢ）	• 纖維蛋白穩定因子（fibrin-stabilizing factor） • Laki-Lorand factor	
血小板因子（Platelet factor）	血小板因子三（platelet factor Ⅲ）	血小板
HMW kininogen	高分子量活動素原	血漿

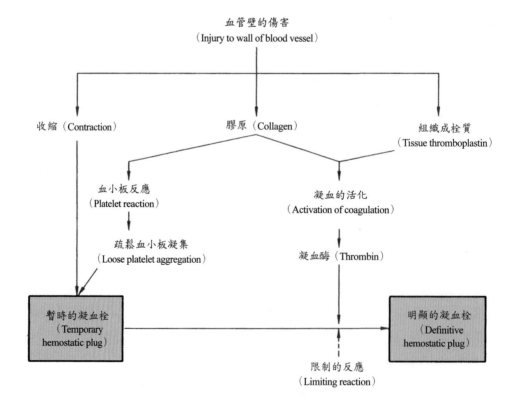

圖4-13　止血反應的摘要

凝血的過程可分為三個步驟：

Stage I：形成凝血酶原轉換因子（prothrombin converting factor），由啟動到凝血酶原轉換

酶的形成。又可分為兩條不同路徑：(1)外在路徑（extrinsic pathway），始於血管壁及血管外組織受損；(2)內在路徑（intrinsic pathway），始於血液本身，並無組織受損。這兩條路徑均有許多的凝血因子（表4-8）參與。凝血因子均屬未活化，當轉變成活化形式，即可啟動凝血的一連串反應（圖4-14）。

Stage II：形成凝血酶（thrombin）。凝血酶原（prothrombin）在凝血酶原轉換酶及鈣離子（calciumion）、凝血因子五及磷脂質（phospholipid）的作用下，會轉變成活化的凝血酶（圖4-14）。

Stage III：形成纖維蛋白。活化的凝血酶可促使纖維蛋白原（fibrinogen）轉變成纖維蛋白（fibrin），纖維蛋白在活化的凝血因子十三作用下，形成不溶性的纖維蛋白複合物。

1. **凝血機制的外在路徑**：凝血過程的第一步驟為由啟動到凝血酶原轉換酶的形成。而啟動步驟又可分為兩條不同的路徑，外在路徑始於受傷的血管及血管外的組織。其發生的過程又可分為三個步驟，如圖4-14及圖4-15所示。

   (1)釋放組織凝血質：受傷組織釋放許多因子的複合物，稱為組織凝血質（tissue thromboplastic; Factor III），含有磷脂質（phospholipid）及脂蛋白（lipoprotein）。組織凝血質可活化凝血因子七及十，同時幫助凝血因子十形成凝血酶原轉換因子，以活化凝血酶（圖4-15）。

   (2)凝血因子十的活化：在組織凝血質及凝血因子七作用下，加上 Ca^{++} 作用，可活化凝血因子十。

   (3)活化凝血酶：活化的凝血因子十與組織凝血質中的磷脂質加 Ca^{++} 及凝血因子五結合，形成凝血酶原轉換因子（prothrombin converting factor）。凝血酶原轉換因子在數秒鐘內，可使凝血酶原（prothrombin）形成凝血酶（thrombin），展開凝血的過程。因此，凝血因子十是真正引起凝血酶活化的催化酶（圖4-15）。

2. **凝血機制的內在路徑**：凝血的啟動步驟，第二途徑為內在路徑 （intrinsic pathway），為始於血液接觸受傷血管的膠原纖維（collagen fiber）或血液受創（blood trauma）。內在路徑為由活化凝血因子十二開始（圖4-16）：

   (1)凝血因子十二的活化：當血液受創或與血管壁上的膠原纖維（collagen fiber）接觸，會影響血液中兩個重要的凝血因子：一是改變凝血因子十二的結構，即形成活化型的凝血因子十二；其二是血液受創時，也會影響血小板（platelet），刺激血小板釋出磷脂質或脂蛋白，稱為血小板第三因子（platelet factor III），參與凝血過程。血小板也會產生凝集作用。

   (2)凝血因子十一的活化：活化的凝血因子十二與高分子量活動素原（HMW kininogen）一起作用，使凝血因子十一活化。

   (3)凝血因子九的活化：活化的凝血因子十一與 Ca^{++}，促使凝血因子九活化。

(4)凝血因子十的活化：凝血因子十在活化的凝血因子九聯合凝血因子八、血小板因子三、磷脂質及 Ca^{++} 作用下，成為活化的凝血因子十。

(5)活化凝血酶：內在路徑的最後步驟與外在路徑的步驟是相同的。活化的凝血因子十與凝血因子五，及磷脂質形成凝血酶原轉換因子（prothrombin converting factor），再活化凝血酶。

一旦凝血酶被活化，即進 入血液凝固的第二步驟。凝血酶作用在纖維蛋白原（fibrinogen; factor I）使之轉變成纖維蛋白（fibrin），所形成纖維蛋白在活化的凝血因子十三，即纖維蛋白穩定因子（fibrin stabilizing factor）及 Ca^{++} 的作用下，變成網狀不溶性的纖維蛋白（圖4-12；圖4-14）與凝集的血小板共同阻塞傷口，防止失血，即血液凝固的第三步驟。凝血因子十三在凝血酶及 Ca^{++} 作用下，方可成為活化的凝血因子十三。凝固血塊經過一段時間，會因血塊收縮，使黃色血清滲出，稱為血塊回收（clot retraction）。

在整個血液凝固的步驟中，大部分均需要有 Ca^{++} 來促成其反應。因此，若缺乏 Ca^{++} 則血液凝固無法完成。在實驗室中，可加 Ca^{++} 的螯合劑（chelating agent），如檸檬酸鈉（sodium citrate）去除 Ca^{++}，防止血液的凝固。

抗凝血的機制——防止血管內凝血（Anti-clotting mechanism）

正常血管系統內，血液保持流動性。防止血管內凝血的因素有：

1. 內皮細胞（endothelium of capillary）完整性。
2. 抗凝血酶Ⅲ（anti-thrombinⅢ）。
3. 肝素（heparin）。
4. 胞漿素（plasmin）。

內皮細胞的完整

血管的內皮細胞層，其光滑性可以防止血液凝固，使血流順暢。

抗凝血酶Ⅲ（anti-thrombinⅢ）

血液中存在有凝血抑制劑（coagulant inhibitor）為抗凝血酶Ⅲ。抗凝血酶Ⅲ可抑制凝血因子十的活化，同時可與凝血酶（thrombin）結合，使凝血酶變成不活性，因此可防止纖維蛋白原（fibrinogen）轉變成纖維蛋白（fibrin），阻止凝血的產生。

肝素（heparin）

肝素為另一種體內自然存在的物質，可以防止凝血的發生。肝素為嗜鹼性球（basophil）及肥大細胞（mast cell）所釋放，但在血液中正常的濃度非常低。肝素可結合抗凝血酶Ⅲ，來增強其抗凝血的效果。肝素為醫療上廣泛使用的抗凝血劑。在體內及試管中反應，均具有抗凝血的效果。

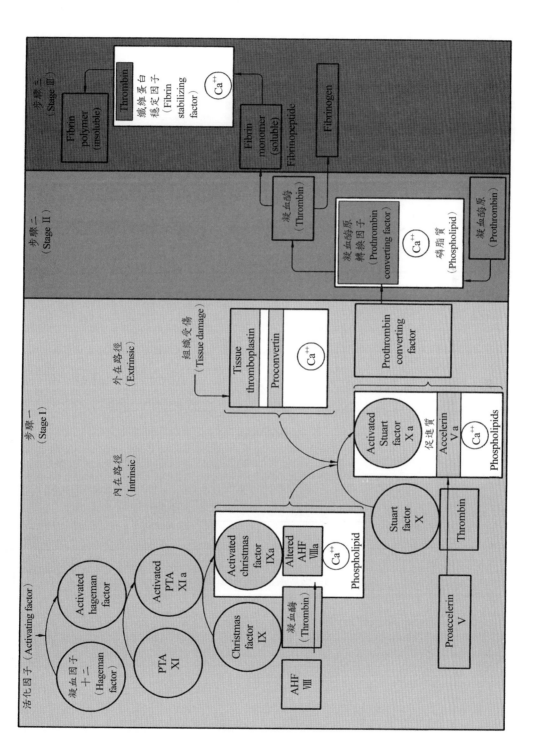

圖 4-14　凝血—連串的步驟

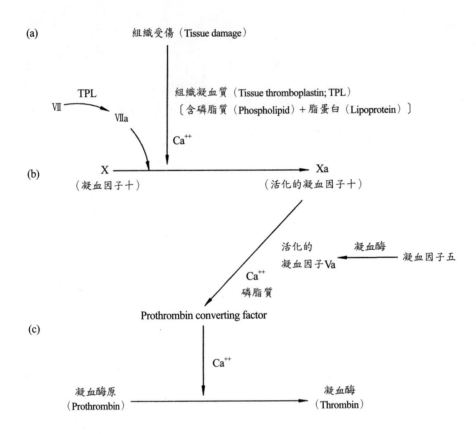

圖4-15　啓動凝血的外在路徑

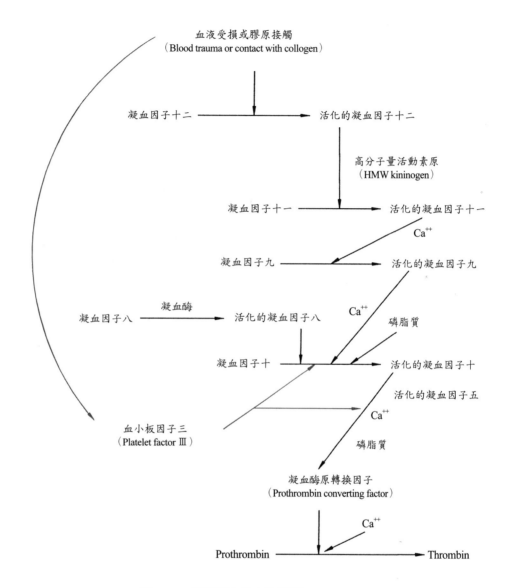

圖4-16 啓動凝血的內在路徑

胞漿素 (plasmin)

血塊的形成，在生理上是一暫時的現象，在失血過後，組織會修復，而不溶性的纖維蛋白 (fibrin) 會慢慢溶解成為可溶性的片段 (soluble fragment)，以維持血流的順暢。促使纖維蛋白溶解的物質，存在血漿中，稱為胞漿素。

胞漿素為血漿中的一種優球蛋白 (euglobulin)，為胞漿素原 (前纖維蛋白溶解酶) (plasminogen or profibrinolysin)，經組織胞漿素原活化物 (tissue plasminogen activator; TPA) 作用

下形成的胞漿素。胞漿素又稱為纖維蛋白溶解酶（fibrinolysin）（圖4-17）。

　　凝血酶（thrombin）除了可促使纖維蛋白原活化成為纖維蛋白（fibrin）及活化纖維蛋白穩定因子（或凝血因子十三）（fibrin stabilizing factor; factor XIII）外，也可調節胞漿素的活化。凝血酶在凝血調節素（thrombomodulin）作用下，轉變成蛋白質C活化物（protein C activator）（圖4-17），蛋白質C活化物可促使蛋白質C（protein C）的活化，而經活化的蛋白質有三個作用：

1. 使凝血因子八（factor VIII）去活化。
2. 使凝血因子五（factor V）去活化。
3. 使組織胞漿素原活化物（TPA）的抑制劑去活化。

　　前兩者防礙凝血步驟的進行，後者可活化胞漿素，胞漿素可促使纖維蛋白溶解成可溶性之胜肽片段。三者都可防止血管系統產生凝血作用，維持血管系統的通暢。

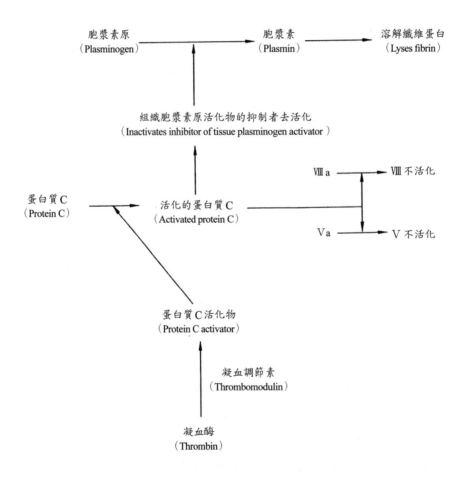

圖4-17　纖維蛋白溶解系統及其調節作用

血漿（Plasma）

　　將血液中的血球移走即是血漿。血漿為黃色液體，占全血的55%（圖4-1），占體重的5%。

　　血漿的組成包括水分，約占95%左右，及可溶性物質，約占5%左右。可溶性物質包括蛋白質、營養物質、細胞產物（如激素、酶及抗體等）及細胞的代謝廢物。此外，尚有一些氣體及離子等（表4-9）。

表 4-9　血漿的成分及其功能

成　　分	含　　量	功　　能
水	約占血漿95%	血液所有成分的溶劑或攜帶媒介
血漿蛋白 　白蛋白 　球蛋白 　纖維蛋白	約占血漿5%（6.0～8.0 mg/100 ml） 3.5～5.5 mg/100ml 1.5～3.0 mg/100ml 約 0.3 mg/100ml	構成血液黏性；滲透及酸鹼緩衝劑抗體，運輸脂肪、離子（Cu, Fe），與凝血有關
營養物質 　葡萄糖 　胺基酸 　膽固醇	 80～120 mg/100ml 300 mg/100ml 150～240 mg/100ml	能量之來源，構成細胞的基本成分同上
代謝廢物 　尿素（Urea） 　尿酸（Uric acid） 　膽紅素（Bilirubin）	 8～25 mg/100ml 3～7 mg/100ml 0.1～0.3 mg/100ml	 蛋白質代謝廢物，由腎排除 蛋白質代謝廢物，由腎排除 血紅素代謝廢物
離子 　HCO_3^-(bicarbonate) 　Ca^{++} 　Na^+ 　K^+ 　Cl^- 　Fe^{++} 　Mg^{++}	 25 mM 8.5～10.5 mg/100ml 136～145 mM 4 mM 100～106 mM 50～150 μg/100ml 1～2 mg/100ml	 緩衝系統 膜電位，肌肉收縮 膜電位，滲透壓之維持 膜電位，滲透壓之維持 膜電位，Cl^--shift 血紅素成分之一
氣體 　CO_2 　O_2 　N_2	 2 ml/100ml 0.2 ml/100ml 0.9 ml/100ml	 有氧呼吸之產物，緩衝系統 有氧呼吸作用，電子傳遞鏈之產物
維生素	少量	輔酶
酶	少量	生化反應
激素	少量	生理反應

蛋白質（Protein）

血漿中最主要的蛋白質有三種，分別是白蛋白（albumin）、球蛋白（globulin）及纖維蛋白原（fibrinogen）。

1. **白蛋白**：占血漿蛋白的60%，為血漿中構成膠體滲透壓（oncotic pressure）的主因。此外，具有緩衝系統作用以調整酸鹼值。白蛋白可與許多的物質，如類固醇激素（steroid hormone）結合，扮演血漿運輸的角色，亦可當作營養成分。

2. **球蛋白**：約占血漿蛋白的40%，又可分為α_1-、α_2-、β_1-、β_2-、γ-球蛋白。

    (1)α_1-球蛋白：占血漿蛋白的4%，可形成醣蛋白（glycoprotein）及脂蛋白（lipoprotein）。此外，血漿中之α_1-球蛋白，如甲狀腺素結合球蛋白（thyroxin-binding globulin）、皮質醇結合球蛋白（cortisol binding globulin; transcortin）及維生素B_{12}結合球蛋白（vitamin B_{12} binding globulin; transcobalamin）等。

    (2)α_2-球蛋白：占血漿蛋白的8%，包括有①血漿銅藍蛋白（ceruloplasmin），為含銅的氧化酶；②凝血酶原（prothrombin），參與凝血反應；③紅血球生成素（erythropoietin），促進紅血球生成；④血管加壓素原（angiotensinogen），可調節血壓及體液。

    (3)β-球蛋白：可分為β_1-及β_2-球蛋白，分別占血漿蛋白的7%及4%，包括有①低密度脂蛋白（low-density lipoprotein; LDL），運送膽固醇（cholesterol）；②運鐵蛋白（transferrin），運輸鐵；③尚有一些與脂肪及脂溶性維生素（Vit A、D、E、K）之運輸有關。

    (4)γ-球蛋白：占血漿蛋白之17%，構成免疫球蛋白（immunoglobulin; Ig）。免疫球蛋白有五種：IgG、IgA、IgM、IgD及IgE。

3. **纖維蛋白原**：約占4%左右，為血漿中的可溶性蛋白質，經凝血酶（thrombin）作用後，可形成不溶性的纖維蛋白（fibrin）。

營養物質（Nutrient）

如葡萄糖（glucose）、胺基酸（amino acid）、葉酸（folate）及鹽類（salt）等。

細胞產物（Cellular product）

如酶（enzyme）、激素（hormone）及抗體（antibody）等。

細胞代謝廢物（Cellular metabolite）

如尿素（urea）、尿酸（uric acid）及二氧化碳（CO_2）等。

其他（Others）

如氣體（O_2、N_2、CO_2 等）、離子（Na^+、Mg^{++}、Ca^{++}、K^+、Cl^- 及 HCO_3^- 等），這些離子在各種不同生理功能均扮演重要角色。

專有名詞中英文對照

第五章　心臓

章節大綱

心臟的構造

心臟的電氣性質

心動週期

心輸出量

學習目標

研習本章後，你應該能做到下列幾點：

1. 了解心臟的解剖構造及瓣膜的功能
2. 分別心肌纖維及心臟傳導系統的差異及個別之功能
3. 可繪圖說明心室及竇房結之動作電位及個別之機轉
4. 了解竇房結如何驅動心跳
5. 了解心電圖的意義及其臨床應用
6. 了解心動週期的分期
7. 說明心動週期與心音、心電圖的關係
8. 了解心房壓力與心動週期的關係及臨床應用
9. 可說明心動週期中血液量的變化
10. 了解影響心跳的因素
11. 了解影響心搏擊出量的因素
12. 可說明影響心輸出量的因素

　　心臟（heart）是心臟血管系統的中樞，包括有四個心腔（chambers）、兩個心房（atria），分為左、右心房，接收來自靜脈的血液，再輸送進左、右心室（ventricle）。右心房（right atrium）接受上腔靜脈（superior vena cava）、下腔靜脈（inferior vena cava）及冠狀竇（coronary sinus）而來的血液（圖5-1），右心房的血液再送入右心室（right ventricle），然後經由肺幹（pulmonary trunk）送至肺（lung），謂之肺循環（pulmonary circulation）（圖5-1；圖5-2）。左心房（left atrium）接受肺靜脈（pulmonary vein）的血液，血液再進左心室（left ventricle），經由主動脈（aorta）送到全身各組織，謂之體循環（systemic circulation）。

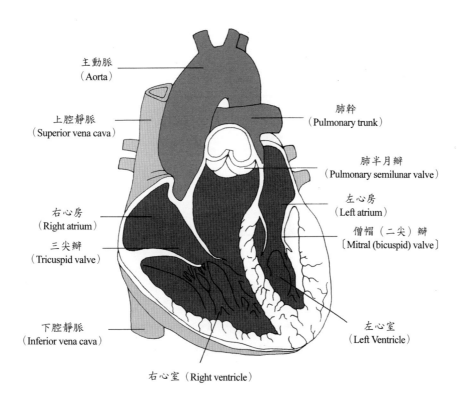

主動脈
（Aorta）

上腔靜脈
（Superior vena cava）

肺幹
（Pulmonary trunk）

肺半月瓣
（Pulmonary semilunar valve）

左心房
（Left atrium）

右心房
（Right atrium）

僧帽（二尖）瓣
〔Mitral (bicuspid) valve〕

三尖瓣
（Tricuspid valve）

下腔靜脈
（Inferior vena cava）

左心室
（Left Ventricle）

右心室（Right ventricle）

圖5-1　心臟的四個心腔及其對外的交通路徑

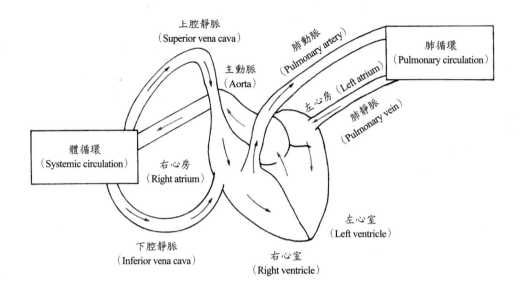

圖5-2　圖示體循環及肺循環

心臟的構造（Structure of Heart）

心臟為心肌所構成的心臟壁圍著四個心腔所構成的。

心臟壁（Cardiac wall）

心臟壁包括三層：

1. **心外膜**（epicardium）：又稱為心包膜臟層（visceral pericardium），為一透明的漿膜層。
2. **心肌**（myocardium）：心肌是構成心臟壁最主要的成分，心肌為不隨意肌，但具有橫紋（striation）。
3. **心內膜**（endocardium）：位於心肌的內面，由內皮細胞（endothelial cell）所構成。

心臟的瓣膜（Cardiac valve）

心臟負責將血液送入體循環或肺循環，為了防止血液的逆流，在心房及心室之間、肺動脈及主動脈的基部均有瓣膜（valve）。

房室瓣（atrioventricular valve）

房室瓣之成分為心臟壁向心室腔生長的纖維組織，為心內膜所包圍住而成的。位於心房及心室之間的瓣膜有二尖瓣（bicuspid valve）及三尖瓣（tricuspid valve）（圖5-3）。

1. **二尖瓣**（bicuspid valve）：又稱為僧帽瓣（mitral valve），位於左心房及左心室之間，控制左心房血液流入左心室，同時防止左心室血液逆流回左心房。

2. **三尖瓣**（tricuspid valve）：位於右心房及右心室之間，控制右心房血液流入右心室，並防止右心室血液逆流回右心房。

半月瓣（semilunar valve）

　　半月瓣位於主動脈及肺動脈的基底，其作用在於防止血液逆流回左心室或右心室，使血液流向動脈。

　　房室瓣及半月瓣的開啟及關閉，取決於壓力（pressure）的差異。當心室放鬆（relax），靜脈回流（venous return）使血液進入心房，當心房的壓力大於心室壓力時，房室瓣（二尖瓣及三尖瓣）即會開啟，使血液由心房流進心室；當心室壓力增加至大於心房壓力時，房室瓣則關閉。相同的，當心室收縮至壓力大於動脈壓力，則半月瓣開啟，使血液進入體循環及肺循環中；當心室放鬆，壓力下降，則半月瓣關閉，防止血液逆流回心室。

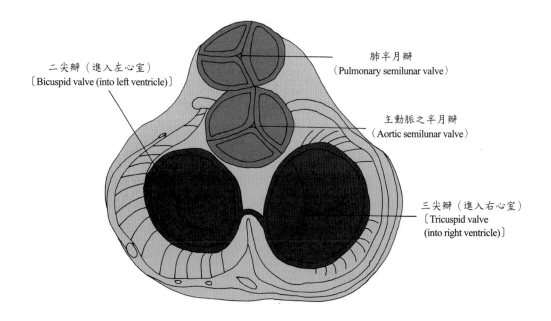

二尖瓣（進入左心室）
〔Bicuspid valve (into left ventricle)〕

肺半月瓣
（Pulmonary semilunar valve）

主動脈之半月瓣
（Aortic semilunar valve）

三尖瓣（進入右心室）
〔Tricuspid valve
(into right ventricle)〕

圖5-3　心臟的瓣膜

心臟的纖維構造（Structure of cardiac fiber）

心臟的纖維構造，包括有心肌（myocardium），為工作纖維（working fiber），主要負責收縮工作，又分為心房工作纖維（artial working fiber）及心室工作纖維（ventricular working fiber）（表5-1）。另一為特化纖維（specialized fiber），負責傳導功能，包括竇房結（sinoatrial node; SA node）、結間心房路徑（internodal atrial pathway）、房室結（atrioventricular node; AV node）、希氏束（bundle of His）及蒲金氏纖維（Purkinje fiber）（表5-1）。

表5-1 心臟纖維的分類

Working fiber	• atrial working fiber • ventricular working fiber
Specialized fiber	• SA node (cardiac pacemaker) • internodal atrial pathway • AV node • bundle of His • purkinje fiber

心肌的構造

心肌為不隨意肌，但具有橫紋（參見第三章）。心肌以網狀排列（圖5-4(a)），各心肌纖維分叉後又會重合，而後又再分叉。相鄰的兩個心肌細胞的細胞膜，會特化成為暗色帶的插入盤（intercalated disk），通常插入盤都發生在 Z line 上。心肌纖維為許多心肌細胞串聯而成（圖5-4(a)），將心肌細胞放大觀察（圖5-4(b)），似骨骼肌細胞一樣，含有肌動蛋白（actin filament）及肌凝蛋白（myosin filament）。有肌漿質網（sarcoplasmic reticulum），但不像骨骼肌那麼發達。此外，在插入盤的電阻非常小，乃因相鄰兩心肌細胞之間有許多的裂隙結合（gap junction），可讓離子自由通透，所以心肌細胞之間的傳導非常快速。因此，許多串聯的心肌細胞構成一個完整的合體細胞（syncytium）。

心肌由兩個單獨分離的合體細胞所構成，即組成兩個心房壁的心房合體（atrial syncytium）及組成兩個心室壁的心室合體（ventricular syncytium）。正常情況下，這兩個合體靠特殊傳導系統互相聯繫，以完成心臟功能。

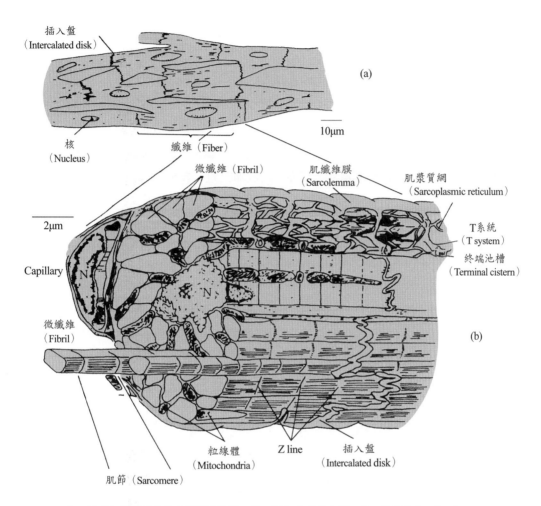

註：(a)兩細胞間不規則之排列即為插入盤；(b)為局部放大圖，插入盤發生在 Z line 上。

圖 5-4　心肌之圖示

心臟的傳導系統

　　心臟能自動進行收縮及舒張，主要靠心臟傳導系統之作用，此傳導系統為特化的纖維，包括有竇房結、結間心房路徑、房室結、希氏束及蒲金氏纖維（表 5-1；圖 5-5）。

1. **竇房結**（sinoatrial node; SA node）：位於右心房壁上，在上腔靜脈（superior vena cava）的開口下方（圖 5-5）。SA node 可自發性的產生神經衝動（nerve impulse），以引起心動週期（cardiac cycle）的產生，可決定心跳速率，所以又稱為節律點（pacemaker）。

2. **房室結**（atrioventricular node; AV node）：位於心房中隔（interatrial septum）下方，為心臟傳導最大的延遲（delay）。延遲的作用是使心室收縮前，心房能做完全的收縮。

3.**希氏束**（bundle of His; atrioventricular bundle）：由房室結發出，沿著心室中隔（interventricular septum）下行，至心室中隔頂端即分成左、右兩支（圖5-5）。

4.**蒲金氏纖維**（Purkinje fiber）：由希氏束左、右分支發出，至心室的心肌纖維上，為心肌傳導系統中傳導速度最快者。

　　心臟的傳導系統中，SA node 具有節律點，為具有自律性（autorhythmicity），且具有傳導性（conductivity）及興奮性（excitability），但卻不具有收縮力（contractility）。相較之下，心肌工作纖維不具自律性，但卻有興奮性、傳導性及收縮能力（表5-2）。

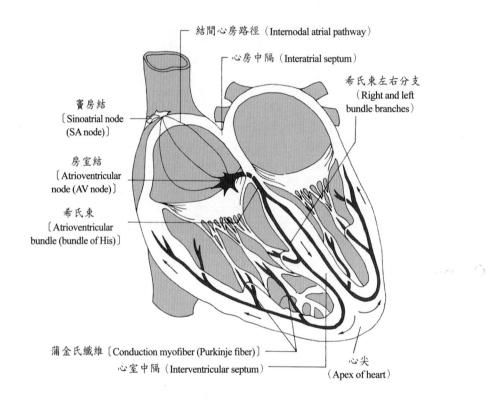

結間心房路徑（Internodal atrial pathway）

心房中隔（Interatrial septum）

希氏束左右分支（Right and left bundle branches）

竇房結〔Sinoatrial node (SA node)〕

房室結〔Atrioventricular node (AV node)〕

希氏束〔Atrioventricular bundle (bundle of His)〕

蒲金氏纖維〔Conduction myofiber (Purkinje fiber)〕
心室中隔（Interventricular septum）

心尖（Apex of heart）

圖5-5　心臟的傳導系統

表5-2　心肌纖維與傳導系統特化纖維之性質比較

性質功能	特化纖維（傳導系統）	心肌纖維（工作纖維）
Autorhythmicity	Yes	No
Excitability	Yes	Yes
Conductivity	Yes	Yes
Contractility	No	Yes

心臟的電氣性質（Electrical Property of the Heart）

心臟為一特殊的器官，具有特殊的傳導系統及心肌纖維（圖5-1；圖5-5），兩者均具有興奮性（excitability），即受刺激可產生動作電位（action potential），並且都具有傳導性（conductivity），可將衝動（impulse）傳到整個心臟。

心肌細胞的動作電位（Action potential of cardiac cell）

以心室之心肌細胞為例，心肌細胞的靜止膜電位為 $-90mV$（圖5-6），其動作電位可分為 phase 0, 1, 2, 3, 4。

1. phase 0：代表去極化（depolarization），主要因為膜上 Na^+ 管道打開，使得 Na^+ 快速由細胞外進入細胞內，造成膜內外電位差減少。Na^+ 傳導以 I_{Na} 表示之。

2. phase 1, 2, 3：代表再極化（repolarization），使心肌細胞再度到靜止膜電位。

   (1) phase 1：再極化開始，因為 Cl^- 管道打開，增加 I_{Cl}，以 Cl^- 由胞外進入胞內，膜電位差增加，產生再極化。

   (2) phase 2：又稱平原區（plateau），原因是此時 Ca^{++} 管道慢慢打開，Ca^{++} 由胞外進入；同時此時 K^+ 管道也打開，K^+ 由胞內離開到胞外，兩種離子移動結果造成 phase 2 的膜電位差改變緩慢，才叫作平原區。心肌細胞的平原區主因是 Ca^{++} 傳導（I_{Ca}）增加的結果。

   (3) phase 3：再極化的原因是因為此時 K^+ 管道打開，而 Ca^{++} 管道已關閉，大量 K^+ 由胞內移開，所以膜電位差增加，而恢復到靜止膜電位 $-90mV$。

   (4) phase 4：為心肌細胞之靜止膜電位（resting membrane potential），為 $-90mV$。

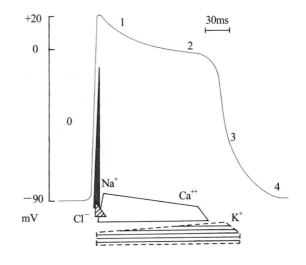

圖5-6　心室心肌細胞的動作電位，各個狀態（Phase）與離子傳導度的關係

　　上述為心室心肌纖維的動作電位，每一種心臟纖維均可記錄其動作電位，圖5-7中顯示由 SA node 發出節律產生動作電位，往整個心臟傳導，依傳導順序分別可記錄到心房心肌纖維、AV node、希氏束、蒲金氏纖維及心室心肌纖維的動作電位。

　　心室肌肉產生一次動作電位，即引起心室肌肉產生一次的心肌收縮（張力變化），心肌收縮不會有加成（summation）作用，而且心肌也不會疲勞（fatigue）。此乃因為心室之動作電位的絕對不反應期（absolute refractory period）非常長（圖5-8），而且心肌完成一次收縮的時間與心室動作電位的時間均約為 300 msec，所以心肌收縮不會加成。這與骨骼肌收縮不同（表5-3），心臟動作電位的時間約 300 msec，其收縮所需之 Ca^{++} 來自細胞外液（extracellular fluid; ECF），而非像骨骼肌所需 Ca^{++} 來自肌漿質網。心肌收縮由心肌動作電位啟動，其收縮為全或無律（all-or-none law）。因動作電位與心肌收縮之時間均約 300 msec，所以心肌收縮不會加成，不會強直，也不會疲勞。

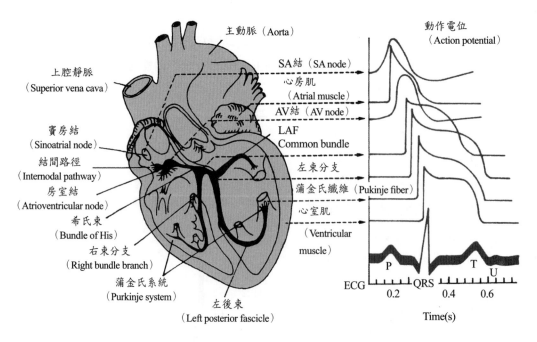

圖5-7　心臟不同纖維產生動作電位的順序及與心電圖之關係

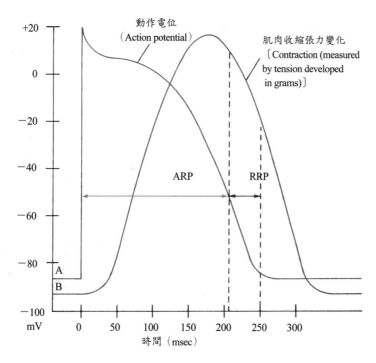

註：ARP：絕對不反應期（absolute refractory period）；RRP：相對不反應期（relative refractory period）。

圖5-8 心室動作電位與肌肉收縮的關係

表5-3 心肌與骨骼肌的比較

	心 肌	骨骼肌
動作電位時間	300 msec	2～3 msec
E-C coupling 所需 Ca^{++} 來源	ECF	Sarcoplasmic reticulum
肌肉收縮	全或無律	階梯收縮（Graded contraction）
加成	No	Yes
強直	No	Yes

寶房結的動作電位（Action potential of SA node）

寶房結（SA node）位於右心房壁上，具有自律性、興奮性及傳導性，但幾乎不含收縮纖維，所以不具有收縮性。心臟特殊傳導系統均具有自律性，可以自發性產生節律。因SA node節律最快，以寶房結節律性為控制心跳的速率。

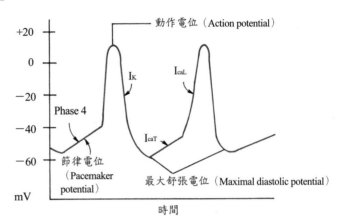

註：I_K：K^+傳導；I_{CaL}：快速Ca^{++}管道；I_{CaT}：慢速Ca^{++}管道。

圖5-9 寶房結的動作電位及與膜上離子傳導的關係

寶房結細胞的靜止膜電位（resting membrane potential; RMP）非定值，為 $-40 \sim -60$ mV，所以又稱為節律電位（pacemarker potential），相當於心室纖維的phase 4（圖5-9）。而靜止膜電位的最大值（-60 mV）又特稱為最大舒張電位（maximal diastolic potential; MDP）。寶房結之自發性節律電位的產生，可能因為慢速Ca^{++}管道（I_{CaT}）打開，使Ca^{++}由胞外進入胞內，造成膜電位差減少。當膜電位差減少至閾值（threshold），此時快速Ca^{++}管道（I_{CaL}）打開，產生去極化的作用。而再極化時，K^+傳導增加，使膜電位再度恢復到 $-55 \sim -60$ mV。在寶房結的動作電位中，Na^+傳導的貢獻，文獻上並無定論，有些認為Na^+貢獻在去極化，有些則認為Na^+貢獻在overshoot的部分，甚至有些認為Na^+在SA node的動作電位上不重要。

正常心臟的節律只由一個節律點來負責，心臟的特殊纖維、寶房結（SA node）、房室結（AV node）、希氏束（bundle of His）及蒲金氏纖維（Purkinje fiber）均可以發出節律，但以節律最快來負責心跳的快慢，其中以寶房結的節律最快，每分鐘平均72次，所以寶房結為心臟的節律點，決定心跳的快慢。

寶房結節律的速率亦受自主神經系統（autonomic nervous system; ANS）的調控。當交感神經興奮，正腎上腺素（norepinephrine; NE）作用於SA node，使其Ca^{++}管道打開，SA

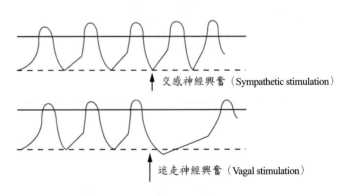

圖5-10 交感神經及迷走神經（副交感神經）興奮對心跳及SA node膜電位的影響

node的節律電位（pacemaker potential; phase 4）之斜率增加（圖5-10），去極化的速度增快，則使心跳（heart rate）增加。反之，當迷走神經（副交感神經）興奮，乙醯膽鹼（acetylcholine; ACh）作用在SA node上，因K^+管道打開，膜電位變成過極化（hyperpolarization），使得SA node之最大舒張電位（MDP）增加，而且節律電位的斜率也變小（圖5-10），使得心跳變慢。

　　心跳的快慢是反映生理的狀態，當運動時，心跳會加快，心跳數大於每分鐘100次，稱為心搏過快（tachycardia）。反之，心跳數若小於每分鐘60次，稱為心搏徐緩（bradycardia）。某些藥物使用後，會影響心跳，造成心搏過快或心搏徐緩的現象，稱之為改變心跳作用（chronotropic effect）。若是影響心臟收縮力的作用，稱為改變收縮力作用（inotropic effect）。若影響心臟傳導速度，稱之為改變傳導作用（dromotropic effect）。

心跳衝動的傳導（Conduction of cardiac impulse）

　　竇房結（SA node）之動作電位（action potential）產生之後，分兩條路徑，一條經由gap junction傳給左、右心房，使之收縮。另一條路徑，則經由結間心房路徑（internodal atrial pathway）傳到房室結（AV node）（圖5-5），心跳衝動由此處經由心室間的希氏束（bundle of His），分左、右兩支，分別傳給左、右的蒲金氏纖維（Purkinje fiber），再傳給心室之心肌纖維，引起心室肌肉收縮。

　　竇房結之動作電位傳導的速度很快，在SA node傳導的速率約每秒0.05～1公尺（0.05～1 m/sec）（表5-4），可傳給心房的肌肉，引起收縮。

　　同時，在結間心房路徑傳導更快，約1 m/sec。到房室結傳導速度則減慢，約0.03～0.05 m/sec，此時，即心房的衝動傳到心室的路徑。經過AV node之後，傳導速度加快，在希氏束約1 m/sec左右，在蒲金氏纖維傳導更快，可達4 m/sec以上。而心室肌肉傳導約1 m/sec。所以心跳衝動如此快速傳導的結果，心室收縮約發生在心房收縮0.1～0.2秒之後。

表5-4　心臟組織的傳導速度

組　　織	傳導速度（m/sec）
SA node	0.051～1
Internodal atrial pathway	1
AV node	0.03～0.05
Bundle of His	1
Purkinje fiber	4
Ventricle	1

心電圖（Electrocardiogram; ECG）

因為人的體液是很好的導體（conductor），當衝動通過心臟時，電流會擴散到心臟周圍的組織，也會擴散到體表。所以如果將電極置於心臟兩側的體表，即能記錄到心臟所產生的電位變化，所記錄到的圖形稱為心電圖。正常的「心電圖」圖形包括有PQRST波形（圖5-11）。心電圖波形代表的生理意義如表5-5。

表5-5　心電圖波形代表之生理意義

波	生理現象
P wave	心房去極化或心房收縮（atrial depolarization or atrial contraction）
Ta wave	心房再極化或心房放鬆（atrial repolarization or atrial relaxation）
QRS complex	心室去極化或心室收縮（ventricular depolarization or ventricular contraction）
T wave	心室再極化或心室放鬆（ventricular repolarization or ventricular relaxation）

正常心電波的特徵

正常心電圖由P波、QRS綜合波及T波所構成（圖5-11），此外尚有一代表心房放鬆的Ta波，為QRS波所覆蓋無法顯示。P波是由心房去極化（atrial depolarization）或心房收縮（atrial contraction）所產生的電流造成的；QRS波是由心室去極化（ventricular depolarization）或心室收縮（ventricular contraction）所產生之電流形成的。而心房再極化（atrial repolarization）或心房放鬆（atrial relaxation）所產生之電流形成了Ta波，Ta波則為QRS波所覆蓋；心室再極化（ventricular repolarization）或心室放鬆（ventricular relaxation）所產生之電流則形成T波（表5-5）。圖5-11(b)中顯示ECG中各項間期，常作為臨床診斷判讀的依據。

1. **PR間期**（PR interval）：由P波起點到QRS波起點的區間稱之，代表心房收縮開始到心室收縮開始所需的時間。正常PR間期平均約為0.18秒（0.12～0.20秒）（表5-6），若時間延長，可能有AV block的現象。此間期又稱為PQ間期，但因Q波時常不出現，所以常以PR間期稱之。

2. **QRS間期**（QRS duration）：心室去極化（depolarization）所需的時間約0.08～0.10秒左右（表5-6），若延長，可能心室有肥大或其他障礙。

3. **QT間期**（QT interval）：心室去極化開始到心室再極化結束為止，約0.40～0.43秒（表5-6）。

4. **ST間期**（ST interval）：由QRS波結束起，到T波結束為止，代表心室收縮結束，心室再極化所需的時間約0.32秒（表5-6）。

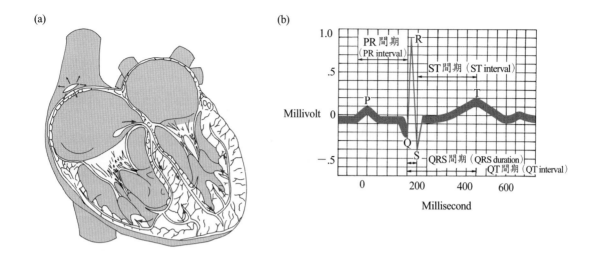

圖5-11　(a)心臟衝動傳導的路徑；(b)正常心電圖的波形

表5-6　ECG的間期

間期 （Interval）	時間（秒）	代表生理意義
PR interval	0.12～0.20 (0.18)	atrial depolarization 到 ventricular depolarization 止
QRS duration	0.08～0.10	ventricular depolarization
QT interval	0.40～0.43	ventricular depolarization 加 ventricular repolarization
ST interval	0.32	ventricular repolarization

心電圖導程〔electrocardiograph (ECG) lead〕

心電圖導程（電極）有兩種不同的形式，一是雙極肢導程，另一是單極導程。

1. **雙極肢導程**（bipolar limb lead）：雙極導程是由單極導程發展而來，將電極置於手及足來記錄電位變化，又稱為標準肢導程（standard limb lead）。標準肢導程包括三個導程：Lead I、Lead II 及 Lead III（圖5-12(a)）。Lead I 由右手到左手，Lead II 為右手到左足，而 Lead III 為左手到左足的電位變化，三者之關係符合 Lead II = Lead I + Lead III，形成正三角形（Einthoven's triangle），心臟恰好位於此正三角形的中央。表5-7中顯示雙極肢導程之電極放置的位置。

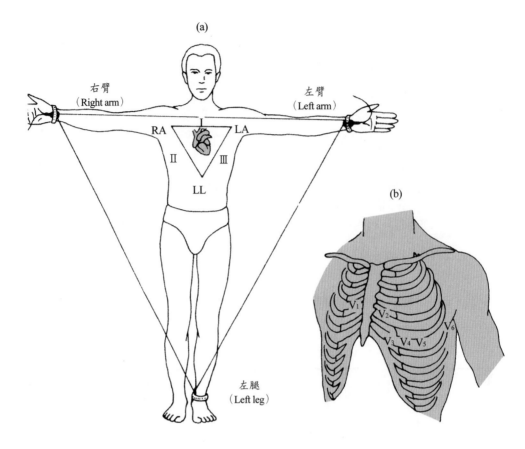

註：lead II = lead I + lead III，心臟位於 einthoven's triangle 之中間。

圖5-12 (a)雙極肢導程；(b)單極導程的記錄

表5-7 ECG記錄時；電極放置位置

導程名稱	電極位置
雙極肢導程（Bipolar limb lead）	
I	右手到左手（手腕）
II	右手到左足
III	左手到左足
單極肢導程（Unipolar limb lead）	
aVR	右手
aVL	左手
aVF	左足
單極胸導程（Unipolar chest lead）	
V_1	右第4肋間（靠近胸骨）
V_2	左第4肋間（靠近胸骨）
V_3	左第5肋間
V_4	左第5肋間（鎖骨中點之等線點）
V_5	左第5肋間（在 V_4 之左邊）
V_6	左第5肋間（腋部中點之等線點）

2. **單極導程**（unipolar lead）：單極導程為另一種心電圖的記錄方式，電極置於胸前六個不同點（圖 5-12(b)），記錄六個單極胸導程（unipolar chest lead），或稱為心前導程（precordial lead），分別為 V_1、V_2、V_3、V_4、V_5 及 V_6。此外，電極置於右手、左手及左足可記錄三個單極肢導程（unipolar limb lead）（圖 5-12(a)），分別以 aVR、aVL 及 aVF 表示。表 5-7 中顯示各單極導程之電極放置的位置。

　　不論是雙極肢導程 Lead I、II 及 III，或單極導程 V_1、V_2、V_3、V_4、V_5、V_6 及 aVR、aVL、aVF 所記錄之心電圖（圖 5-13），均在臨床上提供心臟疾病診斷的一項重要依據。

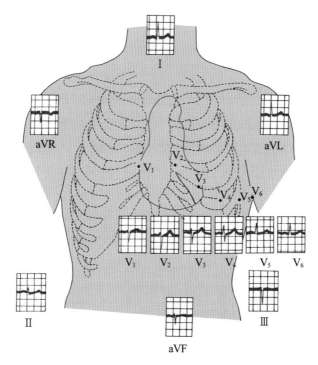

註：V_1～V_3 靠近心尖，QRS 波為倒的。

圖 5-13　變極肢導程及單極肢導程所記錄之心電圖圖形

心動週期（Cardiac Cycle）

　　一次心跳的時間，即為心動週期（cardiac cycle），亦即心臟收縮開始至下一次心臟收縮開始的期間。每一次心動週期均由竇房結（SA node）之自發性動作電位（action potential）所引發。每一次的心動週期包括心房及心室放鬆期間（relaxation）──稱為舒張期（diastole）及收

縮（contraction）期間——稱為收縮期（systole）。

心動週期的分期（Phases of cardiac cycle）

　　心動週期以心室的收縮或放鬆分為心收縮期（systole）及心舒張期（diastole），可再細分成五期。在心舒張期可分為心室等容放鬆期（isovolumetric ventricular relaxation）、心室充血期（ventricular filling）及心房收縮期（atrial systole）三期；而心收縮期可分為心室等容收縮期（isovolumetric ventricular contraction）及心室排血期（ventricular ejection）兩期（圖5-14）。

1. **心室充血期**（ventricular filling）：心室舒張後期，因為靜脈回流（venous return）使心房血液增加，心房壓力增加（圖5-15(a)），使得僧帽瓣（mitrial valve）及三尖瓣（tricuspid valve）打開（圖5-15(e)），血液由心房流入心室，此時心室的血液量增加（圖5-15(b)）。心室中的血液約有70%為此期所注入的。此期因為心室舒張末期，又稱舒張後期（late diastole）。

2. **心房收縮期**（atrial contraction or systole）：當心室舒張將結束時，心房開始收縮，此時心房的壓力因心房收縮之故會再次增加（圖5-15(a)），將心房的血液再次送入心室中（圖5-15(b)）。

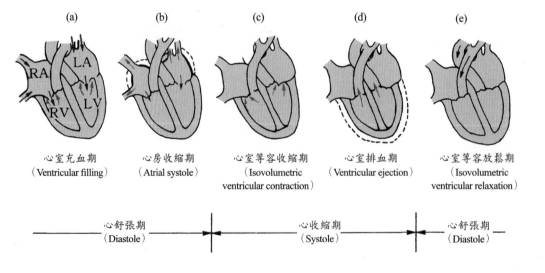

(a)	(b)	(c)	(d)	(e)
心室充血期 （Ventricular filling）	心房收縮期 （Atrial systole）	心室等容收縮期 （Isovolumetric ventricular contraction）	心室排血期 （Ventricular ejection）	心室等容放鬆期 （Isovolumetric ventricular relaxation）

心舒張期（Diastole）　　　心收縮期（Systole）　　　心舒張期（Diastole）

註：RA：右心房（right atria）；LA：左心房（left atria）；RV＝右心室（right ventricle）；
LV＝左心室（left ventricle）。

圖5-14　心動週期的分期及其血流的方向

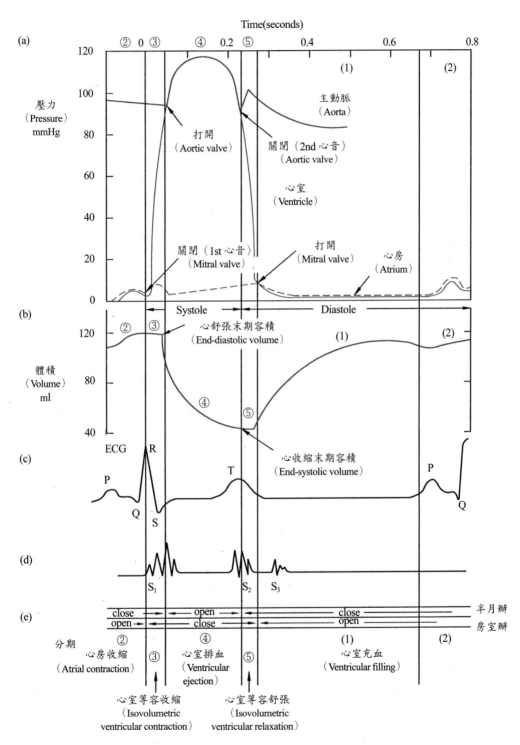

註：(a)心房、心室及主動脈壓力的變化；(b)心室血液體積量的變化；(c)與 ECG 的關係；
　　(d)心音產生的關係；(e)辦膜開關的關係。

圖 5-15　心動週期中

3. **心室等容收縮期**（isovolumetric ventricular contraction）：當心房收縮結束，房室瓣（僧帽瓣及三尖瓣）關閉。心室開始收縮，而此時半月瓣（主動脈瓣及肺動脈瓣）仍然是關閉的（圖5-15(e)），心室壓力開始上升（圖5-15(a)）。因為此期心室對外交通的瓣膜均是關閉的，心室的血液體積並未改變（圖5-15(b)），所以稱為心室等容收縮期。此期心室壓力慢慢增加到與主動脈壓力相同。

4. **心室排血期**（ventricular ejection）：當心室收縮到心室壓力大於主動脈壓力時，半月瓣即會打開（圖5-15(a)(e)），左右心室血液分別送入主動脈（aorta）及肺動脈（pulmonary artery），心室中的血液量開始減少（圖5-15(b)）。當心室壓力小於主動脈，則半月瓣即關閉（圖5-15(e)），心室排血期結束。

5. **心室等容舒張期**（isovolumetric ventricular relaxation）：心室排血期結束，所有的瓣膜均關閉（圖5-15(e)），心室放鬆，血液體積未變（圖5-15(b)），所以稱為心室等容舒張，此時心室壓力也下降（圖5-15(a)）。

心動週期與心電圖的關係（Correlation between cardiac cycle and ECG）

心電圖是記錄一次心跳，心臟所產生的電位變化，包括P波、QRS綜合波及T波。圖5-15(c)中顯示，P波為心房去極化所造成，隨後心房收縮。P波產生約0.18秒後，QRS波即出現，代表心室去極化，隨即引起心室收縮（心室等容收縮及心室排血），而且心室壓力也上升（圖5-15(a)），所以QRS波在心室收縮之前出現。最後T波代表心室再極化，心室開始放鬆，所以T波在心室等容放鬆期之前即出現。

心動週期與心音的關係（Correlation between cardiac cycle and heart sound）

血液流經心臟的過程，受瓣膜之開啟與關閉及心臟的收縮及放鬆所控制，而瓣膜開關是壓力改變所影響。當心房壓力大於心室壓力時，則房室瓣（atrioventricular valve）即打開，反之，則房室瓣關閉。而當心室壓力大於主動脈壓力時，則半月瓣打開，反之，半月瓣則關閉。

當瓣膜關閉及血流停止，引起心臟及胸部振動的聲音，即為心音。第一心音（first heart sound; S_1）又稱心縮音，發生在心房收縮結束，心室等容收縮開始，因為房室瓣（僧帽瓣及三尖瓣）關閉時所產生的（圖5-15(d)）。它的音調低且長，常被描述為 "Lub" 的聲音。第二心音（second heart sound; S_2）又稱心舒音，心室收縮結束為心室等容舒張開始，因為半月瓣（主動脈瓣及肺動脈瓣）關閉時所造成的（圖5-15(d)）。它的音調高且短，常被描述為 "Dup" 的聲音。第三心音（third heart sound; S_3），通常發生在心室充血期之初，可能因為血液由心房流入心室的血流聲音所引起，它的音調為低且輕。正常且健康的人通常只聽到第一及第二心音。

心房壓力的變化（Change of atrial pressure）

　　心動週期中，心房壓力（atrial pressure）因為心房收縮而增加，到心室等容收縮後才下降，在心室排血期，心房壓力快速下降。心房壓力的變化與頸靜脈壓力（jugular venous pressure）變化相近，所以記錄頸靜脈壓力來代表心房的壓力。圖5-16中顯示三次心跳時，頸靜脈壓力的變化，可見有三個波形：a、c及v波。發生的時間分別為：

　　a wave：心房收縮（atrial contraction）

　　c wave：心室等容收縮（isovolumetric ventricular contraction）

　　v wave：心房放鬆（atrial relaxation）

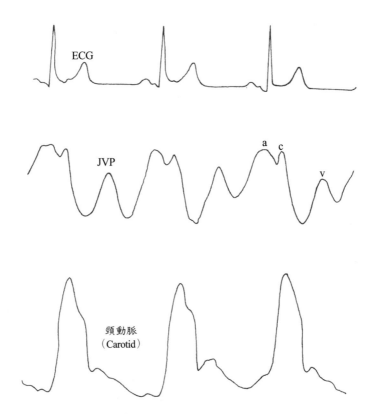

　　註：JVP：頸靜脈壓力（jugular venous pressure），相當心房的壓力，具有a、c及v波。

圖5-16　心動週期時心房壓力的變化

　　a波發生在心房收縮時，一些血液往大靜脈回流，使壓力增加。c波發生在房室瓣關閉，心室等容收縮時，房室瓣往心房膨脹所產生的壓力增加。v波發生在心房放鬆，且房室瓣未

開啟之前，因為靜脈回流（venous return），心房血液容積增加，而產生的壓力增加所引起的。心房壓力的變化（或頸靜脈壓力）在臨床上供心臟疾病診斷之用，如c波加大，可能是因為房室瓣閉鎖不全所致。

心動週期中血液量的變化（Change of volume in cardiac cycle）

正常情況下，在心動週期的心室充血期及心房收縮期，可使每個心室容積增加約為含120ml的血量（圖5-15 (b)）。此二期為心室舒張時，心室充血的時間，因此此容積稱為心舒張末期容積（end-diastolic volume; EDV）。之後，經心室收縮將血液送入主動脈及肺動脈，收縮結束，剩留在心室的血液容積，稱為心收縮末期容積（end-systolic volume; ESV）；每次心跳，心室排血期約送出70ml的血液，此容積稱為心搏擊出量（stroke volume; SV）（圖5-17）。即心舒張末期容積扣除心收縮末期容積為心搏擊出量。

$$SV = EDV - ESV$$

心室收縮時，心舒張末期容積（EDV）被送出的百分比，稱為排出率（ejection fraction; EF），約為60～70%左右。

$$EF = \frac{SV}{EDV} \times 100\%$$

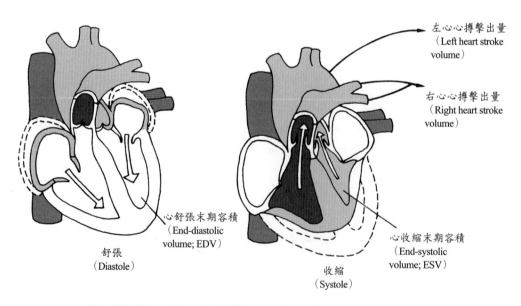

註：收縮時左心及右心分別可擊出70ml的血液（EDV－ESV＝SV）。

圖5-17　心搏擊出量

心輸出量（Cardiac Output）

　　每分鐘心臟收縮送出血液的次數稱為心跳（heart rate; HR）。而每次心跳（一次收縮）心臟所送出的血液量，稱為心搏擊出量（stroke volume）。心輸出量（cardiac output; CO）為每分鐘心臟收縮所能送出的血液量；所以心輸出量為心跳與心搏擊出量的乘積。

$$\underset{\text{（CO; ml/min）}}{\text{Cardiac output}} = \underset{\text{（HR; beats/min）}}{\text{Heart rate}} \times \underset{\text{（SV; ml/beat）}}{\text{Stroke volume}}$$

　　正常健康成人每分鐘平均心跳次數約72次，而心搏擊出量約每次70ml（圖5-17），所以每分鐘之心輸出量約5公升左右。

$$CO = HR \times SV$$
$$CO = 72\ \text{beats/min} \times 70\ \text{ml/beat}$$
$$= 5000\ \text{ml/min}$$

心跳的調節（Regulation of heart rate）

　　心臟是一個具有自律性（autorhythmicity）的器官，可以由竇房結（SA node）產生節律。如前所述，竇房結之動作電位（action potential）的產生，因Ca^{++}進入使得竇房結產生去極化（depolarization），在動作電位期間，若Ca^{++}進入心肌細胞，則可引起心肌收縮，產生一次心跳。

　　竇房結節律的快慢可受到 (1)支配竇房結之自主神經；(2)循環中的激素，如腎上腺素（epinephrine）；(3)血漿中的電解質濃度；及 (4)體溫（body temperature）的改變而影響。當副交感神經（parasympathetic nerve）興奮，釋出乙醯膽鹼（acetylcholine; ACh），可影響竇房結的去極化，乙醯膽鹼使竇房結的最大舒張電位（maximal diastolic potential; MDP）加大，同時使節律電位（pacemaker potential）或phase 4的斜率變小（圖5-10），所以心跳變慢。當交感神經（sympathetic nerve）興奮，釋出正腎上腺素（norepinephrine; NE），或腎上腺髓質（adrenal medulla）釋出之腎上腺素，作用於竇房結，使其節律電位或phase 4之斜率增加，所以心跳加快。若體溫上升則心跳加快。

心搏擊出量的調節（Regulation of stroke volume）

　　心搏擊出量（stroke volume; SV）受到下列三個因素的影響：(1)心舒張末期容積（end-diastolic volume; EDV），為心室舒張結束時所容納的血液量；(2)全身周邊阻力（total peripheral resistance; TPR），為血管的阻力及血流；(3)收縮力（contractility），指心室收縮的強度。

前負荷

心臟之舒張末期容積（end-diastolic volume）為心室收縮之前的血液量，亦即在心室收縮前的工作負擔量，因此又稱為前負荷（preload）。心搏擊出量直接正比於前負荷，即當心舒張末期容積（EDV）增加，則心搏擊出量也增加（圖 5 - 18(c)）。此外，前負荷指心室收縮前的負擔量，所以亦指心室收縮前的心肌纖維長度（initial fiber length），與靜脈回流（venous return）成正比。所以靜脈回流增加，則心舒張末期容積增加，心肌收縮前纖維長度拉長，則前負荷增加，所以心搏擊出量增加，也因此心輸出量（cardiac output）增加。

後負荷

心臟收縮可將心室中的血液送入主動脈或肺動脈。為了將血液送入動脈中，當心室收縮，必須心室壓力大於主動脈壓力，方可使血液進入主動脈或肺動脈。心室收縮之前的動脈壓（arterial pressure）正比於全身周邊阻力（total peripheral resistance; TPR），全身周邊阻力上升則動脈壓上升。此全身周邊阻力又稱為後負荷（afterload），為心室收縮欲送出血液所必須突破的瓶頸點。後負荷亦指心室所必須克服的外力（external force），全身周邊阻力上升，則心室所須克服外力上升，心室收縮力必須更增加大於動脈壓，方可送出血液。所以當全身周邊阻力上升，則動脈壓上升，所以心搏擊出量減少，則心輸出量下降（圖 5 - 18(d)）。

心臟的佛蘭克—史達林定律

心臟具有自我調節能力，來調節其心搏擊出量，兩位生理學家 Otto Frank 及 Ernest Starling 證明心室收縮強度直接受心舒張末期容積（EDV）的影響（圖 5 - 19）。靜脈回流增加，心舒張末期容積增加，則心肌纖維長度拉長，心臟收縮強度增加，則心搏擊出量增加。在適當的範圍內，心肌纖維愈長，心肌收縮強度愈大，則心搏擊出量愈多，此即佛蘭克—史達林定律（Frank-Starling law）。

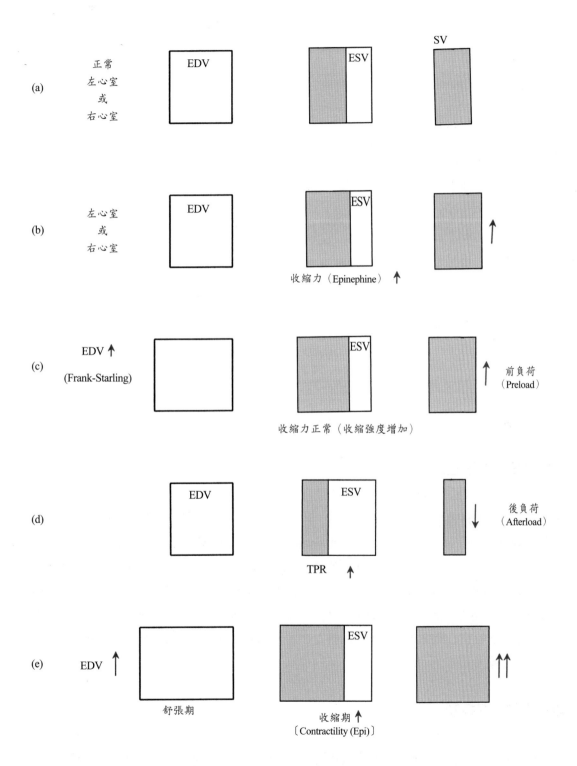

圖5-18　不同生理狀況下，因心臟收縮力改變，影響心搏擊出量的變化

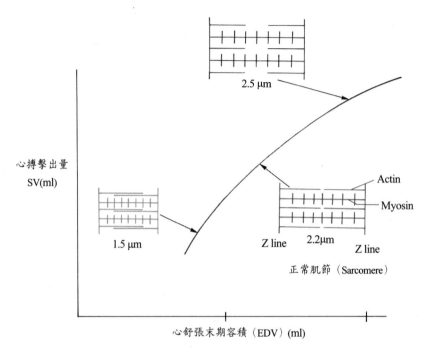

註：心舒張末期容積正比於心肌纖維長度，心舒張末期容積增加，則心搏擊出量增加。

圖5-19　心臟的佛蘭克─史達林定律

收縮強度的內在控制

　　心肌纖維因靜脈回流改變了心舒張末期容積而影響其纖維長度，心肌纖維長度變化為內在調控心臟收縮強度及心搏擊出量的因素。當心舒張末期容積增加，心肌纖維拉長而增加其張力（strech），使得收縮強度（contraction strength）增加，心搏擊出量增加（圖5-19）。

　　佛蘭克─史達林定律也可說明動脈壓與心輸出量的內在調控。當全身周邊阻力（TPR）上升，即動脈壓（arterial pressure）上升，則⑴心搏擊出量（SV）減少，所以⑵留在心室的血液量增加（即ESV上升）（圖5-18(d)），下次心跳之舒張末期容積（EDV）增加，結果使得⑶下次心跳之心室心肌纖維拉長，所以張力增加，心臟收縮強度增加，心搏擊出量增加，如此可使得心輸出量維持正常。

收縮力的外在控制

　　收縮力（contractility）是指在心肌纖維之任何長度下的收縮強度（contraction strength）。給予交感神經或腎上腺髓質刺激，而引發正腎上腺素或腎上腺素作用下，可使心臟收縮力增加（圖5-18(b)），心搏擊出量增加。此改變收縮力作用可能因為 Ca^{++} 進入心肌纖維所致。如果心舒張末期容積增加，加上交感神經興奮，則心搏擊出量（SV）增加更多（圖5-18(e)）。

因此心輸出量（cardiac output）可因自主神經系統影響心臟的收縮力及心跳速率（chronotropic effect）而改變。

靜脈回流（Venous return）

心舒張末期容積（end-diastolic volume）的多寡，直接受到經由靜脈回流到心臟的血液量，即靜脈回流來控制。換言之，靜脈回流影響心舒張末期容積（EDV），同理，也影響到心搏擊出量（SV）及心輸出量的多寡。

靜脈（vein）的管壁含較少平滑肌，所以較動脈壁薄，也因此有較高的容量彈性（compliance），靜脈可稱為容量血管（capacitance vessel）。因此，靜脈含有全身60～70%的血液量（表5-8），但靜脈壓（venous pressure）只有2 mmHg，而正常平均動脈壓（mean arterial pressure; MAP）為90～100 mmHg。因為壓力差異而使得血液可回流到壓力幾乎為0 mmHg的心房。靜脈回流可受到幾個因素的影響（圖5-20）：⑴交感神經興奮，促使血管收縮（vasoconstriction），增加靜脈壓降低靜脈容量彈性，將血液往心臟方向推進，增加靜脈回流；⑵骨骼肌（skeletal muscle）收縮時，如同一泵浦（pump），可擠壓靜脈壁，增加靜脈壓，而增加靜脈回流；⑶胸內壓（intrathoracic pressure）為負壓（negative pressure），呼吸時，橫膈（diaphragm）收縮而增加胸腔內負壓，造成腹腔與胸腔間壓力差，促使靜脈血液回流心臟。此外，尚有一些間接因素：如⑴尿液容積（urine volume）增加，則減少血液容積（blood volume），而降低靜脈回流；⑵組織液體容積（tissue fluid volume）若因組織水腫（edema）而增加，造成血液容積減少。靜脈回流直接影響心舒張末期容積，前者增加，則後者亦增加，反之亦然。所以靜脈回流增加，則心舒張末期容積增加，前負荷增加，則心搏擊出量增加，那麼心輸出量亦增加了。

表5-8　各器官血液量所占之比率

器　官	%
體靜脈（Systemic veins）	60～70
肺（Lung）	10～12
心臟（Heart）	8～11
體動脈（Systemic artery）	10～12
微血管（Capillary）	4～5

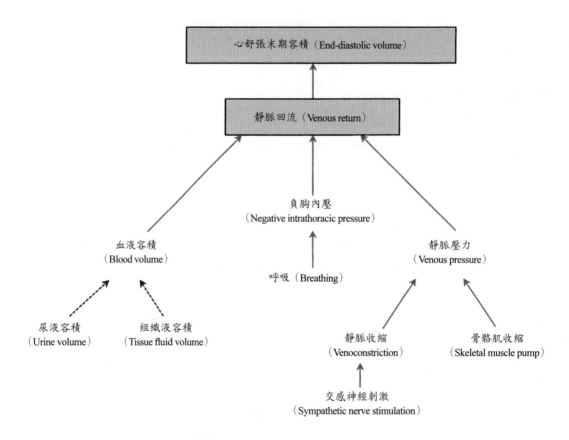

註：實線表示直接影響，虛線表示間接影響。

圖 5-20　調節靜脈回流的因素

影響心輸出量的因素（Factors affect cardiac output）

心輸出量等於心搏擊出量與心跳的乘積。所以：

$$CO = SV \times HR$$

前述可以影響心跳及心搏擊出量的因素，均可以影響心輸出量。

影響心跳的因素

影響心跳的因素主要有化學因子（chemical factor）及神經因子（neural factor）。表5-9中詳列影響心跳的因素。心跳加快，則心輸出量增加。

表 5-9　影響心跳的因素

心跳加快	心跳變慢
• 吸氣 • 興奮 • 生氣 • 大部分痛的刺激 • 缺氧 • 運動 • 發燒 • 正腎上腺素 • 腎上腺素 • 甲狀腺素	• 呼氣 • 悲傷 • 三叉神經痛之刺激 • 乙醯膽鹼

影響心搏擊出量的因素

　　心搏擊出量（SV）可受到：(1)前負荷；(2)後負荷；(3)收縮力（contractility）及(4)左心室大小（left ventricular size）的影響（圖5-21）。前負荷增加表示靜脈回流增加，則心舒張末期容積（EDV）增加，心臟收縮強度增加，心肌纖維縮短程度加大，送出更多血液，則心搏擊出量增加。心臟收縮力增加，心搏擊出量增加，則心輸出量增加。而當後負荷增加，表示全身周邊阻力增加，心臟必須克服壓力加大，所以使得心搏擊出量下降，心輸出量減少（有關動脈壓部分，將在後面章節中討論）。

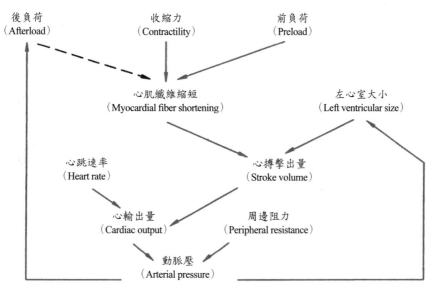

註：實線表示促進，虛線表示減少。

圖 5-21　影響心輸出量的因素及與動脈壓的關係

影響心輸出量的因素

綜合而言，影響心輸出量的因素，如圖5-22所示。增加心臟收縮力（contractility）或心舒張末期容積（EDV）均可增加心搏擊出量，則可增加心輸出量，心跳加快則心輸出量亦增加，反之亦然。

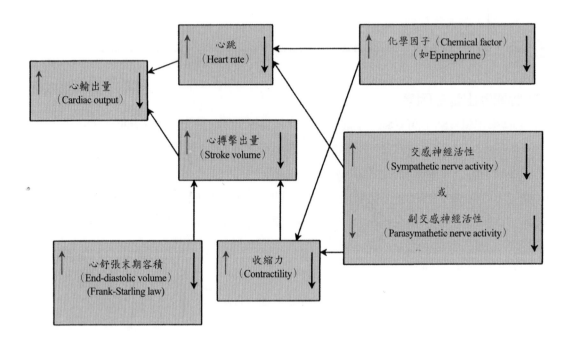

圖5-22　影響心輸出量的因素

專有名詞中英文對照

第六章　循環——血流、血壓
及其調節機制

章節大綱

血管系統

血流的血管阻力

血壓

學習目標

研習本章後，你應該能做到下列幾點：

1. 區分血管系統的種類及性質

2. 說明血管阻力的影響

3. 說明血流、阻力及壓力的關係

4. 說明調節血流的因素

5. 說明測量血壓的原理及方法

6. 了解影響血壓的因素及其機制

7. 說明腎素──血管緊縮素系統的機制及生理作用

8. 說明調控血壓的神經機轉

循環系統（circulatory system）的功能在於提供組織的需求，如運送營養物質及氧氣到達組織，並將組織代謝所產生的二氧化碳及廢物運走；換言之，循環系統可提供組織和細胞存活及功能上的最佳環境。身體的循環過程可分為體循環（systemic circulation）及肺循環（pulmonary circulation）（圖5-2）。體循環提供了除肺臟以外所有組織的血流，又稱為周邊循環（peripheral circulation）。

血管系統（Vascular System）

血管（blood vessel）為封閉的導管，將血液由心臟送到組織再送回心臟。血液主要因為心臟收縮的力量而可促進血流（blood flow）前進，除此之外，血管壁的彈性、運動時骨骼肌收縮而壓縮靜脈及吸氣時胸腔的負壓（negative pressure），均足以促使血流往前推進。

不論是體循環或肺循環均包括的血管有大動脈（artery）、小動脈（arteriole）、微血管（capillary）、小靜脈（venule）及大靜脈（vein）。大動脈的功能是在高壓下（心室收縮壓力）將血流運送到組織，血流很快。小動脈具有豐富的平滑肌，是動脈系統中最末端的分支，為控制血流進入微血管的控制閥（control valve）。微血管的管壁較薄，為提供組織與血液間交換營養物質、激素（hormone）、各代謝產物廢物及氣體的場所。小靜脈收集微血管的血流運送到大靜脈，大靜脈為將血流送回心臟的導管，此外，它也是血液最大的儲存場所，可調節血流。靜脈系統所含的血液量約占全身血液量的50～60%。

血流的血管阻力（Vascular Resistance to Blood Flow）

每一個器官的血流速度與運送血液進入器官的小動脈的血管阻力（vascular resistance）有關。若小動脈為血管放鬆（vasodilation）則血流增加，反之，血管收縮（vasoconstriction）增加阻力則血流減少。休息狀態下，每分鐘心臟送出的血液（心輸出量）分布到各器官的情形，如表6-1。消化系統及肝臟約占24%，每分鐘有1,400 ml的血流，腎臟每分鐘有1,100 ml的血流，骨骼肌每分鐘有1,200 ml的血流，腦部每分鐘有750 ml的血流，而心臟每分鐘有2,500 ml的血流。

表6-1　休息狀態下心輸出量的分布

	ml/min	%
消化系統及肝（Gastrointestinal tract and liver）	1,400	24
腎臟（Kidney）	1,100	19
腦（Brain）	750	13
心臟（Heart）	250	4
骨骼肌（Skeletal muscle）	1,200	21
皮膚（Skin）	500	9
其他器官（Other organs）	600	10

血流、壓力及阻力（Flow, pressure and resistance）

血液可以在血管中流動，決定於血管兩端的壓力差（pressure difference），血流由高壓力端往低壓力端流動。此外，血管本身的阻力（resistance）會妨礙血流之流動。壓力、血流及阻力三者之關係為：

$$F(flow) = \frac{\Delta P\,(pressure\ difference)}{R\,(resistance)}$$

血流正比於壓力差，而與阻力成反比。血管兩端之壓力分別為 P_1 及 P_2（圖6-1），兩端之壓力差 $\Delta P = P_1 - P_2$，依歐姆定律（Ohm's law）來計算，F代表血流，ΔP 代表血管兩端壓力差，R代表阻力。三者關係表現如下，所以 $\Delta P = F \times R$，或 $R = \Delta P/F$。

$$F = \frac{\Delta P}{R}$$

注意：若血管兩端沒有壓力差，則血管中無血液的流動（有血液存在）。正常休息狀態下，平均動脈壓（mean arterial pressure; MAP）約為 100 mmHg，為驅動血液流動的主要條件。體內各循環系統中血管的壓力均有差異（圖6-2），所以可驅動血流的暢通。

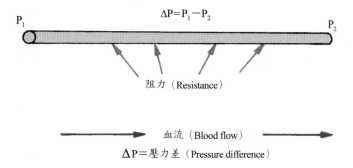

圖6-1　血流、壓力及阻力的關係

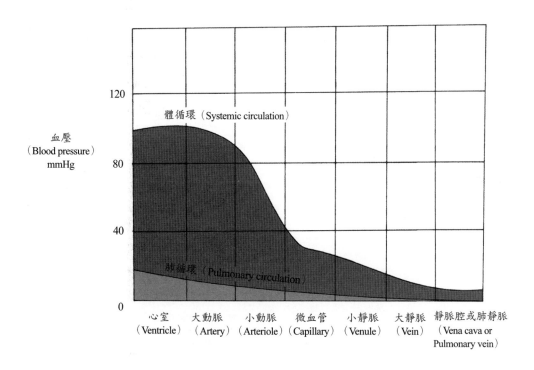

圖6-2　體循環及肺循環中血管的血壓說明圖

血流量（Blood flow）

　　血流量是指在特定時間內血液流過血管某一定點的總量而言，通常以毫升／分（ml/min）或升／分（l/min）來表示。成人的血流量約5,000 ml/min，即每分鐘心臟所送出的血液量──心輸出量。

測定血流的方法

血流的測定（measurement of blood flow）可利用「杜卜勒血流計」（Doppler flow meter）來進行。杜卜勒血流計是利用「杜卜勒效應」（Doppler effect）的原理來進行。利用晶片所發出的超音波，順血流方向傳遞。部分聲波撞到紅血球或白血球會逆著血流方向傳回來，由第二晶片接收，經由電子儀器放大，計算傳遞波與反射波的頻率差而得到血流速度。

線形流（laminar flow）

血管中的血流好像液體在硬管（rigid tube）中流動一樣，常為流線形（laminar or streamline）。血管中之血液與血管壁接觸的薄層，通常是不流動的（圖6-3），下一層稍微流動，靠近中央之流速最快。這種血流方式稱為「線形流」。在臨界速度（critical velocity）之上，「線形流」會變成「亂流」（turbulent flow）。「線形流」為無聲的，但「亂流」則可發聲。可計算 Reynold's 數來得知血流的形式。

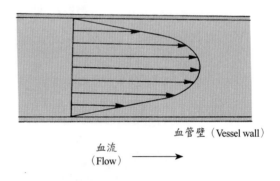

血管壁（Vessel wall）

血流（Flow）

註：靠近血管壁的血流較慢，血管中央流速最快。

圖6-3　線形流的說明

$$Re=\frac{\rho \cdot D \cdot V}{\eta}$$

Re：Reynold's 數

ρ：液體的密度

D：血管的直徑

V：血流速度

η：血液的黏滯係數

Reynold's 數增加，則產生「亂流」的機會就增多。如動脈收縮會加快血流速度，使收縮部位後方之血流產生亂流（圖6-4）。當 Reynold's 數少於 2,000，通常不會有亂流產生；當 Reynold's 數超過 3,000，即常發生亂流的機會。

通常在血管收縮部位後方，因血流速度加快，可能產生亂流，而發出聲音，間接血壓的測定即利用此原理，容後再述。此外，貧血時，因紅血球數目減少，黏滯係數（η）減少，使 Reynold's 數增加，所以貧血時易有收縮雜音（systolic murmur）產生。

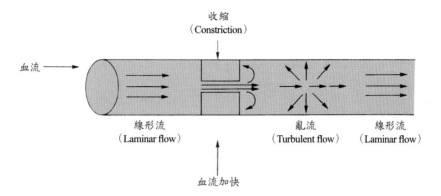

註：收縮部位後，因血流速度加快，Reynold's 數增加，而變成亂流，之後才恢復正常。

圖6-4　血管收縮對血流速度的影響

血管阻力（Vascular resistance）

Poiseuille-Hagen公式

Poiseuille-Hagen公式用以表示狹長管徑中血流與管徑（radius）及液體黏滯度（viscosity）的關係：

$$F=(P_A-P_B)\times\left(\frac{\pi}{8}\right)\times\left(\frac{1}{\eta}\right)\times\left(\frac{r^4}{L}\right)=\frac{P_A-P_B}{\left(\frac{8\eta L}{\pi r^4}\right)}$$

F＝blood flow（血流）

P_A-P_B＝血管兩端之壓力差（pressure difference）

η＝黏滯係數（viscosity）

r＝管徑（radius）

L＝管長（length of tube）

又 $F=\Delta P/R$，所以 $R=\dfrac{8\eta L}{\pi r^4}$

阻力（resistance）就是血管中的阻礙力。雖然有許多因素影響阻力的大小，但受血管管徑的影響最大。阻力與管徑的4次方成反比，所以管徑愈大，阻力愈小，那麼血流也就愈快了（圖6-5）。當血管半徑由1增加為2，那麼血管阻力減少十六倍，只剩1/16，而血流又與阻力成反比，所以血流增加為原來的十六倍。

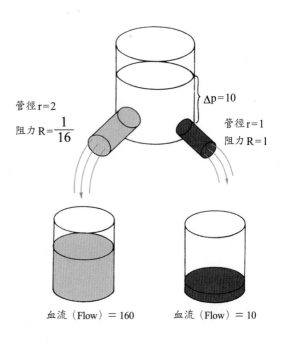

管徑r=2
阻力 $R = \dfrac{1}{16}$

$\Delta p = 10$

管徑r=1
阻力 R=1

血流（Flow）= 160

血流（Flow）= 10

圖6-5　血管直徑對阻力及血流的影響

全身周邊阻力

　　所謂全身周邊阻力（total peripheral resistance; TPR）是指體循環中所有血管阻力的總和。血管阻力除了與血管半徑的4次方成反比外，也受血液黏滯度（viscosity）影響，而黏滯度又取決於血比容（hematocrit; Hct），即紅血球所占體積的百分比。原則上，紅血球增多，黏滯度（η）增加，則全身周邊阻力上升，血流速度減少。

調節血流的因素（Factors regulated on blood flow）

　　血流的調節可分為：(1)外在調節；(2)旁調節；(3)內在調節來討論。

血流的外在調節

　　血流的外在調節主要受自主神經系統及內分泌系統的影響。

1. **交感神經的調節**：交感神經系統（sympathetic nervous system）受刺激，支配內臟及皮膚的交感神經節後神經纖維分泌正腎上腺素（norepinephrine）及少部分的腎上腺素（epinephrine），促使血管平滑肌收縮，全身周邊阻力（TPR）增加，所以血流減少。而骨骼肌之體神經分泌乙醯膽鹼（acetylcholine），人在緊急時，骨骼肌因乙醯膽鹼增加，所以血管放鬆，全身周邊阻力下降。

2. **副交感神經的調節**：副交感神經系統（parasympathetic nervous system）之節後神經纖維均分泌乙醯膽鹼，所以均為血管放鬆，阻力下降，血流增加。而副交感神經主要為支配消化道、生殖器官及唾液腺的血管，所以副交感神經對血流控制，不像交感神經系統那麼重要。

3. **內分泌的調節**：內分泌系統中所分泌的血管緊縮素 II（angiotensin II）及抗利尿激素

（antidiuretic hormone; ADH）對血流的影響較大。血管緊縮素 II 可直接作用在血管平滑肌，促使血管收縮（vasoconstriction），所以阻力增加，血流減少；而抗利尿激素又名血管加壓素（vasopressin），亦會產生血管收縮作用，降低血流。表6-2中，列出對血流影響的外在調節及旁調節。

血流的旁調節

旁調節（paracrine regulation）是指同一器官中所分泌的物質，只影響相鄰的組織，通常血管是旁調節中最常受影響之組織。

血管內皮細胞可分泌一氧化氮（nitric oxide; NO）、緩激肽（bradykinin）及前列腺素（prostaglandin，如PGI$_2$）等，而使血管壁產生血管放鬆（vasodilation）作用，而使血流增加（表6-2）。

表6-2　血流及血管阻力的外在調節及旁調節

調節因素	血管變化	血流速度
交感神經 　α-adrenergic 　β-adrenergic	 Vasoconstriction Vasodilation	 ↓ ↑
副交感神經	Vasodilation	↑
內分泌 　Angiotensin II 　ADH	 Vasoconstriction Vasoconstriction	 ↓ ↓
旁分泌 　Histamine 　Bradykinin 　Prostagladin	 Vasodilation Vasodilation Vasodilation or vasoconstriction	 ↓ ↓ ↓ / ↑

血管放鬆的步驟包括(1)副交感神經釋出ACh；(2)ACh作用使血管內皮細胞（endothelial cell）細胞膜上之Ca^{++}管道打開；(3)Ca^{++}與調鈣蛋白（camodulin）結合並活化之；(4)調鈣蛋白活化一氧化氮合成酶（nitric oxide synthetase），促使L-精胺酸轉變成一氧化氮（NO）；及(5)一氧化氮擴散到平滑肌並使其放鬆，產生血管放鬆作用。

此外，血管內皮細胞亦可分泌內皮素（endothelin），亦屬旁調節作用，促使血管平滑肌收縮，對血壓調節扮演重要地位。

血流的內在調節

內在調節包括肌原性的調控（myogenic control）及代謝性的調控（metabolic control）。在腦部（brain）及腎臟（kidney）雖然血壓變化非常大，但其血流仍維持正常，此種能力稱為自我調節（autoregulation）。

1. **肌原性的調控**（myogenic control）：當血壓（blood pressure）上升，血流增加，血流刺激血管壁，使血管平滑肌收縮而降低血流，最後使血流維持在正常的範圍內。
2. **代謝性的調控**：組織局部因為血流中氧含量下降，二氧化碳濃度上升（pH下降），或腺嘌呤核苷（adenosine）或K^+增加，均可刺激血管放鬆，增加血流來改變代謝物質的濃度，以維持組織的正常功能。

血壓（Blood Pressure）

心臟每跳動一下即將血液注入動脈，因為動脈具有擴張性（distensibility），所以可將血液穩定送入循環及各器官組織。對成年人及年輕人，在主動脈或較大的動脈記錄血壓的波動圖，血壓波動達最高點之壓力稱為收縮壓（systolic pressure）（圖6-6），約為120 mmHg，而最低點之壓力稱為舒張壓（diastolic pressure），約為80 mmHg左右。通常動脈壓（arterial pressure）或血壓（blood pressure）的表示為收縮壓／舒張壓，即120/80 mmHg。兩者相差約40 mmHg，此即脈壓（pulse pressure），所以脈壓為收縮壓及舒張壓之差。動脈壓為一波動圖（pulsation），我們可以計算得到一平均數值，稱之為平均動脈壓（mean arterial pressure; MAP），其公式如下：

$$平均動脈壓（MAP）= \frac{1}{3}脈壓 + 舒張壓$$

$$= \frac{（收縮壓 - 舒張壓）}{3} + 舒張壓$$

當動脈壓（arterial pressure）為120/80 mmHg，那麼其平均動脈壓為：

$$MAP = \frac{1}{3}(120 - 80) + 80 = 93 \text{ mmHg}$$

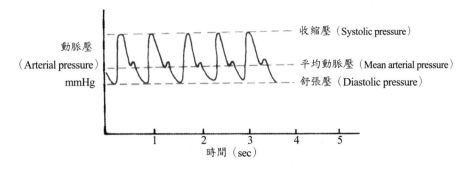

圖6-6　動脈壓的曲線，收縮壓、舒張壓及平均動脈壓的關係

測量血壓的方法
（Measurement of blood pressure）

英國生理學家 Stephen Hales 為首先發表測量血壓的方法，他在馬的動脈插入一導管來測量收縮壓及舒張壓。此種方法具有直接侵入性。現在臨床上測量血壓的方法為間接式，為聽診法（auscultatory method），即水銀測壓計（sphygmomanometer）及壓力環帶（pressure cuff）（圖6-7）。

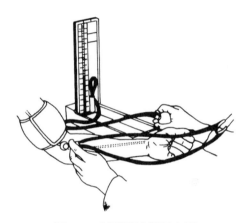

圖6-7　以聽診法測量血壓

聽診法（auscultatory method）

以聽診法測量血壓及利用水銀血壓計，包括水銀測壓計、壓力環帶及一塑膠充氣囊連接在一起（圖6-7），將聽診器（stethoscope）置於肱動脈（brachial artery）上。

正常血管中的血流為「線形流」（laminar flow），沒有聲音（圖6-3）。當壓力環帶加壓，壓迫肱動脈使之狹窄，環帶壓力超過 140 mmHg 時，則肱動脈沒有血流通過（圖6-8），當然沒有聲音。此時將壓力環帶之壓力慢慢減少至 120 mmHg，肱動脈開始有血流通過，且開始收縮，此時之血流為亂流（turbulent flow）（圖6-4），並且開始有聲音產生（圖6-8）。第一次聽到的聲音稱為 korotkoff sound，通常為 "tapping" 的聲音，非 "lub or dub" 之聲音。第一次產生 first korotkoff sound 時，在水銀測壓計（sphygmomanometer）上所呈現之壓力，稱之為收縮壓（systolic pressure）（圖6-9）。接著壓力環帶中之壓力仍大於舒張壓（diastolic pressure），所以在收縮壓及舒張壓之間，一直可以聽到 korotkoff sound，當壓力環帶中之壓力等於舒張壓時，肱動脈中的血流變成「線形流」（圖6-8），沒有聲音，因此當壓力環帶之壓力等於舒張壓時，聽到 last korotkoff sound，之後沒有聲音產生（圖6-9），此時，在水銀測壓計上所呈現的壓力，即為舒張壓。

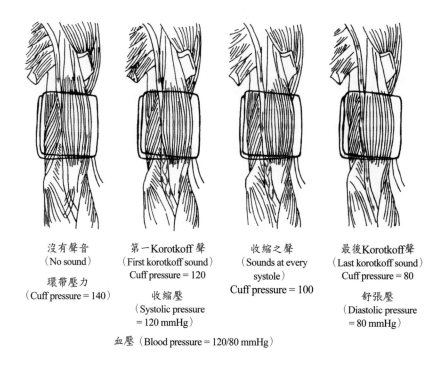

沒有聲音
（No sound）

環帶壓力
（Cuff pressure = 140）

第一Korotkoff聲
（First korotkoff sound）
Cuff pressure = 120

收縮壓
（Systolic pressure
= 120 mmHg）

收縮之聲
（Sounds at every
systole）
Cuff pressure = 100

最後Korotkoff聲
（Last korotkoff sound）
Cuff pressure = 80

舒張壓
（Diastolic pressure
= 80 mmHg）

血壓（Blood pressure = 120/80 mmHg）

圖6-8　Korotkoff sound產生之原理

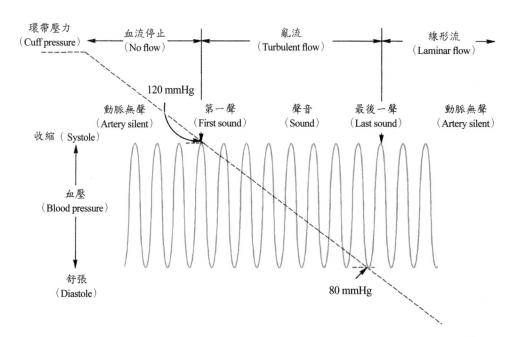

環帶壓力
（Cuff pressure）

血流停止
（No flow）

亂流
（Turbulent flow）

線形流
（Laminar flow）

120 mmHg

動脈無聲
（Artery silent）

第一聲
（First sound）

聲音
（Sound）

最後一聲
（Last sound）

動脈無聲
（Artery silent）

收縮（Systole）

血壓
（Blood pressure）

舒張
（Diastole）

80 mmHg

註：當壓力環帶之壓力等於收縮壓時，可聽到 first korotkoff sound；而當壓力環帶壓力
　　等於舒張壓時，可聽到 last korotkoff sound。

圖6-9　間接聽診法測量血壓之原理

觸診法（palpation method）

　　間接方法測量血壓時，當壓力環帶（pressure cuff）之壓力開始減少到等於收縮壓時，血液又重新在肱動脈中流動，所以可以在橈動脈（radial artery）以手觸摸到脈搏跳動（pulse palpation）。當觸摸到脈搏跳動時之水銀測壓計所呈現之壓力即為收縮壓（systolic pressure），但舒張壓無法測量血壓時，以觸診法測量血壓，只可測得收縮壓。不過，此方法常比聽診法低2～5 mmHg，較不易正確。最好養成以聽診法測量血壓，也摸橈動脈之脈搏，一方面可以確定壓力環帶之壓力確實高過收縮壓，避免低測血壓，另一方面也可以測量心跳。

　　正常成年人（年輕人）之血壓約為120/80 mmHg，除受心輸出量（cardiac output; CO）及全身周邊阻力（total peripheral resistance; TPR）影響之外，其他如運動、性別差異、年齡等也會影響血壓。

影響血壓的因素（Factors affect on blood pressure）

　　血壓主要受心輸出量及全身周邊阻力的影響（圖6-10），而心輸出量又受心跳（heart rate）及心搏擊出量（stroke volume）來控制。

平均動脈壓（MAP）＝心輸出量（CO）×全身周邊阻力（TPR）

CO＝心跳（heart rate）×心搏擊出量（stroke volume）

影響心輸出量的因素

　　心輸出量受心跳及心搏擊出量的調控（圖6-11），在第五章已詳加討論過。

影響全身周邊阻力的因素

　　血管阻力（vascular resistance）指血管中妨礙血液流動的力量。血管管徑為影響阻力最大的因素（圖6-5），所以體內富含平滑肌的小動脈（arteriole）為阻力最大的血管。全身周邊阻力（total peripheral resistance）受血液黏滯度（blood viscosity）及血管障礙（vascular hindrance）影響而改變（表6-3）。

　　影響血液黏滯度的因素有下列四點：

1. **溫度**：溫度上升，血液黏滯度減少，溫度下降，則血液黏滯度上升。根據Poiseuille-Hagen公式：$R = \dfrac{8\eta L}{\pi r^4}$，血液黏滯度（$\eta$）增加，則阻力上升，血壓也跟著上升。

2. **紅血球濃度**：紅血球濃度增加，則血液黏滯度增加，阻力增加，壓力上升。所以當血

比容（hematocrit）增加，則可能使血液黏滯度增加而影響血壓。

3. **血漿蛋白質含量**：血漿中蛋白質含量增加，則血液黏滯度增加，阻力上升。

4. **流速**：流速慢，阻力上升。

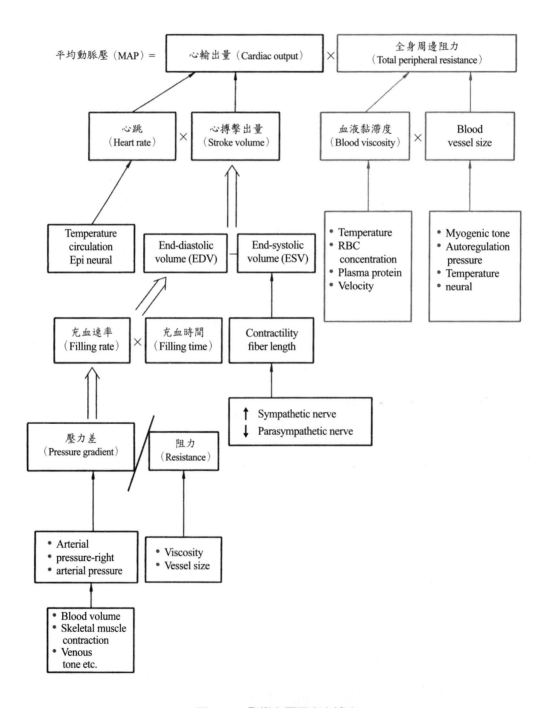

圖6-10　影響血壓因素之總表

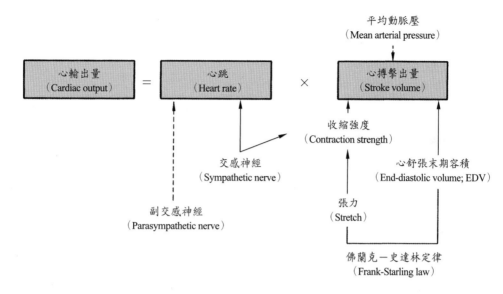

註：實線為增加，虛線為減少。

圖6-11　影響心輸出量的因素

表6-3　影響全身周邊阻力的因素

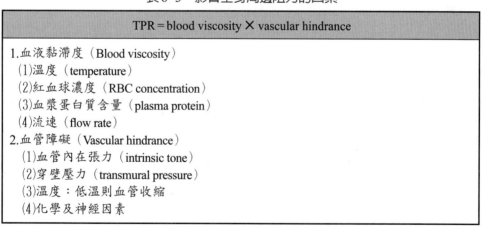

影響血管障礙的因素有下列四點：

1. **血管內在張力**（intrinsic tone）：血管不同則所含平滑肌含量不同。小動脈（arteriole）為平滑肌含量最豐富的血管，阻力最大，影響血壓的程度也最大。

2. **穿壁壓力**（transmural pressure）：意指血管壁內外壁之壓力差。根據拉普拉斯定律（Laplace law），$P = T \times \left(\dfrac{1}{r_1} + \dfrac{1}{r_2} \right)$，穿壁壓力為血管張力（tension）與血管（內外）半

徑倒數和的乘積。血管半徑愈小，平衡擴張壓（穿壁壓力）所需的張力就愈小（圖6-12）；半徑愈大，平衡擴張壓所需的張力就愈大，阻力增加。

3. **溫度**：溫度降低，促使血管收縮（vasoconstriction），阻力上升，血壓增加；溫度上升，血管放鬆（vasodilation），阻力下降，血壓下降。

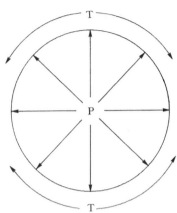

圖6-12　血管之擴張壓（P）與管壁張力的關係

4. **化學或神經因素**：交感神經興奮或循環中的腎上腺素增多，促使血管收縮，阻力增加，血壓上升。

血壓的調節（Regulation of blood pressure）

　　前面章節中我們討論到身體可維持正常血流、血壓，而維持器官正常的功能。例如阻力性血管（resistance vascular）如小動脈，血管半徑的改變，可影響心輸出量，達到調節循環的作用。血壓（blood pressure）受心輸出量及全身周邊阻力影響。本節對血壓的調節其實與心臟血管的調節相似，可分為局部調節、循環系統調節及神經性調節來討論。

局部調節機制

　　循環系統的調節作用是由一個複雜的系統來控制，其中局部調節作用（local regulatory mechanism）可依組織所需之灌流量（perfusion）來控制。

1. **自我調節**（autoregulation）：體內每一個組織器官均有調節它們本身血流量的能力，稱為自我調節。生理上自我調節作用最顯著的器官是腎臟。而自我調節的機制有一理論為肌原性自我調節理論（myogenic theory of autoregulation），當壓力上升，血流增加，促使血管擴張，進而刺激血管平滑肌收縮，管徑縮小，如此可維持器官正常血流。

2. **血管擴張代謝物**（vasodilater metabolites）：組織代謝率愈高，產生的代謝物愈多，這些代謝物有許多是可促使血管擴張的物質，如二氧化碳（CO_2）、乳酸（latic acid）、腺嘌呤核苷（adenosine）、組織胺（histamine）、鉀離子及氫離子（pH下降）等。此外，組織缺氧或溫度上升，均可直接促使血管產生擴張作用。

　　血管的內皮細胞（endothelium）會產生內皮衍生鬆弛因子（endotheli um derived relaxing factor; EDRF）。內皮衍生鬆弛因子已被證實為一氧化氮（nitric oxide; NO）。局部產生之代謝物如腺嘌呤、組織胺等，直接作用於血管平滑肌，產生血管放鬆，而這些代謝

物主要作用在微細血管。對於較大動脈之放鬆機轉，為由內皮細胞釋出的EDRF作用於血管平滑肌，使血管放鬆。一個很好的例子，如乙醯膽鹼（acetylcholine; Ach）作用於血管，促使內皮細胞釋出EDRF，產生血管放鬆作用。其他一些促使血管收縮的物質，如腎上腺素（epinephrine）、血管緊縮素Ⅱ（angiotensinⅡ）等，在血管收縮時也會促使EDRF釋出，以防止動脈過度收縮。

3. **血管收縮劑**（vasoconstrictor）：當血管受傷時會促使小動脈產生強烈的收縮作用，溫度下降亦會造成血管收縮。交感神經興奮時，釋出之正腎上腺素，作用於血管，促使血管內皮細胞產生「內皮衍生收縮因子」（endothelium derived contraction factor; EDCF），現已命名為內皮素（endothelin），為一含雙硫鍵的多胜肽，可作用於血管平滑肌，促使血管收縮。

循環系統調節機制

　　循環系統的調節機制（systemic regulatory system）是指激素（hormone）或神經分泌物質，進入體液循環中，經血液運送到全身，產生血管運動反應。循環中可造成血管收縮作用的物質有腎上腺素、正腎上腺素、血管加壓素（vasopressin）及血管緊縮素Ⅱ等。循環中可造成血管擴張作用（vasodilation）的物質有激肽（kinin）、心房利鈉尿胜肽（atrial natriuretic peptide; ANP）、組織胺（histamine）、前列腺素（prostaglandin）等。

1. **血管收縮作用的物質**：

　　⑴腎上腺素及正腎上腺素：交感神經分泌正腎上腺素及部分的腎上腺素，而腎上腺髓質（adrenal medulla）主要分泌腎上腺素及少部分的正腎上腺素。正腎上腺素的血管收縮作用較腎上腺素強。當運動或有壓力時，交感神經及腎上腺髓質即可分泌正腎上腺素及腎上腺素來控制血管的收縮，以應付任何緊急狀態。

　　⑵血管緊縮素Ⅱ（angiotensinⅡ）：為一具有八個胺基酸的胜肽，具有強力的血管收縮作用。當血流減少或血壓下降，刺激近腎絲球器（juxtaglomerular apparatus）之近腎絲球細胞（juxtaglomerular cell; JG cell）分泌腎素（renin），腎素作用可使肝臟分泌之血管緊縮素原（angiotensinogen）分解成血管緊縮素Ⅰ（angiotensinⅠ），血管緊縮素Ⅰ經由肺臟分泌之轉換酶（converting enzyme）作用下，可得到血管緊縮素Ⅱ（angiotensinⅡ）（圖6-13）。血管緊縮素為一直接強力的血管收縮劑（vasoconstrictor），增加TPR，使得血壓上升。另外，也可促使腎上腺皮質（adrenal cortex）分泌留鹽激素（aldosterone），留鹽激素作用於腎小管（renal tubule）之遠端小管（distal tubule），促進水分及鈉離子再吸收，造成體液增加，血壓上升。

　　⑶血管加壓素（vasopressin）：又稱為抗利尿激素（antidiuretic hormone; ADH），為腦下垂體後葉（posterior pituitary gland）所分泌，可促使血管收縮。血管加壓素的血管收

縮作用非常強，可能是體內血管收縮作用最強的物質。此外，可作用於腎小管的收集管（collecting duct），增加腎小管對水的通透性（permeability），水分再吸收增加，因此又稱為抗利尿激素。此二作用均可促使血壓上升。

2. **血管擴張作用的物質：**

(1)激肽（kinin）：激肽為體內血液及組織中可分離到的血管擴張物質，其中一種為含九個胺基酸的緩激肽（bradykinin）。緩激肽可增加小動脈（arteriole）產生血管擴張作用，並增加血管通透性，造成組織水腫。因血管擴張，全身周邊阻力下降，所以血壓下降。

(2)組織胺（histamine）：體內的組織受傷、發炎（inflammation）或過敏（allergy），組織之巨大細胞（mast cell）均會釋出組織胺。組織胺為強力的血管擴張劑（vasodilator），可使全身周邊阻力下降，血壓下降。同時，如同緩激肽一樣，可增加血管通透性，易造成組織水腫（edema）。

(3)心房利鈉尿胜肽（artial natriuretic peptide; ANP）：為首先由心臟之心房所分泌，具有血管擴張作用，使血壓下降。此外，可作用於腎小管，抑制鈉離子再吸收，有利尿的作用。表6-4中列出會影響血管管徑的因素。

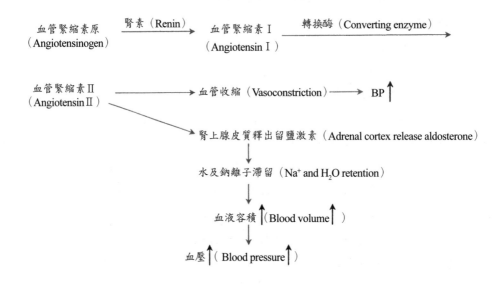

圖6-13　血管緊縮素的生成及其生理作用

表6-4 影響血管管徑的因素

收縮（Constriction）	擴張（Dilation）
• Increased noradrenergic discharge • Circulating catecholamines (except epinephrine in skeletal muscle and liver) • Circulating angiotensin II • Locally released serotonin • Decreased local temperature • Endothelin • Neuropeptide Y	• Decreased noradrenergic discharge • Circulating epinephrine in skeletal muscle and liver • Activation of cholinergic dilators in skeletal muscle • Histamine • Kinins • Substance P (axon reflex) • CGRPα • VIP • EDRF • Decreased O_2 tension • Increased CO_2 tension • Decreased pH • Lactate, K', adensine, etc. • Increased local temperature

神經調節機制

神經系統為另一個調節血壓相當重要的控制系統，神經系統控制較大的循環調節功能。神經系統的調控機制則包括傳入系統（afferent system）、中樞整合系統（central integrating system）及傳出系統（efferent system）。

1. **傳入系統**（affernet system）：傳入系統相當於感覺系統，可感受血壓的變化，將訊息傳遞到中樞，來調節血壓的變化。包括有：

   (1)動脈壓力接受器（arterial baroreceptor）：壓力接受器（baroreceptor）為位於動脈壁上的神經末梢，當血管壓力上升，壓力接受器受到牽扯（stretch）即會興奮，所以又為牽扯接受器（stretch receptor）。主要分布在頸動脈竇（carotid sinus）及主動脈弓（aortic arch）的管壁上（圖6-14）。通常血壓小於50 mmHg時，並不會刺激壓力接受器，血壓愈增加，對壓力接受器的刺激就愈大。血壓為75 mmHg時，壓力接受器受牽扯而興奮，其傳入神經纖維開始放電（圖6-15）；而當壓力增加到200 mmHg時，壓力接受器受牽扯更大，其傳入神經纖維的放電量就愈大。

   壓力接受器（baroreceptor）感受到壓力變化，經由傳入神經傳入中樞。主動脈弓（aortic arch）上的壓力接受器感受壓力變化，經由第十對腦神經——即迷走神經（vagus nerve）傳入中樞延腦（medulla；圖6-16），而頸動脈竇（carotid sinus）上之壓力接受器受刺激，則經由第九對腦神經——即舌咽神經（glossopharyngeal nerve）

傳入中樞延腦。

⑵化學接受器（chemoreceptor）：化學接受器與壓力接受器有非常緊密的關係。化學接受器位於主動脈體（aortic body）及頸動脈體（carotid body）上（圖6-14）。化學接受器為對缺氧（hypoxia）及高濃度二氧化碳敏感的細胞。

當流經化學接受器的血流減少，使得氧減少及二氧化碳增加，便會刺激化學接受器，經由第十對及第九對腦神經傳入位於延腦的血管運動中樞（vasomotor center），使血壓上升。一般而言，化學接受器在血壓少於80 mmHg時較為敏感。化學接受器對呼吸的控制比對血壓控制更為重要，將於第八章呼吸系統再詳述。

⑶心房牽扯接受器（atrial stretch receptor）：心房牽扯接受器位於心臟的心房（atrium），當靜脈回流（venous return）增加時會刺激心房牽扯接受器。此接受器一旦興奮則引起①交感神經活性增加，造成反射性心跳加快（reflex tachycardia）；②抑制抗利尿激素（ADH）分泌，造成體液減少；③刺激心房分泌心房利鈉尿胜肽（ANP）。

⑷體接受器（somatic receptor）：溫度接受器（thermoreceptor）及痛覺接受器（nociceptor）均屬於體接受器。痛覺經由外側延腦C_1神經傳入，刺激血壓上升，稱為體交感反射（somatosympathetic reflex）。

⑸大腦缺血接受器（cerebral ischemic receptor）：當顱內壓增加，到血管運動中樞的血流減少，引發中樞神經系統產生缺血現象（ischemia），進而使動脈壓（arterial pressure）上升，稱之為cushing reaction。當動脈壓上升到超過腦脊髓液（cerebrospinal fluid; CSF）的壓力時，血流便再度流入而解除缺血現象。

2. **中樞整合系統**：中樞整合系統即心臟血管中樞（cardiovascular center），位於延腦。當感覺系統感受血壓變化，經由神經傳入中樞的延腦，以調節血壓。控制血壓的中樞位於延腦，這群調控血壓的神經元合稱為血管運動中樞（vasomotor center）。當血壓上升刺激壓力接受器，經由神經纖維傳入延腦的血管運動中樞。傳入神經所分泌的興奮性神經傳遞物質（neurotransmitter）為麩胺酸（glutamate）。壓力上升訊息傳到孤立束核（nucleus of the tractus solitarius; NTS）後，刺激中間神經元釋出r-胺基丁酸（gamma-aminobutyric acid; GABA），經C_1細胞群投射到脊髓的中外側灰質柱（intermediolateral gray column; IML），抑制交感神經，同時並興奮迷走神經（圖6-17），使血管放鬆、心跳變慢及心臟收縮力下降，而使血壓下降，以調節血壓。

3. **傳出系統**（efferent system）：傳出系統由自主神經負責，自主神經包括交感神經系統及副交感神經系統。當交感神經受抑制，則血管放鬆（vasodilation），心臟上β_1接受器作用減少，心跳變慢，心輸出量減少，使得血壓下降。此外，交感神經抑制，使得腎上腺髓質分泌激素減少，亦使血壓下降（圖6-17）。迷走神經興奮，心跳變慢，心輸出量下降，血壓下降。

　　調節血壓的機制，包括傳入系統、中樞整合系統及傳出系統。當血壓發生變化，影響傳入系統的各接受器，經神經傳入中樞，中樞整合後，經由傳出系統──即交感神經或副交感神經系統來影響血壓（圖6-18）。

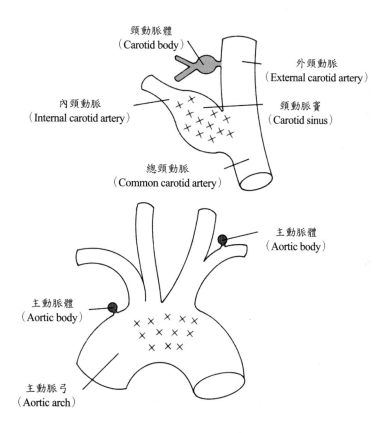

圖6-14　壓力接受器位於主動脈弓及頸動脈竇上，X為壓力接受器
　　　　的所在位置。化學接受器則位於主動脈體及頸動脈體上

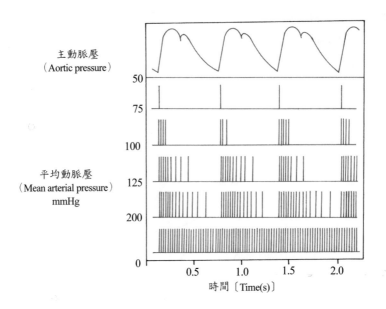

圖6-15 不同壓力下，壓力接受器傳入神經纖維的放電（垂直線）

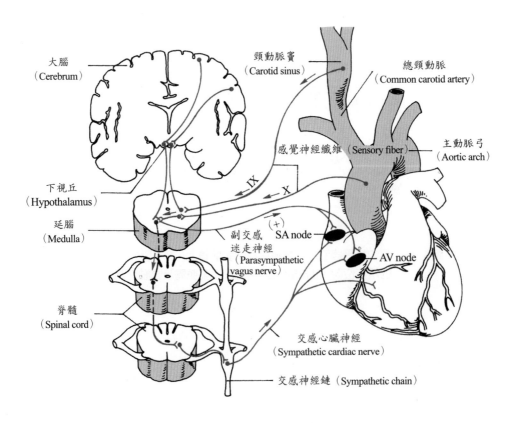

圖6-16 壓力接受器的傳導途徑

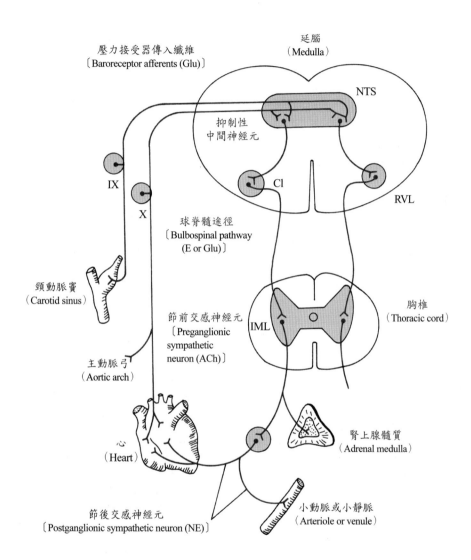

壓力接受器傳入纖維
〔Baroreceptor afferents (Glu)〕

延腦
（Medulla）

NTS

抑制性
中間神經元

IX

X

Cl

RVL

球脊髓途徑
〔Bulbospinal pathway
(E or Glu)〕

頸動脈竇
（Carotid sinus）

節前交感神經元
〔Preganglionic
sympathetic
neuron (ACh)〕

IML

胸椎
（Thoracic cord）

主動脈弓
（Aortic arch）

心
（Heart）

腎上腺髓質
（Adrenal medulla）

節後交感神經元
〔Postganglionic sympathetic neuron (NE)〕

小動脈或小靜脈
（Arteriole or venule）

註：主動脈弓及頸動脈竇上之壓力接受器經神經傳入延腦之血管運動中樞整合後，
　　再經由神經傳出，影響自主神經以調節血壓。Glu: glutamate; NE: norepinephrin.

圖6-17　調節血壓的途徑

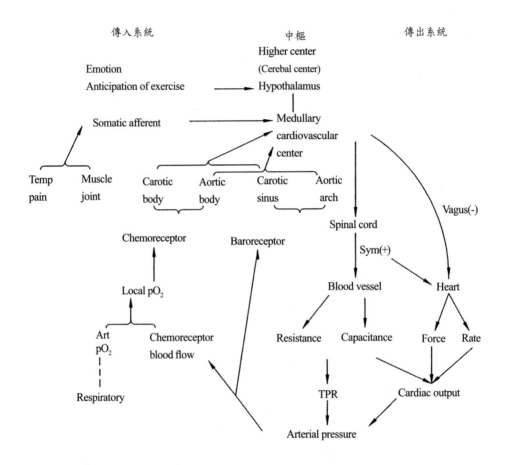

圖6-18 調節血壓的機制

專有名詞中英文對照

第七章　特殊循環系統

章節大綱

血管性質

微血管循環

冠狀循環

內臟循環

胎盤及胎兒循環

學習目標

研習本章後，你應該能做到下列幾點：

1. 區分全身血管的分類
2. 比較擴散、滲透、靜水壓等之差異
3. 說明微血管循環
4. 了解冠狀循環
5. 了解內臟循環
6. 說明胎盤及胎兒循環

心臟的功能主要將血液運送分布於全身各組織，經由肺循環回到左心房的含氧血，由左心室節律性的收縮送到全身組織以供細胞利用，之後，缺氧血液由上、下腔靜脈回右心房，經右心室收縮送到肺交換氣體成為含氧血，又回到左心房，如此循環。運送血液主要由血管負責，本章就血管性質、微血管循環、冠狀循環、胎兒循環、腦循環等加以探討。

血管性質（Property of Blood Vessel）

循環系統為一複雜的構造，所以可將血液運送到全身各組織。因此，在整個循環系統中，心臟（heart）為泵浦（pump），將血液推入血管中，經由不同血管運送，將高含氧血液送到各組織細胞，再將缺氧血運回心臟。由左心室發出的血液，進入主動脈（aorta）再分支到中等直徑的動脈；繼續分支成為小動脈（arteriole），小動脈再分支細分成微血管（capillary），可將血液運送到各周邊的組織。物質真正行交換的位置則在微血管，經交換物質後之血液再流入小靜脈（venule），許多小靜脈再匯集成為中等靜脈，最後形成大靜脈，經由上、下腔靜脈回右心房，完成體循環（systemic circulation）。

血液經由主動脈送出，由升主動脈分支成冠狀動脈（coronary artery）供應心臟的血流。此外，由主動脈弓分支成頭臂動脈、左頸總動脈及左鎖骨下動脈，分別供給右上、下肢及腦部的血流。循環系統中的血液分布如圖7-1所示。

體內的血管分為動脈（artery）、微血管（capillary）及靜脈（vein）三種，此三種不同血管具有共同結構及不同特性。靜脈與動脈均可分為三層結構：(1)內膜層（tunica intina）：為由直接與血液接觸的內皮細胞（endothelial cell）所組成的內皮（endothelium），及結締組織所形成的基底膜（basal membrane，或叫作 basement lamina）所構成；往外為(2)中膜層（tunica media）：由數層的平滑肌（smooth muscle）及結締組織所構成，為提供血管收縮力及彈性（elasticity）的組織；再往外即

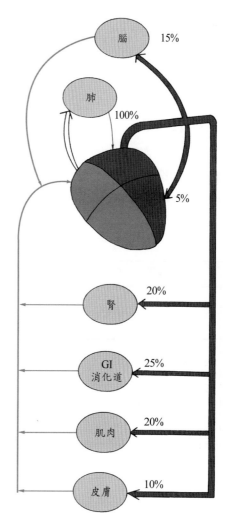

註：雙線表示動脈血，單線表示靜脈血。

圖7-1 循環系統中的血液分布情形

為(3)外膜層（tunica externa），為由彈性纖維（elastic fiber）及膠原纖維（collagen fiber）所組成的結締組織，主要使血管能固定在一定位置。而微血管壁則由單層的內皮細胞及基底膜所形成。

動脈（Artery）

主動脈及較大的動脈壁含有大量的彈性組織，可承受較大的壓力（pressure）變化。所以當血液大量進入大動脈，管徑可擴張承受增加的壓力；當心臟舒張時，壓力下降，管壁之彈性纖維又可縮回原來的管徑，並推動血流。大動脈因管徑大且富含彈性組織，對血流的阻力較小。

中型的動脈直徑約 0.5 cm，含豐富的平滑肌，為肌肉型血管，可以產生大的收縮力，將血管送到各組織。小動脈（arteriole）含有平滑肌及彈性纖維及膠原纖維，因管徑狹窄（內徑約 30 μm），所以可以對血流產生大的阻力（resistance），可調節血流的分布，對血壓調節扮演重要的角色。

微血管（Capillary）

微血管壁由單層的內皮細胞及基底膜所構成。平均直徑約只有 8 μm 左右，所以血流在微血管中的速度最慢，但是總截面積卻是最大的（表 7-1）。微血管主要的功能是將血液送到組織，與組織細胞行氣體、營養物質及代謝廢物的交換。

表 7-1　人類血管的特性

血管	管徑（平均）	總截面積（cm²）	含血量（%）
主動脈	2.5 cm	4.5	2
大動脈	0.5 cm	20	8
小動脈	30 m	400	1
微血管	8 m	4,500	5
小靜脈	20 m	4,000	54
靜脈	0.5 cm	40	
大靜脈	3 cm	18	

小動脈分支成為微血管，在微血管的上游開口處由平滑肌所構成的微血管前括約肌（precapillary sphincter）。此括約肌打開時，微血管只能讓紅血球（平均直徑為 8 μm）排成一列通過。微血管壁上之內皮細胞與基底膜結合的方式，可將微血管分成開窗型微血管

（fenestrated capillary）及非開窗型微血管（non-fenestrated capillary）（圖7-2）。開窗型微血管壁上之內皮細胞間有約20～100 nm的孔道，可供大分子通過，在大部分的消化道黏膜、腎臟及內分泌腺中之微血管均屬此種。非開窗型微血管，內皮細胞為連續型，只允許水及小分子通過，在肌肉、神經、肺、腦、心臟等器官有此種微血管。

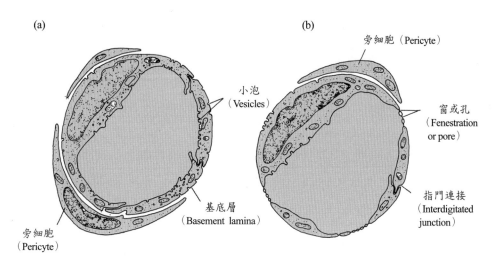

註：(a)為連續型（非開窗型）微血管；(b)為開窗型微血管。

圖7-2　微血管的型態

靜脈（Vein）

　　微血管的血液流入小靜脈（venule），再流入大靜脈繼續往心臟回流。靜脈壁很薄，約20 μm，很容易擴張。靜脈的特性與動脈不同，較不富彈性，且靜脈內有特殊的瓣膜（valve），為靜脈內膜向內凹所形成的靜脈瓣（venous valve），目的為防止血液回流。

微血管循環（Capillary Circulation）

　　心臟將含氧血液送入動脈，運輸到各器官組織中，經由微血管交換物質，再經由靜脈將缺氧血送回心臟。真正行物質交換的場所在微循環（microcirculation）中進行，雖然體內約只有5% 的血液在微血管中流動，但氧氣和營養物質經微血管壁進入組織間液（interstitial fluid）而進入細胞中，CO_2 及新陳代謝廢物經相反方向，由細胞內液（intracellular fluid）經組織間液再進入血液中帶走。所以微循環為存活組織所必需，是極為重要的部分。

　　微血管壁非常薄，因此物質可很快通過，在血漿（plasma）、組織間液間互相交換。血液

在血管中流動的原動力靠壓力差（pressure gradient）來進行。而物質在血漿及組織間液互相交換是依據擴散作用（diffusion）、滲透壓（osmotic pressure）及靜水壓（hydrostatic pressure）及胞攝（endocytosis）等方式來進行的。

胞攝作用（Endocytosis）

胞飲作用包括吞噬（phagocytosis）及胞飲（pinocytosis）作用（圖7-3），可將不溶於脂質的物質及大分子如蛋白質等，形成液泡通過微血管內皮細胞，送到組織間隙；有些則以巨流（bulk flow）方式，由內皮細胞間的空隙將此類物質送出。

擴散作用（Diffusion）

簡單擴散作用（simple diffusion）是物質依據濃度差異，由高濃度往低濃度移動的現象，如第一章所述。脂溶性較高的物質如CO_2、氧氣等。CO_2可通過微血管壁內皮細胞到達血漿中（圖7-3；圖7-4），氧氣及葡萄糖（glucose）則由濃度高的血漿中擴散到組織間液，再送入組織細胞中以資利用。其他小分子如Na^+、K^+、Cl^-等非脂溶性分子，亦可由微血管內皮細胞間的洞（pore），依濃度差來進行擴散作用（圖7-3）。

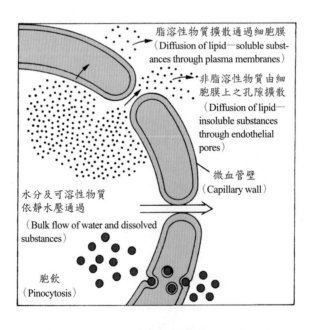

圖7-3　物質通過微血管壁的方式

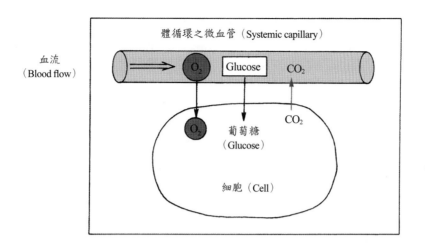

註：O_2 及葡萄糖由微血管擴散到組織細胞中，CO_2 則以反方向擴散到微血管中。

圖 7-4　物質以擴散作用通過微血管管壁

滲透壓及靜水壓（Osmotic pressure and hydrostatic pressure）

　　大量液體通過微血管壁是依據滲透壓及靜水壓的差異來進行的，此二力量亦為決定血漿及組織間液重新分配的機制。

　　1. **靜水壓**（hydrostatic pressure）：微血管內外的靜水壓差，可促使液體移動。通常在組織間液中的靜水壓幾乎為 0 mmHg（因組織而有不同），而微血管之動脈端仍有 35 mmHg 之靜水壓，可促使液體由微血管之血漿流向組織間液（圖 7-5），稱為過濾（filtration）作用。

　　2. **滲透壓**（osmotic pressure）：微血管中的滲透壓主要為血漿中之白蛋白（albumin）所產生的，又稱為膠體滲透壓（oncotic pressure）。微血管靜脈端之膠體滲透壓約為 28 mmHg，而在組織間液中不含蛋白質，所以膠體滲透壓為 0 mmHg，因此可促使水分往微血管內移動（圖 7-5），稱為吸收（absorption）作用。

過濾及吸收（Filtration and absorption）

　　靜水壓及滲透壓之間的平衡關係，可決定液體的流動方向，因由 Starling 提出，又稱為史達林假說（Starling hypothesis），而引起液體流動的力量，則稱為史達林力量（Starling force）。

　　1. 微血管靜水壓（hydrostatic pressure of capillary; P_c）＝ 35 mmHg

　　2. 組織間液靜水壓（hydrostatic pressure of interstitial fluid; P_{if}）＝ 3 mmHg

　　3. 微血管膠體滲透壓（oncotic pressure of capillary; π_c）＝ 28 mmHg

　　4. 組織間液膠體滲透壓（oncotic pressure of interstitial fluid; π_{if}）＝ 0 mmHg

　　此四種力量中之微血管靜水壓（P_c）及組織間液膠體滲透壓（π_{if}）是引起液體由血漿流向組織間液的過濾力量（filtration force），而組織間液靜水壓（P_{if}）及微血管膠體滲透壓（π_c）為決定液體由組織間液流向血漿中的吸收力量（absorption force）（圖7-5(a)）。所以：

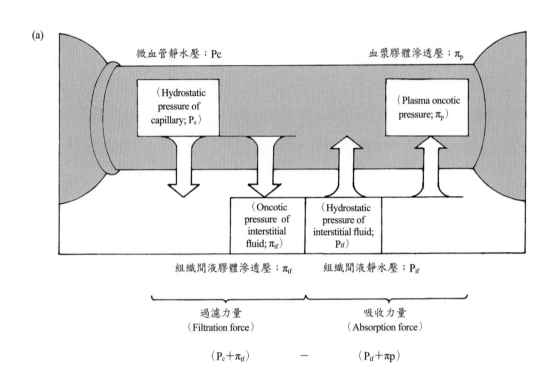

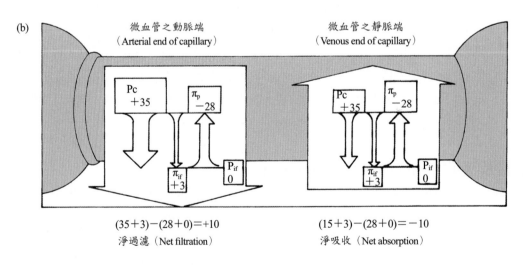

註：(a)原理指靜水壓及滲透壓引起水分移動的方向；(b)實例。

圖7-5　靜水壓及滲透壓引起水分移動之簡圖

$$液體流動 = K[(P_c + \pi_{if}) - (P_{if} + \pi_c)]$$
$$K = 微血管過濾係數$$

圖7-5(b)中，在微血管動脈端之靜水壓為35 mmHg，所以其決定液體流動的力量為：(35＋3)－(28＋0) = 10，因此，為過濾作用，液體由血漿中流向組織間液；而在微血管靜脈端其靜水壓因過濾作用產生，只有15 mmHg，其決定液體流動的力量為：(15＋3)－(28－0)＝－10，因此，為吸收作用，液體由組織間液流向血漿中。

冠狀循環（Coronary Circulation）

供給心臟本身的循環為冠狀循環（coronary circulation），即由冠狀血管來負責。冠狀動脈（coronary artery）起源於主動脈（aorta）的根部，沿著冠狀溝槽（coronary sulcro）分為左右兩條冠狀動脈（圖7-6），左冠狀動脈（left coronary artery）細分為兩條，為前下行支及邊緣支；而右冠狀動脈（right coronary artery）圍繞心臟，細分成兩支到達心尖。大部分的冠狀動脈多分布在表面，小動脈（arteriole）則穿入心肌，提供心臟肌肉的營養及氧氣，再經由靜脈及冠狀竇（coronary sinus）直接回右心房。

心臟占體重的5%，約有5% 的心輸出量（cardiac output）提供心臟使用，其耗氧量（O_2 consumption）約10%左右。冠狀血流主要提供心臟所需的氧，若在運動時，心肌代謝增加，則冠狀血流增加，以提供更多的氧及營養給心臟。冠狀血流不只受主動脈壓影響，也受化學因素及神經因素的影響，同時亦有自我調節作用（autoregulation）。

冠狀血流量（coronary blood flow）與心肌的耗氧量有密切的關係。當心肌工作量增加，新陳代謝廢物如乳酸、二氧化碳、H^+ 等增加，或前列腺素（prostaglandin）、腺嘌呤核苷（adenosine）等增加，均會刺激冠狀動脈擴張，增加冠狀動脈血流。所以當心肌工作量增加，需氧量即增加，冠狀血流立即上升，所以改變血流流量即可改變對心肌的供氧量。除此之外，當興奮冠狀血管上 β-腎上腺性接受器（β-adrenergic receptor），亦促使冠狀血管擴張，增加冠狀血流，增加供氧量。

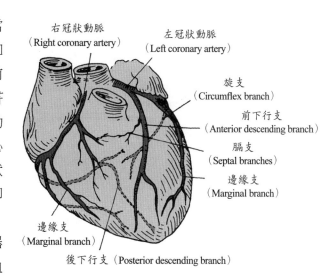

右冠狀動脈
(Right coronary artery)

左冠狀動脈
(Left coronary artery)

旋支
(Circumflex branch)

前下行支
(Anterior descending branch)

膈支
(Septal branches)

邊緣支
(Marginal branch)

邊緣支
(Marginal branch)

後下行支（Posterior descending branch）

圖7-6　冠狀動脈及其分支

內臟循環（Splanchnic Circulation）

　　內臟循環約接受心輸出量（cardiac output; CO）的30% 血量，將血液供應給腹腔內的消化系統器官，包括胃（stomach）、肝（liver）、胰臟（pancreas）、腸（intestine）及脾臟（spleen）。由主動脈（aorta）來的血液，經大動脈，血液經由腹腔動脈流入胃、脾及肝等器官（圖7-7），經由上、下腸繫膜動脈將血液送入腸。這些消化器官血流分別流入肝門靜脈（hepatic portal vein），流經肝臟行物質交換及生化反應，再經由肝門靜脈流入下腔靜脈，而送回右心房。

　　消化器官的血流最後均匯集成肝門靜脈，流入肝臟。在肝門靜脈的血液含氧量不高，但卻含有極豐富的營養物質，因此，肝臟可貯存養分，並具有代謝功能。除此之外，在餐後流入肝門靜脈的血流極為豐富，但血壓突然下降時，流經肝門靜脈的血流亦減少，所以，內臟循環系統亦為貯存血液的系統。脾為紅血球的貯存器官。

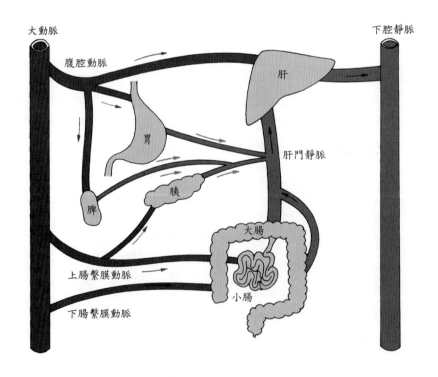

圖7-7　內臟循環系統中血流的流向

胎盤及胎兒循環（Placenta and Fetus Circulation）

　　未懷孕婦女的子宮，受月經週期內分泌素週期性的波動影響，子宮內膜血流也會有週期性的改變（詳見第十二章第七節生殖系統）。而懷孕婦女的子宮，其血流量隨子宮增大而增加。因為胎兒並沒有攝食及呼吸的能力，必須靠與母親連接的胎盤（placenta）來維繫生命。胎盤是「胎兒的肺」，是在母親的子宮內膜上的一大血竇（blood sinus）。子宮內膜上的胎盤連接有臍帶（umbilical cord），臍帶中有胎兒的臍動脈及臍靜脈，胎兒所需的氧氣及養分經由臍靜脈（umbilical vein）送進胎兒循環中，胎兒代謝所產生的CO_2及廢物經由臍動脈（umbilical artery）送入母親的循環中。

　　人類的胎盤為由微血管所形成的絨毛所覆蓋，母親與胎兒的血液並不直接相通，而是在胎盤中的絨毛間隙行氣體及物質的交換，再擴散入胎兒的微血管，經臍靜脈送回胎兒。臍靜脈血液再流入靜脈管（ductus venous）（圖7-8），至下腔靜脈；與上腔靜脈匯合流入右心房，靜脈管少部分血液則經分支流入胎兒的肝門靜脈。流入右心房的血液部分經由心房中膈上之卵圓孔（foramen ovale）流入左心房，再入左心室，經主動脈再入胎兒體循環中，大部分右心室的血則被排入肺動脈中。但因胎兒的肺為塌陷的，阻力相當高，所以在肺動脈的血液經由肺動脈的分支動脈管（ductus arteriosus）流入主動脈中，進入體循環。胎盤內母親血液的含氧量並不是很高，但因胎兒血紅素與氧有較高的親和力，可以彌補此缺失。胎兒循環經體循環將血流送給全身各組織使用，最後經由臍動脈將缺氧血送回胎盤與母體血行物質交換，再將廢物送入母體，再度獲取O_2及養分送回臍靜脈入胎兒循環。

　　因為胎兒具開放性的動脈管及卵圓孔，所以胎兒的左心與右心的循環是平行的（圖7-9）。出生之後，胎盤的循環被切掉，使胎兒逐漸無法呼吸，最後，嬰兒喘氣數次，使肺膨大，喘氣時使胸內壓下降，有助肺的擴大，遂使新生兒能自行呼吸。一旦肺膨大，肺部血流量增加，肺流回左心房的壓力上升，藉此推合保護卵圓孔之瓣膜，以封閉卵圓孔。僅在心房中膈留下一個凹陷，稱為卵圓窩。而動脈管在出生後，可能因為前列腺素（prostaglandin）減少而使動脈管閉合。出生四個月左右，動脈管閉合，便左心及右心循環各自獨立。

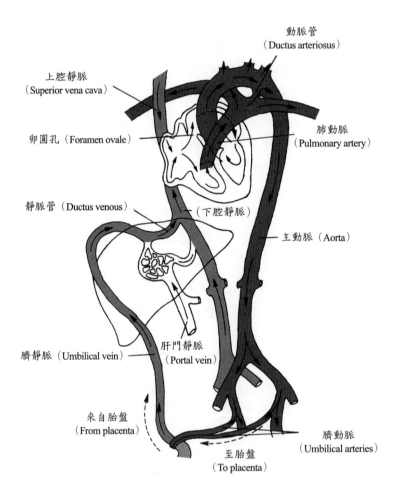

動脈管
（Ductus arteriosus）

上腔靜脈
（Superior vena cava）

卵圓孔（Foramen ovale）

肺動脈
（Pulmonary artery）

靜脈管（Ductus venous）

（下腔靜脈）

主動脈（Aorta）

臍靜脈（Umbilical vein）

肝門靜脈
（Portal vein）

來自胎盤
（From placenta）

臍動脈
（Umbilical arteries）

至胎盤
（To placenta）

圖7-8　胎兒的循環

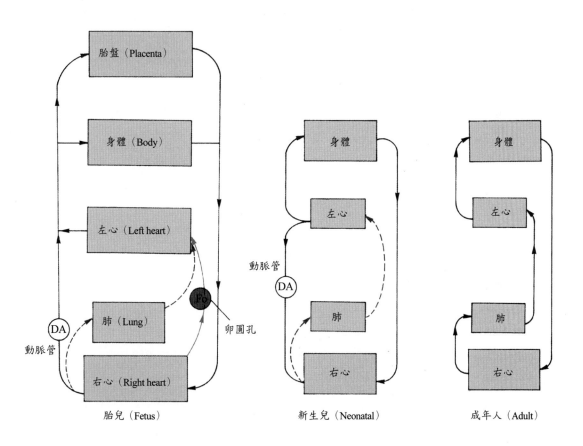

圖7-9 胎兒、新生兒及成人的循環

專有名詞中英文對照

第八章　呼吸系統

章節大綱

呼吸系統的結構

呼吸的機械原理

肺容積及肺容量

肺的氣體交換

氣體的運輸

呼吸的調控

學習目標

研習本章後，你應該能做到下列幾點：

1. 說明呼吸系統的生理作用

2. 說明每次呼吸時肺內壓及肋膜腔內壓如何變化

3. 說明呼吸之機械原理及呼吸肌肉的參與程度

4. 定義肺容積、肺容量及無效腔

5. 說明 $FEV_{1.0}$ 及其臨床上之應用

6. 解釋道耳頓學說，並說明肺內氣體成分的組成

7. 說明通氣／灌流比之意義

8. 了解氧氣及二氧化碳在體內的運輸

9. 說明延腦、橋腦及大腦皮質如何調控呼吸

10. 解釋 P_{CO_2}、pH 及 P_{O_2} 的改變如何影響呼吸

11. 解釋 Hering-Breuer reflex 之意義

呼吸系統（respiratory system）為人體的維生系統之一，人類利用呼吸系統與外在環境進行氧氣（O_2）與二氧化碳（CO_2）的交換。呼吸系統除了進行氣體交換之外，亦可調節體內酸鹼值（第十章），並為體內血液的貯存場所。此外，肺臟可分泌轉換酶（converting enzyme），促使血管緊縮素 II（angiotensin II）的形成。

呼吸作用的基本過程包括通氣（ventilation），指空氣經由鼻腔進出肺臟的動作。外呼吸（external respiration），意指肺泡（alveolus）與微血管之間的氣體交換；內呼吸（internal respiration），意指微血管與組織細胞之間的氣體交換。

呼吸系統的結構（Structure of Respiratory System）

呼吸系統的結構包括通氣道（airway）及氣體交換區（gas exchange area）。

通氣道（Airway）

呼吸系統的通氣道起於鼻，而終止於細支氣管（bronchiole）。吸氣時，氣體由鼻（nose）進入，經咽部（pharynx）及喉部（larynx）到達氣管（trachea）。其中喉為連接咽及氣管的通道，又稱為音箱（voice box），在此部位有會厭軟骨（epiglottis），又稱蓋軟骨，於吞嚥時，可蓋住喉部，防止食物進入氣管，如果有異物進入喉部，會引起咳嗽反射。

氣管起於環狀軟骨，向下延伸分支成左右兩支氣管（bronchus）（圖8-1）。支氣管進入肺臟後，再繼續分支成次支氣管，一共約分支23次，最後形成由細支氣管末端所形成的肺泡（alveoli）。次支氣管開始增加平滑肌的含量，而軟骨含量漸減，分支到細支氣管已幾乎是平滑肌。由終末細支氣管（terminal bronchioles）再分支成呼吸細支氣管（respiratory bronchiole）。由呼吸細支氣管開始，已具有交換氣體的功能。細支氣管含豐富平滑肌，受副交感神經興奮，或乙醯膽鹼、組織胺（histamine）刺激會引起支氣管平滑肌收縮，使得空氣不易進入而發生氣喘（asthma）。

氣體交換區（Gas exchange area）

氣體交換區位於肺臟內，肺臟為位於胸腔內的成對圓錐形器官，每一個肺均受胸膜（pleural membrane）（又稱肋膜）保護，左右各一，右肺分三葉，左肺分二葉。每一肺葉是由許多的肺泡囊（alveolar duct）所組成，每一肺泡囊又由許多的肺泡（alveolus）組成。

肺泡為肺臟的基本功能單位，位於肺泡的細胞可分為兩種，Type I 為支持性細胞，為鱗狀肺泡上皮細胞，可形成肺泡的內襯（圖8-2）；另一為Type II 細胞，可分泌表面作用劑（surfactant），以降低肺泡的表面張力，防止肺泡萎縮，維持肺泡體積的穩定，以減少呼吸所做的功。在肺泡壁內可發現一些游離的巨噬細胞（macrophage），可吞噬肺泡中的灰塵及碎片。

　　肺泡的表面包圍著豐富的微血管網，在此可進行氧氣及二氧化碳的交換。氣體交換是氣體藉由肺泡壁及微血管壁的擴散作用而產生，而氣體通過的區域稱為肺泡微血管膜（alveolar capillary　membrane）或呼吸膜（圖8-3）。肺泡中的氧氣可擴散經由表面作用劑（surfactant）層、肺泡上皮細胞（epithelium of alveoli）、肺泡基底膜（basal lamina of alveoli）、組織間隙（interstitial space）、微血管基底膜（basal lamina of capillary）及微血管內皮細胞（endothelium of capillary）而到達肺微血管中，肺微血管中的二氧化碳則以反方向擴散至肺泡中，如此完成氣體的交換。

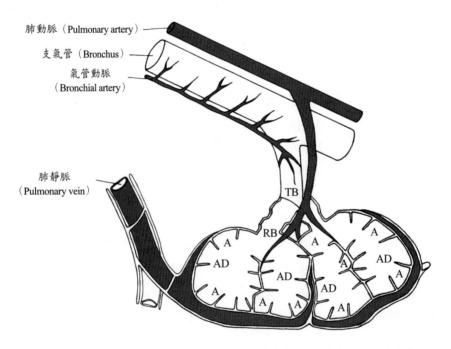

肺動脈（Pulmonary artery）
支氣管（Bronchus）
氣管動脈（Bronchial artery）
肺靜脈（Pulmonary vein）
TB
RB
A
A
AD
AD
A
A
A
A
A
AD
A
AD
A
A

註：TB：終末細支氣管；RB：呼吸系支氣管；A：肺泡；AD：肺泡囊。

圖8-1　呼吸系統通氣管的構造

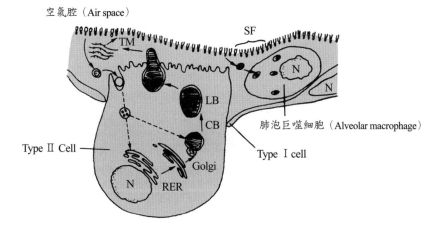

註：N：細胞核（Nucleus）；SF：表面作用劑（Surfactant）。

圖8-2　肺泡細胞的構造

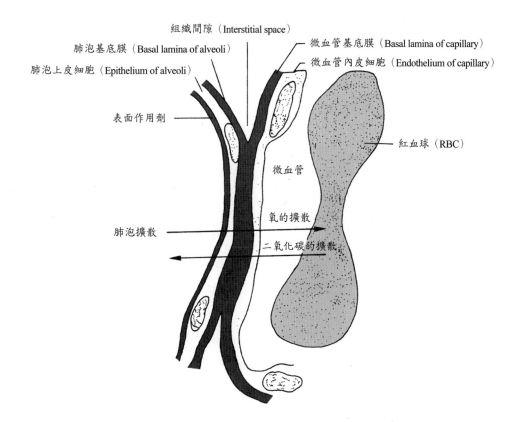

圖8-3　呼吸膜的構造

呼吸的機械原理（Mechanic of Respiration）

呼吸作用包括吸氣（inspiration）及呼氣（expiration）兩個步驟，稱為通氣（ventilation）。空氣則隨著呼吸運動的吸氣及呼氣作用，進出肺臟，而胸腔的體積也隨之擴大或縮小。胸腔及肺之間有一肋膜腔（pleural space）（圖8-4），在此肋膜腔中的壓力為一負壓（negative pressure），所以可幫助肺臟擴張，氣體更易進入肺臟。

吸氣時，吸氣肌肉之橫膈（diaphragm）及外肋間肌（external intercostal muscle）收縮，橫膈下降及胸骨往上往外舉起，使得肺內壓下降（符合波義耳定律：PV = K）（圖8-4）。當肺內壓小於大氣體壓時（760 mmHg; 1atm），大氣就流入肺內。呼氣為一被動步驟，當吸氣肌放鬆，使胸腔恢復靜止時之體積，同時肋膜腔內壓（intrapleural pressure）之負壓減少（仍為負壓），使肺往回彈，造成肺內壓增加至大於大氣壓，促使氣體離開肺臟。肋膜腔內壓在正常呼吸時，一直維持為負壓，如此才可使肺擴張，只有在咳嗽時才轉為暫時性之正壓。

肺容積及肺容量（Lung Volume and Lung Capacity）

正常成年人每分鐘呼吸頻率平均為12次，每次呼吸時之氣體交換量，可利用肺量計（spirometer）來計算。

肺容積（Lung volume）

肺容量包括潮氣容積（tidal volume; TV）、吸氣儲備容積（inspiratory reserve volume; IRV）、呼氣儲備容積（expiratory reserve volume; ERV）及肺餘容積（residual volume; RV）（圖8-5）。

1. **潮氣容積**（TV）：指正常呼吸時，每次吸入或呼出的氣體體積，平均約為 500 ml（圖8-4；圖8-5）。

2. **吸氣儲備容積**（IRV）：指正常吸氣結束，再用力吸入的氣體體積量，也就是最大吸氣量扣除潮氣容積，代表肺臟的儲備容積（圖8-5）。

3. **呼氣儲備容積**（ERV）：指正常呼氣結束，再用力呼出的氣體體積（圖8-5）。一般而言，肺的彈性好，則其吸氣及呼氣儲備容積也愈大。

4. **肺餘容積**（RV）：指盡力呼氣結束，仍留在肺中的氣體體積，即無法再被呼出之氣體量（圖8-5）。肺餘容積可防止肺萎縮，同時當肺餘容積增加，表示此人之肺的彈性變差，肺氣腫病人可能有此現象。

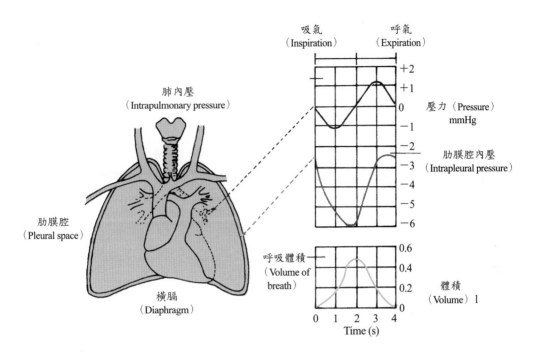

圖8-4　呼吸時肺內壓及肋膜腔內壓的變化

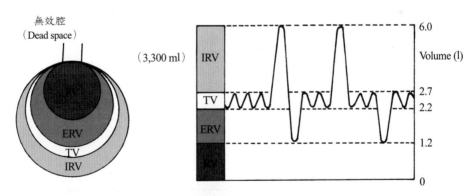

Volume (l)			
	Men	Women	
肺活量 （Vital capacity） IRV	3.3	1.9	最大吸氣量 （Inspiratory capacity）
TV	0.5	0.5	
ERV	1.0	0.7	功能肺餘容量 （Functional residual capacity）
RV	1.2	1.1	
肺總量（Total lung capacity）	6.0	4.2	

註：吸氣儲備容積（Inspiratory reserve volume; IRV）、潮氣容積（Tidal volume; TV）、呼氣
　　儲備容積（Expiratory reserve volume; ERV）、肺餘容積（Residual volume; RV）。

圖8-5　肺容積及肺容量

肺容量（Lung capacity）

肺容量包括最大吸氣量（inspiratory capacity; IC）、肺活量（vital capacity; VC）、功能肺餘容量（functional residual capacity; FRC）及肺總量（total lung capacity; TLC）。

1. **最大吸氣量**（IC）：指肺的吸氣能力，即呼氣結束後，再盡力吸氣，所能吸入的氣體量，為潮氣容積加上吸氣儲備容積（IC = TV + IRV）（圖8-5）。
2. **肺活量**（VC）：指一個人盡力吸氣後，再盡力呼氣所能呼出的氣體量，等於吸氣儲備容積加上潮氣容積及加上呼氣儲備容積（VC = IRV + TV + ERV）。
3. **功能肺餘容量**（FRC）：指正常呼氣結束時還留在肺中的氣體量，等於呼氣儲備容積加上肺餘容積（FRC = ERV + RV）。
4. **肺總量**（TLC）：指肺容積的總和（TLC = IRV + TV + ERV + RV）（圖8-5）。

無效腔（Dead space）

潮氣容積約為 500 ml，其中 350 ml 可到達肺泡中行氣體交換，其餘 150 ml 則留在通氣道中，無法行氣體交換，稱為無效腔（dead space）。無效腔意指沒有行氣體交換的氣體量，又可分為解剖無效腔（anatomical dead space）、肺泡無效腔（alveolar dead space）及生理性無效腔（physiological dead space）。

1. **解剖無效腔**：指氣體通過通氣道不與血液行氣體交換的部分。
2. **肺泡無效腔**：指氣體進入肺泡後，不能行氣體交換的肺泡容積。
3. **生理性無效腔**：指生理上真正沒有行氣體交換的容積，為解剖無效腔及肺泡無效腔之總和。正常而健康的人，其肺泡無效腔為 0，所以生理性無效腔等於解剖無效腔及肺泡無效腔之和。

$$生理性無效腔 = 解剖無效腔 + 肺泡無效腔$$

Forced expiratory volume$_{1.0}$/Forced vital capacity (FEV$_{1.0}$/FVC)

forced expiratory volume$_{1.0}$ 意指測定肺活量時，第一秒鐘所呼出的氣體占肺活量的百分比。其計算公式為：

$$FEV_{1.0}/FVC = \frac{第一秒鐘強力呼出之氣體量}{肺活量} \times 100\%$$

FEV$_{1.0}$/FVC 在臨床上常用來當作診斷呼吸系統之限制性異常（restrictive disorder）或阻塞性異常（obstructive disorder）的指標（圖8-6）。肺活量較正常小，且其 FEV$_{1.0}$/FVC 大於

正常值（$FEV_{1.0}/FVC \fallingdotseq 80\%$），如此為限制性異常，如肺纖維變性（pulmonary fibrosis）。若其肺活量可能正常，肺部組織未受傷害，而其$FEV_{1.0}/FVC$下降，則為阻塞性異常，如氣喘（asthma）。

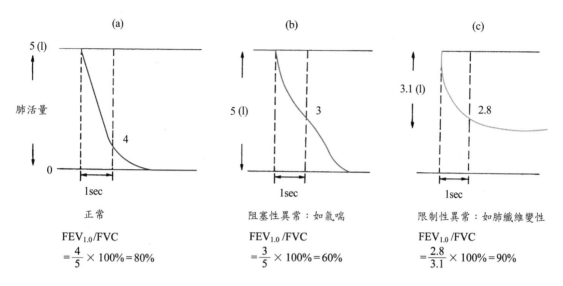

註：(a)為正常值；(b)代表阻塞性異常；(c)代表限制性異常。

圖8-6　FEV試驗

通氣（Ventilation）

　　每分鐘的總通氣量（ventilation）為潮氣容積（TV）乘以呼吸頻率，而每次呼吸的潮氣容積中，通氣道（如氣管、支氣管等）中之氣體量為無法與微血管進行氣體交換的無效腔，所以真正行氣體交換的通氣量為肺泡通氣量（alveolar ventilation），較總通氣量小。

$$肺泡通氣量＝（潮氣容積－無效腔）× 每分鐘呼吸頻率$$

肺的氣體交換（Gas Exchange in the Lung）

　　呼吸作用的目的在將氧氣運輸入體內，供細胞使用，並將細胞代謝產生之二氧化碳排出體外。而氣體交換發生在肺泡與肺泡壁上的肺微血管間的過程，稱為外呼吸（external respiration）（圖8-7），氧氣由肺泡進入肺微血管，而肺微血管中的二氧化碳則擴散到肺泡，氣體的移動乃受肺泡及肺微血管中氣體分壓差所引起之擴散作用，當血液離開肺臟時，為含高氧分壓及低二氧化碳分壓。這些血液進入體循環中，微血管與組織細胞交換氧及二氧化碳的過程，稱為內呼吸（internal respiration）。

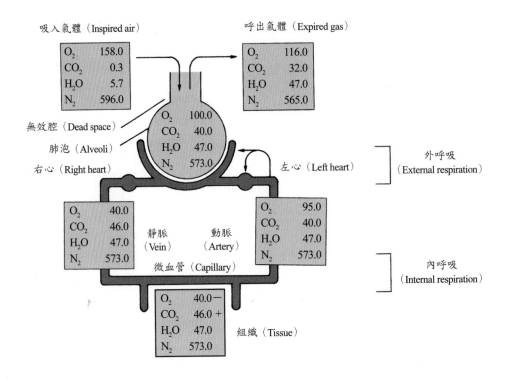

圖8-7　呼吸系統及循環系統中之氣體分壓（mmHg）

肺泡氣體的成分（Composition of alveolar air）

依據道耳頓定律（Dalton's law），混合氣體內的每一氣體有其自己的壓力，且混合氣體的總壓力為各氣體分壓的總和。在大氣中之氣壓為一大氣壓（one atmosphere = 1atm = 760 mmHg），吸入的氣體（inspired air）為大氣，所以所吸入氣體之各氣體分壓分別為：

P_{O_2} = 760 mmHg×20.93% = 160 mmHg

P_{CO_2} = 760 mmHg×0.04% = 0.3 mmHg

P_{N_2} = 760 mmHg×78.42% = 596 mmHg

其中也含有水蒸氣，$P_{H_2O(g)}$ =5.7 mmHg（室溫下）。吸入之氣體與肺泡之氣體混合後，在肺泡中之各氣體分壓分別為（其中A代表肺泡）：

P_{AO_2} = 100 mmHg

P_{ACO_2} = 40 mmHg

P_{AH_2O} = 47 mmHg（體溫下）

P_{AN_2} = 573 mmHg（圖8-7）

肺泡與肺微血管間的氣體分壓差，為引起氣體擴散的主因，在肺泡微血管中的氣體分壓，相當於靜脈中的氣體分壓（V代表靜脈）：

$P_{VO_2} = 40$ mmHg

$P_{VCO_2} = 46$ mmHg

$P_{VH_2O} = 47$ mmHg

$P_{VN_2} = 573$ mmHg

所以，在肺泡與微血管之氣體分壓差，促使氧氣由肺泡擴散入肺微血管中，而肺微血管中之 CO_2 則擴散到肺泡中。當血液離開肺臟，成為含氧血，即相當於動脈中的氣體分壓（a 代表動脈）：

$P_{aO_2} = 95$ mmHg

$P_{aCO_2} = 40$ mmHg

$P_{aH_2O} = 47$ mmHg

$P_{aN_2} = 573$ mmHg

當動脈血循環到組織中，與組織細胞交換氣體，即內呼吸，同樣分壓差來行氣體交換。

肺循環（Pulmonary circulation）

　　胎兒時期，肺循環（pulmonary circulation）因為肺泡是塌陷的，所以具有很高的血管阻力（vascular resistance）。在出生之後，肺循環阻力會下降。成年人，右心室每分鐘輸出（output）約 5 公升的血液到肺循環中，所以肺循環的血流（blood flow）與體循環一樣，但體循環之血管阻力大，其平均動脈壓為 90～100 mmHg，而右心房之壓力幾乎為 0 mmHg，所以壓力差為 100 mmHg。相對的，左心房之壓力約 5 mmHg，而肺動脈（pulmonary artery）之壓力只有 15 mmHg，兩者之差為 10 mmHg。

　　所以驅動肺循環血液流動的力量，只有體循環的 1/10 而已，在肺循環的血管阻力也只有體循環中血管阻力的 1/10 而已，而血流速度是一樣的，因此肺循環是具低阻力、低血壓的。因為肺循環的低血壓，所以其所產生的過濾壓力（filtration pressure）也較體循環的微血管小，所以可防止產生肺水腫（pulmonary edema）。通常在患肺性高血壓（pulmonary hypertension）或左心室衰竭（left ventricular heart failure）的病人身上，才易造成肺水腫。

通氣／灌流比（Ventilation/perfusion ratio; $\dot{V}/\dot{Q}$）

　　肺的上方（apex）及底部（bottom）的通氣（ventilation）不同，通常靠近橫膈（diaphragm）的底部通氣較肺上方佳。主要的原因為肺的上方及底部的肋膜腔內壓（intrapleural pressure）不同（圖 8-8），通常肺上方的負壓較大，而靠近肺底部的負壓較小且接近 0。又肺泡的擴大乃因為肋膜腔內壓為負壓所致，所以肺上方肋膜腔內的負壓可將肺泡擴大，而底部之肺泡擴大程度較小。圖 8-8 中之橫軸為壓力，縱軸為容積，而圖中之曲線即代表壓力與容積的曲線。在肺上方的肺泡因肋膜腔負壓大而被擴大，即容積大，而底部之

肺泡容積較小。當吸一口氣時,其壓力/容積的變化,如圖8-8,在肺底部肺泡容積小,同樣壓力所產生的容積變化較大(其曲線斜率較大);而在同樣的壓力下,在肺上方的肺泡容積只能改變一點點(其曲線斜率較小,平坦),不易擴張,如此一來,即造成通氣不一(ventilation uneven)。

灌流(perfusion)亦是肺底部較肺上方為佳(圖8-9)。人在站立時,因重力之故,其靜水壓(hydrostatic pressure)的分布為肺底部較肺上方佳。在肺上方因為肺泡壓力(alveolar pressure)大於血管(靜脈)壓力,血管被壓住,所以灌流量(perfusion)小,而在底部壓力小,所以灌流量高。通氣量的變化不如灌流量的變化來得大(圖8-10(a)),而由此兩曲線可求得通氣/灌流比(圖8-10(b))。

肺上方其通氣量小,但灌流量亦小,所以其通氣/灌流比($\dot{V}/\dot{Q}$)高(圖8-10(b)),此時肺泡之P_{CO_2}下降而P_{O_2}上升,在肺底部因通氣量增加曲線不像灌流量大,所以其$\dot{V}/\dot{Q}$比值則降低,此時因灌流量增加,所以P_{CO_2}上升而P_{O_2}下降。在肺中當P_{O_2}下降時會促使血管收縮,而P_{O_2}上升時會促使血管放鬆,以符合$\dot{V}/\dot{Q}$比。這與體循環中P_{O_2}下降促使血管放鬆,以幫助組織增加氧氣供給不同。

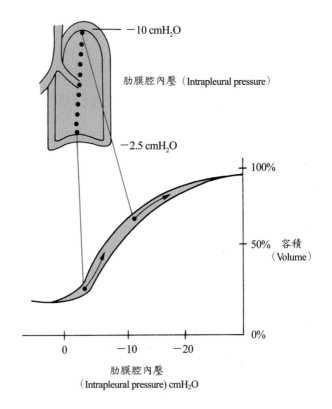

圖8-8　立姿之肋膜腔內壓及其對通氣的影響

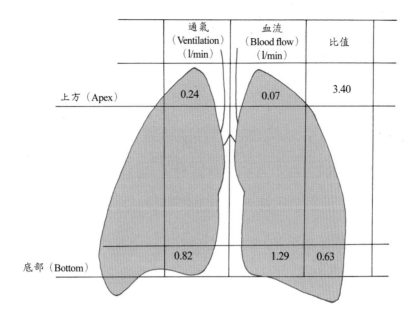

	通氣 （Ventilation） （l/min）	血流 （Blood flow） （l/min）	比值
上方（Apex）	0.24	0.07	3.40
底部（Bottom）	0.82	1.29	0.63

圖8-9　肺的通氣／灌流比

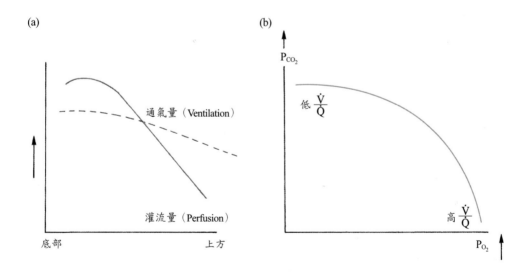

圖8-10　(a)肺上方及底部通氣量及灌流量；(b)通氣／灌流比

氣體的運輸（Gas Transport）

氧的運輸（Oxygen transport）

氧由肺靜脈運送到體循環的動脈中，其氧分壓約100 mmHg（圖8-11），當運輸到組織時，P_{O_2}約為40 mmHg。在體內氧的運輸，主要靠血紅素（hemoglobin; Hb）的運送，一個血紅素分子可攜帶四個氧分子（參見第四章）。氧氣與血紅素結合的程度，占總血紅素的百分率，稱為氧飽和曲線（O_2 saturation curve）（圖8-12）。氧飽和曲線會受到

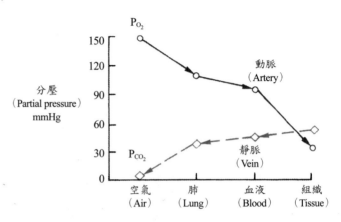

圖8-11 不同組織及空中P_{O_2}及P_{CO_2}的變化

高P_{CO_2}、低pH值、高溫及紅血球中化學物質二磷酸甘油脂（2,3-diphosphoglycerate; 2,3-DPG）含量的影響而往右移，亦即降低氧與血紅素的結合程度（詳細參見第四章）。

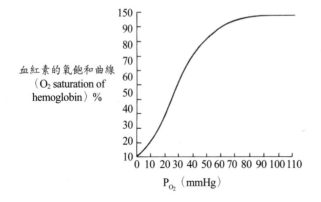

P_{O_2} (mmHg)	% Sat of Hb	(Dissolved) O_2 (ml/dl)
10	13.5	0.03
20	35	0.06
30	57	0.09
40	75	0.12
50	83.5	0.15
60	89	0.18
70	92.7	0.21
80	94.5	0.24
90	96.5	0.27
100	97.5	0.30

圖8-12 氧飽和曲線

二氧化碳的運輸（Carbon dioxide transport）

二氧化碳較氧易溶於水，但在血液中的 CO_2 約只有 10% 溶於血漿中，大部分 CO_2 在血漿及紅血球以水合方式運送（表 8-1）。CO_2 與水結合形成碳酸（H_2CO_3），而碳酸在碳酸酐酶（carbonic anhydrase）的作用下，解離成 H^+ 及 HCO_3^-。

$$H_2O + CO_2 \underset{CA}{\overset{CA}{\rightleftharpoons}} H_2CO_3 \underset{CA}{\overset{CA}{\rightleftharpoons}} H^+ + HCO_3^-$$

$$CA = 碳酸酐酶（Carbonic\ anhydrase）$$

表 8-1　CO_2 在血液中的命運

CO_2 在血液中	說　明
在血漿中	・溶解 ・與血漿蛋白質形成 Carbamino 化合物 ・水合，形成 H^+ 及 HCO_3^-
在紅血球中	・溶解 ・與血紅素形成 Carbamino-Hb 化合物 ・水合，形成 H^+ 及 HCO_3^-，有 70% HCO_3^- 進入血漿中 ・Cl^- 轉移，增加紅血球滲透壓

此作用在血漿及紅血球中均會產生，在紅血球中因為有碳酸酐酶作用，形成速度較快，所產生的 HCO_3^- 會經由特殊的運送系統，由紅血球進入血漿中，同時，由血漿中會有一氯離子（Cl^-）進入紅血球中，此現象稱為氯離子轉移（chloride shift）（圖 8-13）。當氯離子進入紅血球中，使得紅血球滲透壓（osmotic pressure）增加，促使水分子也一起進入紅血球中，而使得紅血球略為膨大。因此靜脈中紅血球體積略大於動脈中紅血球體積，抽取靜脈血所測得之血比容（hematocrit）也略高於動脈血。

CO_2 除溶解及水合作用，其餘部分會與血漿中蛋白質及紅血球內的血紅素形成胺基甲醯（carbamino）化合物。

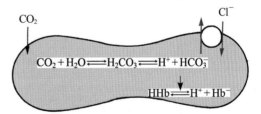

圖 8-13　氯離子轉移

呼吸的調控（Regulation of Respiration）

　　呼吸的基本節律是受到延腦（medulla oblongata）及橋腦（pons）的調控。呼吸運動是一種很自然且規律的活動，即使在睡夢中，依然可以很規律且順暢的進行著，此為自主性的呼吸。另外，呼吸運動亦可由意識來控制，而改變其頻率、深淺度乃至暫時停止呼吸，如人在說話、游泳等，這些隨意性的呼吸，則由大腦皮質（cerebral cortex）來調控。由調控呼吸的中樞神經，如延腦、橋腦及大腦皮質，下達命令經由脊髓傳到運動神經，促使呼吸肌的收縮或放鬆來調控呼吸的頻率及深淺。

呼吸中樞（Respiratory center）

　　自主性呼吸運動的調控中樞，位於延腦及橋腦，依生理需要來協調呼吸的順暢，包括延腦節奏中樞（medullary rhythmicity center）、呼吸調節中樞（pneumotaxic center）及長吸中樞（apneustic center）（圖8-14）。

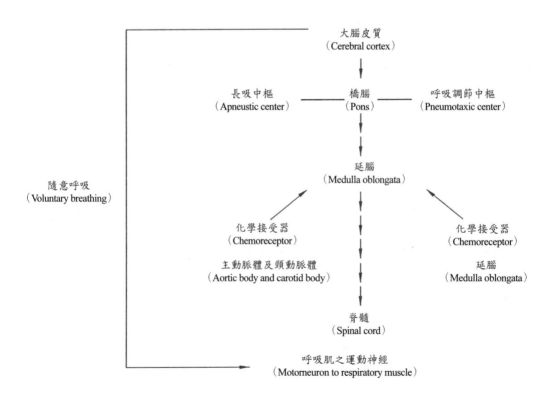

圖 8-14　調節呼吸的神經及化學接受器

1. **延腦節奏中樞**（medullary rhythmicity center）：延腦的節奏中樞是控制呼吸的基本節奏。當吸氣時，呼吸道擴張，刺激氣道平滑肌上之牽扯接受器（stretch receptor），此時牽扯接受器會發出神經衝動（nerve impulse），經由迷走神經（vagus nerve）傳到延腦節奏中樞，抑制吸氣動作而產生呼氣動作。此種呼吸負回饋反應，使吸氣作用適時中止，稱為 Hering-Breuer 反射（reflex）。

2. **呼吸調節中樞**（pneumotaxic center）：呼吸調節中樞位於橋腦上方，主要是調節延腦節奏中樞及橋腦長吸中樞的功能，使吸氣及呼氣過程更為平穩順暢。

3. **長吸中樞**（apneustic center）：長吸中樞位於橋腦下方，有迷走神經支配，主控吸氣，如果切除長吸中樞之迷走神經，則一直處於吸氣狀態至呼吸停止。

4. **隨意性呼吸的調控**：隨意性呼吸的控制中樞位於大腦皮質（cerebral cortex），意志命令經由前皮質脊髓經（anterior corticospinal tract），將神經衝動傳到控制呼吸肌肉群之神經。隨意性呼吸可調整以應付生理的需求，如說話、游泳或惡劣環境。但當隨意性呼吸改變呼吸頻率及深淺，而致使 P_{CO_2} 上升，便會刺激延腦的節奏中樞，促使吸氣動作的進行。

化學接受器對呼吸的調節（Respiratory regulation by chemoreceptor）

自主性呼吸受到血液中化學物質刺激接受器而傳入的神經衝動來調控，這些化學物質改變包括 P_{O_2}、P_{CO_2} 及 H^+ 的濃度。在生理上有兩群化學接受器（chemoreceptor），可感應到 P_{O_2}、P_{CO_2} 及 pH 的變化，一為中樞化學接受器（central chemoreceptor），位於延腦；另一為周邊化學接受器（peripheral chemoreceptor），位於主動脈體（aortic body）及頸動脈體（carotid body）上。這些化學接受器感應變化，將神經衝動傳到延腦，再經橋腦呼吸調節中樞及長吸中樞作用，以調節呼吸的順暢（圖 8-14）。

周邊化學接受器（peripheral chemoreceptor）

周邊化學接受器位於主動脈體（aortic body）及頸動脈體（carotid body）上（圖 8-15），周邊化學接受器主要感應動脈血液中 P_{O_2}、P_{CO_2} 及 pH 的改變。當動脈血中 P_{O_2} 下降，P_{CO_2} 上升及 pH 減少（H^+ 濃度上升）時，均會刺激周邊化學接受器。主動脈體的神經衝動經迷走神經（第十對腦神經）傳入延腦的節奏中樞（圖 8-15），而頸動脈體之神經衝動則經由舌咽神經衝動（第九對腦神經）傳到延腦。

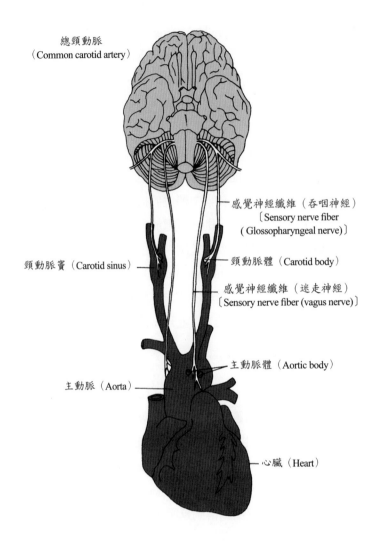

總頸動脈
(Common carotid artery)

感覺神經纖維（吞咽神經）
〔Sensory nerve fiber
(Glossopharyngeal nerve)〕

頸動脈竇（Carotid sinus）

頸動脈體（Carotid body）

感覺神經纖維（迷走神經）
〔Sensory nerve fiber (vagus nerve)〕

主動脈體（Aortic body）

主動脈（Aorta）

心臟（Heart）

圖8-15　化學接受器：主動脈體及頸動脈體之傳導路徑

P_{O_2}、P_{CO_2} 及 pH 對呼吸的影響

當動脈血中 P_{O_2} 下降到 60 mmHg 即會刺激周邊化學接受器，傳入中樞，刺激延腦節奏中樞，使呼吸加深加快。P_{O_2} 改變對呼吸的調節不像 P_{CO_2} 改變對呼吸的調節來得重要。動脈血中之 P_{CO_2} 上升 2～5 mmHg 時即會刺激化學接受器。正常動脈血 P_{CO_2} 為 40 mmHg，當 P_{CO_2} 上升即會刺激促使通氣增加，以排除 CO_2；反之，當 P_{CO_2} 少於 40 mmHg，則會抑制呼吸，使通氣量減少，使 CO_2 恢復正常值。

當 P_{CO_2} 上升，CO_2 與水作用形成 H^+ 及 HCO_3^-，H^+ 濃度增加，會促進周邊化學接受器的活動，以增加通氣量（圖8-16）。同時，當 P_{CO_2} 上升時，中樞化學接受器所扮演功能較周

邊化學接受器重要。P_{CO_2} 上升，CO_2 因脂溶性高，可通過血腦障壁（blood brain barrier; BBB）到達腦脊髓液，再水合形成 H^+，以刺激中樞化學接受器，將神經衝動傳到延腦節奏中樞（圖 8-16），以調節呼吸，而 P_{O_2} 只影響周邊化學接受器。

　　血液中 pH 下降，除受 P_{CO_2} 上升影響外，亦會受代謝性 H^+ 濃度上升而改變。當血液中 H^+ 濃度上升，只會影響周邊化學接受器，以調節呼吸頻率。H^+ 不會影響中樞化學接受器，因 H^+ 無法通過 BBB。

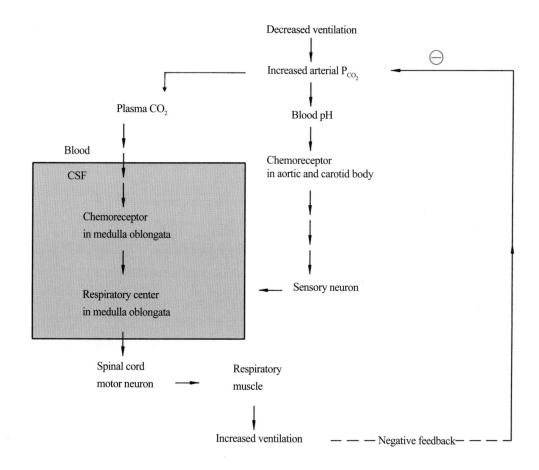

圖 8-16　動脈血中 P_{CO_2} 對呼吸的調節

專有名詞中英文對照

第九章　腎臟的功能及尿液的形成

章節大綱

腎臟的構造

腎小球過濾率及清除率

腎臟循環

腎小管的功能

逆流機制——尿液濃縮機轉

學習目標

研習本章後，你應該能做到下列幾點：

1. 說明腎元的解剖構造

2. 說明腎小管與其相關血管的功能

3. 解釋何謂清除率

4. 說明腎小球過濾率及其測定方法

5. 說明影響腎小球過濾率的因素

6. 說明腎血流之測定及自我調節的機轉

7. 說明近曲小管的特殊構造與生理作用之關係

8. 說明 Na^+ 在不同腎小管的再吸收機制

9. 說明 ADH（抗利尿激素）對水分的調節

10. 說明腎小管對葡萄糖的再吸收機轉

11. 解釋如何活化 RAS，以及調節血壓及體液的機制

12. 說明 Henle's loop 的主動運輸及滲透作用

13. 解釋逆流機制

14. 說明直行管如何扮演逆流交換器的角色

15. 解釋尿素在濃縮尿液中的角色

　　泌尿系統（urinary system）為身體的排泄系統之一，主要由四個器官所組成，包括兩個腎臟（kidney）、輸尿管（ureter）、膀胱（bladder）及尿道（urethra）。生理功能為維持體液的平衡，主要有排除多餘水分及代謝廢物、調節及內分泌的作用。

1. **排除新陳代謝廢物**：腎臟可將代謝廢物排除，如尿素（urea）、尿酸（uric acid）及肌酸（creatinine），也可將體內的藥物代謝產物及毒素排除。

2. **調節體液及電解質**：腎臟可調節電解質，如 Na^+、H^+、Cl^-、K^+、Ca^{++}、Mg^{++}、PO_4^{-3} 及 HCO_3^- 之平衡，並經由尿液形成的多寡來調節體液及體液的滲透壓（osmotic pressure）。

3. **內分泌器官**：腎臟可產生紅血球生成素（erythropoietin），可刺激骨髓製造並釋出紅血球（red blood cell）。同時腎臟可分泌腎素活化腎素—血管緊縮系統（renin-angiotensin system; RAS），以調節血壓。此外，未活化的維生素D可在腎臟轉化成為活化的鈣三醇（Calcitriol; 1,25-(OH)₂-D₃），刺激小腸吸收 Ca^{++}。因此腎臟亦可為——內分泌器官。

腎臟的構造（Structure of Kidney）

　　腎臟的形狀如蠶豆狀的器官，兩個腎臟位於後腹腔，且在脊椎的兩側（圖9-1）。腎臟所製造形成的尿液（urine），經由輸尿管（ureter）進入膀胱（bladder），再經由尿道（urethra）排除。

腎臟的解剖構造（Anatomical structure of kidney）

　　將腎臟以冠狀面解剖開，可分為外層的皮質（cortex）（圖9-2）及內層的髓質（medulla）兩部分。皮質呈紅棕色，且具顆粒層的外觀，內含有腎小球（glomerulus）及曲小管（convoluted tubules）；髓質則為淡色的橫紋外觀，橫紋的產生是因為亨利氏管（Henle's loop）、收集管（collecting duct）及血管平行排列而成，髓質又可分為髓質外層（outer medulla），靠近皮質，及髓質內層（inner medulla）。

　　人類的腎臟約可分為十二葉左右，每一葉的髓質部分形

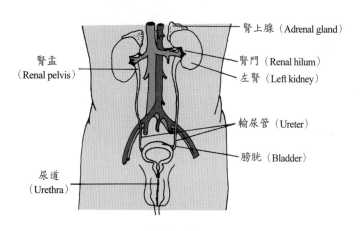

圖9-1　腎臟的解剖位置

腎上腺（Adrenal gland）
腎門（Renal hilum）
左腎（Left kidney）
輸尿管（Ureter）
膀胱（Bladder）
腎盂（Renal pelvis）
尿道（Urethra）

成腎錐體（pyramid），所有錐體的尖部形成腎乳頭（papilla）；腎乳頭之乳狀尖端則伸入小腎盞（minor calyx）內，小腎盞收集髓質集尿管而來的尿液，匯入大腎盞（major calyx），再經由腎盂（renal pelvis）流入輸尿管。此外，在腎臟外觀有一凹陷的腎門（helium），為輸尿管、腎動脈、腎靜脈、神經及淋巴管進出腎臟的地方（圖9-2）。

腎臟的基本單位——腎元（Renal basic unit—nephron）

　　腎臟的基本功能單位為腎元（nephron），每個腎臟約含有一百萬個腎元，每一個腎元包括圓球狀腎小體（renal corpuscle）及連接其後的腎小管（renal tubule）兩部分。腎元因其腎小體所在位置不同，可分為皮質腎元（cortical nephron）及近腎絲球腎元（juxtaglomerular nephron）兩種（圖9-3）。皮質腎元的腎小體靠近皮質外側，因而得名，約占85%，其亨利氏管較短，且位在皮質及髓質外層。近腎絲球腎元的腎小體位於靠近髓質的皮質中，約占15%，其腎小球（glomerulus）較大，且亨利氏管較長，可伸入髓質內層。此兩種腎元因結構不同，其過濾作用（filtration），腎小管運輸（tubular transport）及腎素（renin）含量均不同，而有不同的作用，但其基本結構均相類似，包括上皮組織（epithelium tissue）及血管（blood vessel）兩部分，詳述如下。

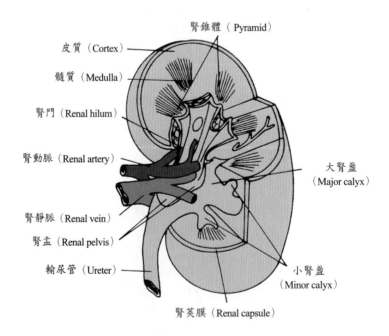

圖9-2　腎臟的解剖構造

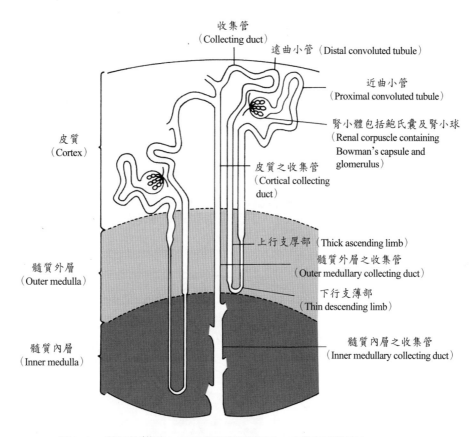

收集管
（Collecting duct）

遠曲小管（Distal convoluted tubule）

近曲小管
（Proximal convoluted tubule）

腎小體包括鮑氏囊及腎小球
（Renal corpuscle containing
Bowman's capsule and
glomerulus）

皮質
（Cortex）

皮質之收集管
（Cortical collecting
duct）

上行支厚部（Thick ascending limb）

髓質外層之收集管
（Outer medullary collecting duct）

髓質外層
（Outer medulla）

下行支薄部
（Thin descending limb）

髓質內層
（Inner medulla）

髓質內層之收集管
（Inner medullary collecting duct）

圖9-3　腎元的構造，左為近腎絲球腎元，右為灰質腎元

腎元的上皮組織

　　腎元的上皮組織（epithelium tissues of nephron）由腎小體（renal corpuscle）開始，腎小體為由微小管網所形成的腎小球（glomerulus），外套有雙層壁的鮑氏囊（Bowman's capsule）所形成（圖9-4）。鮑氏囊的內腔延伸為腎小管（renal tubules）的內腔。

　　腎小管可分為四段，第一段稱為近曲小管（proximal convoluted tubule），近曲小管為最靠近鮑氏囊的一段。緊接其後者為亨利氏管（Henle's loop），又可依其上皮細胞的形態分為四個部分，接在近曲小管之後為亨利氏管下行支厚部（thick descending limb），接著為下行支薄部（thin descending limb），之後為上行支薄部（thin ascending limb）及上行支厚部（thick ascending limb）。接著在亨利氏管之後為遠曲小管（distal convoluted tubule），之後再接著收集管（collecting duct），收集管由皮質伸入到髓質內層。

　　腎元為腎臟形成尿液的基本單位，負責過濾（filtration）、再吸收（reabsorption）及分泌（secretion）的作用，進而調節體液。經由腎小球（glomerulus）過濾的濾液（filtrate），經腎小管的再吸收及分泌作用，最後形成尿液。每一段腎小管的功能均有所不同。近曲小管為濾液

被再吸收最豐富的部位，因此，近曲小管內腔（lumen）之上皮細胞表面形成微絨毛（micro-villi），合稱為刷狀緣（brush border）（圖9-5），以增加再吸收面積。亨利氏管主要的作用為濃縮尿液，遠曲小管及收集管則為分泌物質到尿液中的部位，同時也是激素（hormone），如留鹽激素（aldosterone）及抗利尿激素（antidiuretic hormone）作用的部位，以調節尿液的形成。

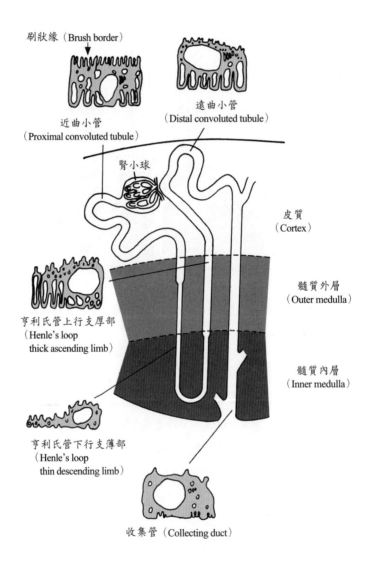

圖9-4　腎元的上皮組織構造

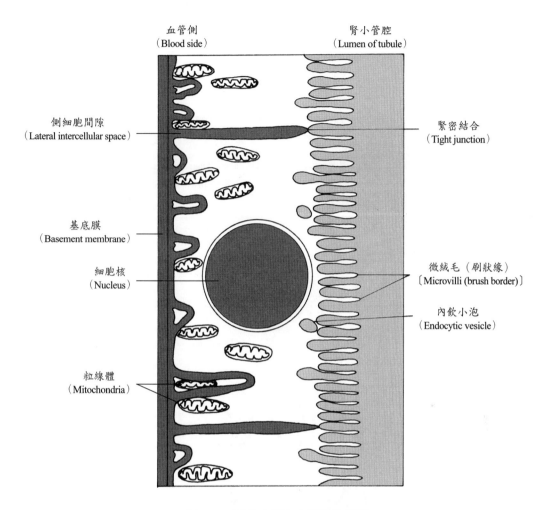

圖9-5　近曲小管上皮細胞的外觀

腎元的血液供應

　　腎臟的血液供應來自腹主動脈（abdominal aorta）分支而來的腎動脈（renal artery）。
腎動脈再分支葉間動脈（interlobar arteries）、弓狀動脈（arcuate arteries）及皮質輻射動脈
（cortical radial arteries）（圖9-6）。皮質輻射動脈分布到皮質表面，其中會再分支為入球
小動脈（afferent arterioles），每一條入球小動脈進入鮑氏囊中，分支成為微血管形成腎小球
（glomerulus），最後匯集成為出球小動脈（efferent arteriole），離開鮑氏囊。

　　離開鮑氏囊的出球小動脈，再分支成為網狀微血管，圍在腎小管外圍，稱為管旁微血
管（peritubular capillary）（圖9-6）。這些管旁微血管匯集合為靜脈，最後形成腎靜脈離開腎
臟。此外，由近腎絲球腎元（juxtaglomerular nephron）之出球小動脈會進入髓質，形成與亨利
氏管平行的微血管，亦呈U形狀，稱為直行管（vasa recta）。直行管除了供給髓質血液之外，
也可維持髓質的滲透壓（osmotic pressure），在濃縮尿液時扮演重要的角色。

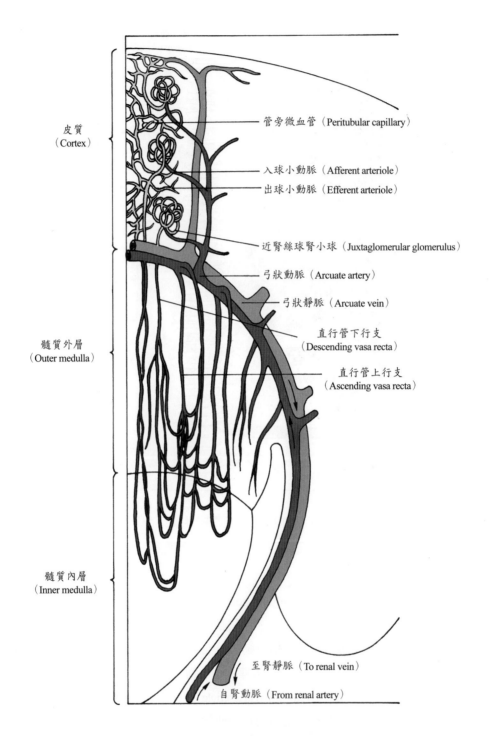

皮質
（Cortex）

管旁微血管（Peritubular capillary）

入球小動脈（Afferent arteriole）

出球小動脈（Efferent arteriole）

近腎絲球腎小球（Juxtaglomerular glomerulus）

弓狀動脈（Arcuate artery）

弓狀靜脈（Arcuate vein）

直行管下行支
（Descending vasa recta）

直行管上行支
（Ascending vasa recta）

髓質外層
（Outer medulla）

髓質內層
（Inner medulla）

至腎靜脈（To renal vein）

自腎動脈（From renal artery）

圖9-6　腎臟的血管分布

近腎絲球器（juxtaglomerular apparatus）

遠曲小管（distal convoluted tubule）與腎小球（glomerulus）附近之入球小動脈（afferent arteriole）及出球小動脈（efferent arteriole），形成一特殊結構，稱為近腎絲球器（圖9-4；圖9-7）。入球小動脈的內皮細胞特化為含有腎素（renin）顆粒的細胞，此細胞稱為 JG 細胞（juxtaglomerular cell）或叫作顆粒細胞（granular cell），此細胞可合成並貯存腎素。JG 細胞為一壓力接受器（baroreceptor），感受體液減少及血壓下降，可分泌腎素來調節血壓。遠曲小管的上皮細胞則特化為緻密斑（macula densa），為一化學接受器（chemoreceptor），可感受腎小管內濾液中 Na^+ 及 Cl^- 成分，來調節尿液的形成。

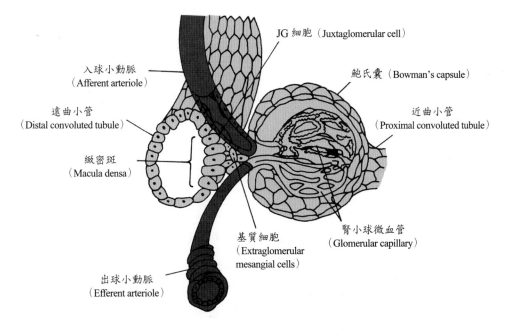

圖9-7　近腎絲球器包括 JG 細胞及緻密斑等

腎小球過濾率及清除率（Glomerular Filtration Rate and Clearance）

尿液的形成包括三個步驟：腎小球過濾（glomerular filtration）、腎小管再吸收（tubular reabsorption）及腎小管分泌（tubular secretion）三個作用。第一步驟為腎小球過濾，是指物質由腎小球微血管（glomerular capillary）過濾到鮑氏囊的過程。腎小球過濾出來的濾液（filtrate）的成分為不含蛋白質等大分子的血漿（即濾液是沒有蛋白質的血漿），而過濾液的多寡，直接

影響尿液形成的量。因此，測定腎小球過濾率（glomerular filtration rate; GFR），為了解腎功能重要的指標。首先，先了解清除率（clearance）為何。

清除率（Clearance）

清除率的定義為單位時間內有多少的血漿離開腎臟的已無物質x。因此，清除率可定義為：

$$Cx = Ex/Px$$
$$\because Ex = Ux \times V$$
$$Cx = Ux \times V/Px$$

Ex ＝ 尿液中物質x之量

Cx：物質x的清除率

Ux：尿液中物質x之濃度

V：單位時間的尿液形成量（排尿量）

Px：血漿中物質x的濃度

所以在單位時間內排出的量為Ux × V，將排出量除以血漿中的濃度，即為清除率。其所使用的單位為：

$$Cx（ml 血漿/min）= \frac{Ux（mg 物質 x/ml 尿量）\times V（ml 尿量/min）}{Px（mg 物質 x/ml 血漿）}$$

腎小球過濾率（Glomerular filtration rate; GFR）

腎小球過濾率是指單位時間內由腎小球微血管過濾到鮑氏囊腔的過濾液量。因此，若過濾液經由腎小管時完全不被再吸收及分泌，那麼過濾液即完全排除。所以，GFR就等於尿液中物質x的濃度（Ux）乘以尿量（V），再除以血漿中物質x的濃度（Px），即Ux × V/Px ＝ GFR，這個值亦是物質x的清除率。

腎小球過濾率的測定

適合用來測定腎小球過濾率（GFR）的物質，除了可以自由通過腎小球外，還要不被再吸收及分泌。表9-1中詳列出可以利用來測定GFR之物質，還須不具毒性，不會被代謝，且很容易即可在血漿及尿中被測定等性質。

表9-1　適合測定GFR之物質的條件

- 自由通透
- 不被再吸收及分泌
- 不被代謝
- 不具毒性
- 不會貯存在腎臟
- 不影響過濾率
- 容易在血漿或尿中測定

　　菊糖（inulin）為一果糖聚合物，分子量5,200，符合表9-1中之條件，常被用來測定GFR。由腎小球過濾到鮑氏囊的量（Fx）等於血漿中物質x的濃度（Px）乘以腎小球過濾率（GFR），即Fx＝GFR×Px。被排除的量（Ex）等於尿液中物質x的濃度（Ux）乘以尿量（V），即Ex＝Ux×V。而菊糖可完全被過濾，且不會被再吸收及分泌，因此，被過濾出來的量（Fx）等於被排除的量（Ex）。

$$Fx = GFR \times Px$$

$$Ex = Ux \times V$$

又Fx＝Ex

$$\therefore GFR \times Px = Ux \times V$$

$$GFR = \frac{Ux \times V}{Px}$$

例如：$U_{in} = 35$ mg/ml，$V = 0.9$ ml/min，$P_{in} = 0.25$ mg/ml

所以　$GFR = \dfrac{35\,\text{mg/ml} \times 0.9\,\text{ml/min}}{0.25\,\text{mg/ml}}$

$$GFR = 126\ \text{ml/min}$$

正常的GFR值

　　正常的GFR值為125 ml/min，即7.5公升／小時，或180公升／天，每天約有1公升尿液形成，約有99%的濾液被再吸收回去。臨床上常以肌酸（creatinine）的清除率（Ccr）來測定GFR。因肌酸可被過濾，會被分泌但不會被再吸收，其Ccr＝140 ml/min，有一些偏高，但肌酸為內生性的物質，容易測得，為腎功能的有效指數。此外，尿素的清除率為Curea＝70 ml/min。

影響腎小球過濾率的因素（Factors affect glomerular filtration rate）

　　GFR的大小主要受到三個因素的影響：(1)腎小球過濾膜（filtration membrane）的性質；(2)腎臟的血流速率（renal blood flow rate）；(3)腎小球過濾壓力（glomerular filtration pressure）。此三因素中，腎臟血流速率愈大則GFR愈大，若腎小球過濾壓力愈大，則GFR愈大。腎小球過濾壓力意指腎小球（glomerulus）與鮑氏囊間的過濾壓差（圖9-8），主要受三個因素影響，即腎小球微血管（glomerular capillary）之靜水壓（hydrostatic pressure; P_{GC}）、腎小管的靜水壓（P_T）及腎小球微血管之膠體滲透壓（oncotic pressure; π_{GC}）。血漿通過腎小球過濾的難易程度稱為過濾係數（filtration coefficient; K_f）。將此影響GFR之三項因素公式化，可得：

$$GFR = K_f[(P_{GC} - P_T) - (\pi_{GC} - \pi_T)]$$

K_f ＝ filtration coefficient（過濾係數）

P_{GC} ＝ fhydrostatic pressure of glomerular capillary（腎小球微血管靜水壓）

P_T ＝ fhydrostatic pressure of tubule（腎小管靜水壓）

π_{GC} ＝ foncotic pressure of glomerular capillary（腎小球微血管膠體滲透壓）

π_T ＝ foncotic pressure of tubule（腎小管膠體滲透壓）

因為，腎小管之濾液為不含蛋白質之血漿，所以 π_T 為 0。因此，$GFR = K_f \times (P_{GC} - P_T - \pi_{GC})$，$P_{GC} - P_T - \pi_{GC} = \Delta P$，為有效的腎小球過濾壓力（glomerular filtration pressure; GFP）。

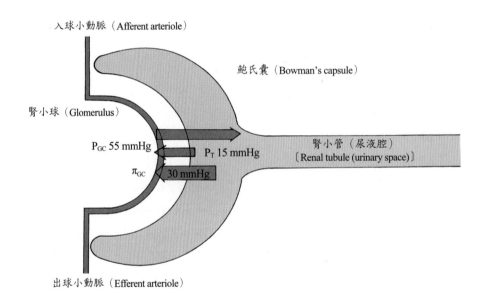

圖 9-8　腎小球過濾壓力

過濾膜的性質（K_f）

K_f 值的大小決定 GFR，K_f 下降則 GFR 也下降。過濾膜的大小取決於過濾膜通透性（filter permeability）及過濾膜面積（filter area）。過濾係數（K_f）愈大，代表血漿愈容易通過濾膜，GFR 則愈大。

1. **過濾膜通透性**（filter permeability）：過濾膜的通透性取決於基底膜（basement membrane），通透性增加則 K_f 值增加，則 GFR 增加。過濾膜的構造包括三層組織（圖 9-9）：⑴微血管內皮細胞（capillary endothelium）；⑵基底膜（basement membrane）；⑶鮑氏囊上皮細胞（visceral epithelium）。血漿通過過濾膜的性質取決

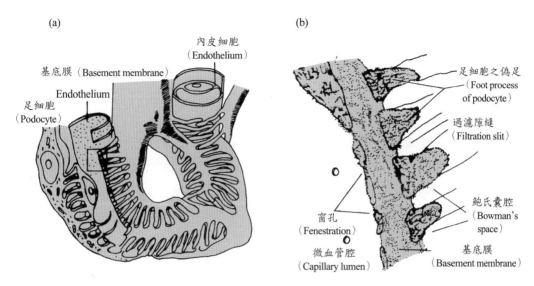

註：(a) 足細胞（podocyte）偽足形成之基底膜與微血管內皮細胞之關係；(b) 為 (a) 中矩形之放大圖。

圖 9-9　過濾膜的構造

於基底膜的性質，腎小球微血管的通透性約為骨骼肌微血管的五十倍。實際分子小於 4nm 均極易通過，但因腎小球微血管壁帶負電，所以陰電性物質，如蛋白質，則較不易通過過濾膜。

2. **過濾面積**：過濾面積（filter area）的大小，取決於腎小球微血管床的大小。通常一個腎元的過濾面積為 $0.4\ mm^2$，那麼一顆腎約有一百萬個腎元，過濾面積為 $0.5\ m^2$，兩個腎共有 $1\ m^2$ 的過濾面積。過濾面積愈大則 K_f 值增加，GFR 也就增加。

目前已知基質細胞（mesangial cell）可改變過濾面積的大小（圖 9-10），若造成 K_f 值下降，GFR 也跟著下降了。一些會使血管收縮的物質，也會造成基質細胞收縮，降低過濾膜面積，使 K_f 值下降，GFR 減少，這些物質如血管緊縮素 II（angiotensin II）、內皮素（endothelin）、血管加壓素（vasopressin）、正腎上腺素（norepinephrine）、thromboxane A_2 及組織胺等。此外，像利納尿

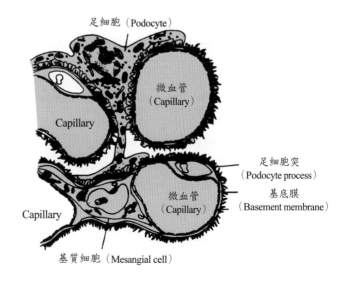

圖 9-10　基質細胞與足細胞之關係

激素（atrial natriuretic peptide; ANP）、PGE_2 及 cAMP 等使基質細胞放鬆，過濾膜面積增加，K_f 值增加，致使 GFR 上升。但一般而言，過濾係數（K_f）的變化不大，K_f 是相當固定的。

腎小球微血管靜水壓（hydrostatic pressure of glomerular capillary; P_{GC}）

腎小球微血管靜水壓的大小，取決於動脈壓（arterial pressure）及入球小動脈（afferent arteriole）和出球小動脈（efferent arteriole）的阻力（resistance）。一般而言，當 P_{GC} 上升時，則 GFR 也增加（圖 9-8）。但通常在血壓 80～200 mmHg 的腎臟自我調節（autoregulation）範圍內，P_{GC} 的變化非常的小。在此範圍之外，如果血壓下降則 P_{GC} 減少，GFR 也減少。例如，當血壓因低血壓（hypolension）或休克（shock），血壓在 40～50 mmHg 之間時，因 P_{GC} 太小，GFR 非常小，可能沒有過濾現象，而導致無尿的狀態。

P_{GC} 也受到入球小動脈及出球小動脈的管徑大小（或阻力）而有影響。這些血管受交感神經支配，同時也會受一些血管收縮劑（vasoconstrictor）及血管鬆弛劑（vasodilator）的影響。入球小動脈若收縮，則流入腎小球的血流減少，P_{GC} 下降，GFR 也下降；反之，入球小動脈若放鬆，則流入腎小球的血流增加，P_{GC} 上升，GFR 增加。另一方面，血管收縮劑作用於出球小動脈，血管阻力上升，使 P_{GC} 增加，GFR 增加；反之，出球小動脈放鬆，加快離開腎小球的血流，則 P_{GC} 減少，GFR 減少。例如，Ag II（血管緊縮素 II）可使入球小動脈收縮，但對出球小動脈作用較不顯著，因此，使得 P_{GC} 下降，所以 GFR 會下降，即 Ag II 作用後，GFR 會下降。

腎小管的靜水壓

腎小管靜水壓的大小取決於腎小球過濾出來的濾液量。當濾液增加，則 P_T 上升而使得 GFR 下降。如果在泌尿道（urinary tract）有阻塞（obstruction）的現象，如結石（stones）或前列腺肥大（protate enlargement），會使 P_T 上升，結果導致 GFR 下降〔∵ $GFR = K_f \times (P_{GC} - P_T - \pi_{GC})$〕。

腎小球微血管膠體滲透壓

膠體滲透壓（oncotic pressure）的產生，取決於蛋白質的濃度。血漿中蛋白質的含量決定腎小球微血管膠體滲透壓（oncotic pressure of glomerular capillary; π_{GC}）的大小。π_{GC} 的大小決定液體流動的方向，液體會往膠體滲透壓高的方向移動（圖 9-8）。當血漿蛋白質的濃度減少，如營養不良，或靜脈注射大量液體，使 π_{GC} 減少，則 GFR 上升；反之，當 π_{GC} 上升，吸引液體往腎小球微血管方向移動，則 GFR 減少。綜合而言，影響 GFR 的因素，列於表 9-2。

表9-2　影響GFR的因素

1.改變腎臟血流量（Renal blood flow）
2.改變腎小球微血管靜水壓（P_{GC}）
(1)改變平均動脈壓
(2)入球或出球小動脈收縮
3.改變腎小管靜水壓（P_T）
(1)輸尿管阻塞（Ureter obstruction）
(2)腎水腫
4.改變血漿蛋白質濃度
(1)脫水（Dehydration）
(2)低蛋白血症（Hypoproteinemia）（次要因素）
5.改變 K_f 值
(1)改變腎小球微血管通透性
(2)改變有效的過濾膜面積

過濾平衡（Filtration equilibrium）

　　GFR的大小取決於腎臟血液流量（renal blood flow; RBF）、過濾係數（K_f）及過濾壓力（filtration pressure）。在腎小球微血管的進球端之淨過濾壓力（P_{if}）為15 mmHg，到了出球端則降到了0（圖9-11）。

$$GFR = K_f (P_{GC} - P_T - \pi_{GC})$$

$$\Delta P = P_{GC} - P_T$$

$$\therefore GFR = K_f (\Delta P - \pi_{GC})$$

　　當血液通過腎小球微血管時，在入球端過濾壓力之 ΔP 大於 π_{GC}，液體離開血漿進入腎小管中。液體離開血漿，使血漿中蛋白質濃度增加，而使得腎小球微血管之膠體滲透壓（π_{GC}）上升，當 π_{GC} 上升到等於 ΔP 時，則過濾壓力為0，那麼 GFR = 0，此即過濾平衡（filtration equilibrium）。意指後半部分腎小球微血管對腎小球過濾（glomerular filtration）並沒有助益，即在腎小球微血管之交換為流量限制（perfusion limited）。但若是腎臟血漿流量（renal plasma flow; RPF）增加，使得 ΔP 減少趨緩，進而導致過濾過程中 π_{GC} 的增加趨於緩慢，而可以增加過濾速度，即GFR增加。

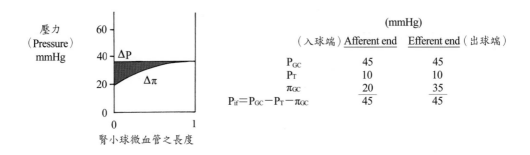

圖 9-11　過濾平衡（Filtration equilibrium）

腎臟循環（Renal Circulation）

腎血流量（renal blood flow）占心輸出量（cardiac output）的 1/4，每分鐘約有 1.25 公升左右的血液流經腎臟。血漿占全血的（1−Hct），所以每分鐘流經腎臟的血漿流量（renal plasma flow）為 RBF×（1−Hct），約有 700 ml/min。

如果有一物質可被腎臟排泄，而且不會被腎臟代謝、貯存、製造，也不會影響腎臟血流，即可利用來測定腎血漿流量（RPF）或腎血流量（RBF）。

腎血流量／腎血漿流量（Renal blood flow/Renal plasma flow）

腎血漿流量（RPF）可利用對氨馬尿酸（para-aminohippuric acid; PAH）來測定。注入 PAH 後，可在尿中及血漿中測其濃度。PAH 可由腎小球過濾及腎小管分泌。PAH 的抽取比（extration ratio；動脈中濃度−靜脈中濃度，再 ÷ 動脈中濃度）高；即注射之 PAH，在動脈中有 90% 在第一次腎過濾時即被排出。因此，可將靜脈中濃度先暫時忽略。

PAH 注入後流經腎小球被過濾出來的量（Fx），因不會再吸收，所以 Fx 應該等於被排出的量 Ex。而被過濾出來的量（Fx）等於 RPF 乘上血漿中 PAH 的濃度。

$Fx = RPF \times P_{PAH}$

又 $Ex = U_{PAH} \times V$

$\therefore RPF \times P_{PAH} = U_{PAH} \times V$

$RPF = \dfrac{U_{PAH} \times V}{P_{PAH}}$

由此所獲得之值稱為有效腎血漿流量（effective renal plasma flow; ERPF）。所以：

$$ERPF = U_{PAH} \times V/P_{PAH}$$

例如：尿中之 PAH 濃度（U_{PAH}）= 14 mg/ml

尿量（V）＝ 0.9 ml/min

血漿中之PAH濃度（P_{PAH}）＝ 0.02 mg/ml

$$ERPF = \frac{14\,mg/ml \times 0.9\,ml/min}{0.02\,mg/ml} = 630\,ml/min$$

平均抽取比（extration ratio）＝ 0.9

所以實際之RPF ＝ ERPF/0.9

$$RPF = \frac{630\,ml/min}{0.9} = 700\,ml/min$$

血比容（Hct）＝ 45%

腎血流量（RBF）＝ RPF × $\dfrac{1}{1-Hct}$ ＝ 700 ml/min × $\dfrac{1}{1-45\%}$

＝ 1,273 ml/min

腎血流量的調節（Regulation of renal blood flow）

　　腎血流量（RBF）有區域性差異，腎皮質血流量遠大於腎髓質血流量，而且腎血流量比身體其他器官都大得多。腎血流量可受化學物質的調節，兒茶酚胺（catecholamine）可使腎血管收縮，尤其以葉間動脈及入球小動脈作用最強，阻力增加，減少血流，所以RBF下降。此外，血管緊縮素 II（angiotensin II）在體內實驗（in vivo），對入球小動脈具有較強收縮作用。前列腺素（prostaglandin）使腎皮質血流增加，卻降低腎髓質血流。刺激支配腎之交感神經，作用於α_1腎上腺性接受器（α-adrenergic receptor），使血管收縮，阻力增加，會造成腎血流下降。此外，當血壓下降，導致腎素（renin）分泌，產生血管收縮作用，使RBF下降。運動時，RBF也下降。

腎血流量的自我調節
（Autore gulation of renal blood flow）

　　腎臟是體內自我調節（autoregulation）最發達的器官。當動脈壓在80～200 mmHg之間，其血管阻力（resistance）隨壓力改變而變（因為F = P/R），致使腎血流量相當的恆定（圖9-12）。當動脈壓在80～200 mmHg之間，腎血漿流量（RPF）或腎血流量（RBF）均維持恆定狀態，而且腎小球過濾作用也維持恆定。有兩個理論可以來解釋腎臟之自我調節作用：(1)肌原性理論及(2)緻密斑理論。

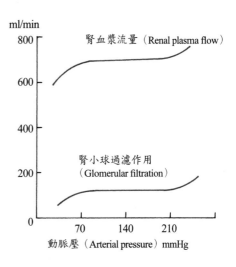

圖9-12　腎臟的自我調節

1. **肌原性理論**（myogenic theory）：當動脈壓上升，促使血管平滑肌放鬆，使血流增加。而增加的血流對血管平滑肌產生外張（distension）的刺激，致使血管平滑肌收縮，阻力增加，血流量下降。所以可以使腎血流量或腎血漿流量維持恆定。

2. **緻密斑理論**（macula densa theory）：當動脈壓上升，流經腎臟之血流增加，則腎小球血流也增加，則過濾速率上升，使 GFR 增加。因為 GFR 增加，使得過濾液增加，所以腎小管流量增加（P_T），而致使 GFR 下降，使 GFR 維持在恆定狀態，又稱為 tubuloglomerular feedback，所以腎小球過濾率也維持恆定。

腎小管的功能（Function of Renal Tubule）

尿液的形成包括三個步驟：腎小球過濾（glomerular filtration）、腎小管再吸收（tubular reabsorption）及腎小管分泌（tubular secretion）。腎小球過濾指物質由血漿過濾到鮑氏囊腔（圖9-13），進入腎小管，有些物質會被腎小管再吸收回到血液中，而有些物質則會由腎小管分泌到管腔中，最後形成尿液而被排出。換言之，在尿液中被排除的物質的量，等於過濾出來的量，減去再吸收的量，再加分泌之量。所以：

$$GFR \times Px + Tx = Ux \times V$$

利用微刺法（micropuncture），可取得濾液加以分析，如果某一物質過濾出來的量等於排除的量，表示腎小管對此物質沒有再吸收（reabsorption），也沒有分泌（secretion）的作用，如菊糖（inulin）（圖9-14），腎小管對菊糖的作用為 0。若某一物質被過濾出來的量大於被排除的量，表示此物質在流經腎小管時，有部分被再吸收，如葡萄糖。某物質被過濾出來的量少於被排除的量，表示有分泌作用，如 PAH。腎小管對於物質再吸收的路徑有二：一是經由通過細胞間之緊密結合（tight junction）的方式再吸收，通常小分子才可通過。另一方式為穿越腎小管細胞（圖9-15），必須經由腎小管腔的腔膜進入細胞內，再通過靠近基底膜之基側膜（basolateral membrane）入組織間隙，再回管旁微血管中。

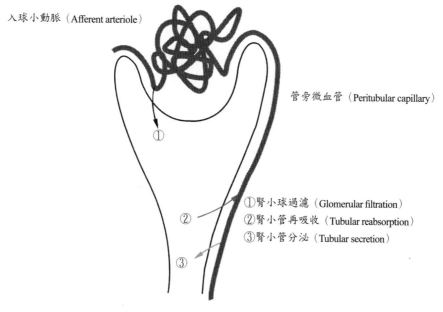

圖9-13　尿液形成的三個步驟

$$GFR \times Px + Tx = Ux \times V$$

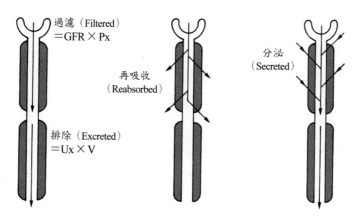

圖9-14　腎小管的功能

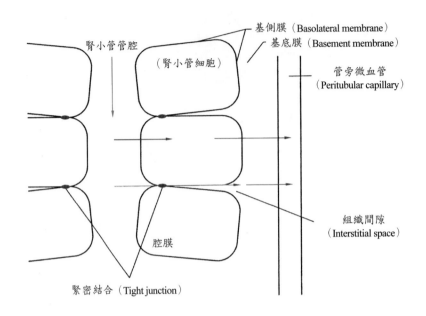

圖 9-15　腎小管再吸收的路徑

腎小管再吸收及分泌的機制
（Mechanism of tubular reabsorption and secretion）

　　腎小球過濾出來的濾液進入腎小管中，濾液中含有大量的電解質、水分等，大部分會被再吸收回血液循環中，只有少部分的物質會被排除（表9-3）。其中葡萄糖 100% 在近曲小管被再吸收，HCO_3^- 也 100% 被再吸收。Na^+ 及 Cl^- 有 99% 以上在腎小管被再吸收。K^+ 有 93% 左右被再吸收，在遠曲小管分泌。尿素（urea）有 53% 被再吸收，此外，水分也有 99.4% 被再吸收。腎小管對物質再吸收方式，有主動及被動步驟，包括內吞（endocytosis）、協助型擴散（facilitated diffusion）、主動運輸（active transport）及次級主動運輸（secondary active transport）。

表9-3　腎對不同血漿中物質的處理

Substance	per 24 hours				Percentage reabsorbed
	Filtered	Reabsorbed	Secreted	Excreted	
Na^+ (meq)	26,000	25,850		150	99.4
K^+ (meq)	600	560	50	90	93.3
Cl^- (meq)	18,000	17,850		150	99.2
HCO_3^- (meq)	4,900	4,900		0	100
Urea (mmol)	870	460		410	53
Creatinine (mmol)	12	1	1	12	
Uric acid (mmol)	50	49	4	5	98
Glucose (mmol)	800	800	0	0	100
Total solute (mOsm)	54,000	53,400	100	700	98.9
Water (ml)	180,000	179,000		1000	99.4

葡萄糖的再吸收

　　葡萄糖（glucose）由腎小球過濾出來，在近曲小管（proximal convoluted tubule）以次級主動運輸的方式，100% 被再吸收，尿液中沒有葡萄糖的排除。

　　葡萄糖、胺基酸（amino acid）及 HCO_3^- 均在近曲小管的前段被再吸收（圖9-16）。葡萄糖與 Na^+ 一起以共同運輸（cotransport）的次級主動運輸方式被刷狀緣（brush border）再吸收回近曲小管細胞中（圖9-17），被再吸收入細胞中之葡萄糖，以協助型擴散（facilitated diffusion）通過基側膜（basolateral membrane）回到管旁微血管中。透過共同運輸進入細胞內之 Na^+，以初級主動運輸（primary active transport）被再吸收回到濃度較高的血管中。此外，胺基酸在近曲小管的再吸收

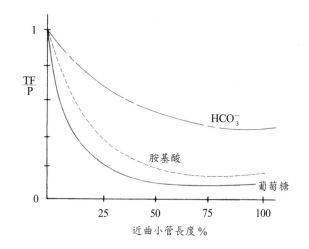

註：TF/P 代表 tubular fluid 之濃度與 plasma 濃度之比值。

圖9-16　物質在近曲小管被再吸收的程度

方式，類似葡萄糖的再吸收方式。

　　葡萄糖由近曲小管管腔中被再吸收回到管旁微血管中，包括兩種運輸方式——次級主動運輸及協助型擴散，此兩種方式均須按照細胞膜上之攜帶者（carrier）來進行，所以葡萄糖的再吸收是有限制的（圖9-18）。當血漿中葡萄糖在正常範圍80～120 mg/dl，則被過濾出來的葡萄糖均會被再吸收，尿液中無葡萄糖的排除。但若血漿中葡萄糖濃度上升至180～200 mg/dl，則被過濾出來的葡萄糖無法被再吸收完全，尿液中會出現葡萄糖。在尿液中首次出現葡萄糖之血漿中葡萄糖濃度，稱為葡萄糖閾值（glucose threshold）。那是因為細胞膜上之攜帶者均被葡萄糖所飽和了，所以再吸收的量即達到上限，被過濾出來多餘的葡萄糖即被排除在尿液中。葡萄糖在近曲小管再吸收的最大速率即稱為葡萄糖的輸送上限（transport maximum of gluscose），通常以T_{mG}的縮寫方式表示（圖9-19）。

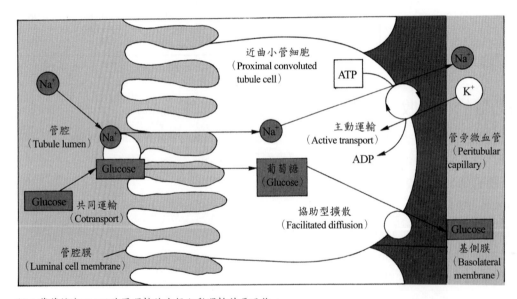

註：葡萄糖與Na^+以共同運輸的次級主動運輸被再吸收。

圖9-17　近曲小管再吸收葡萄糖的方式

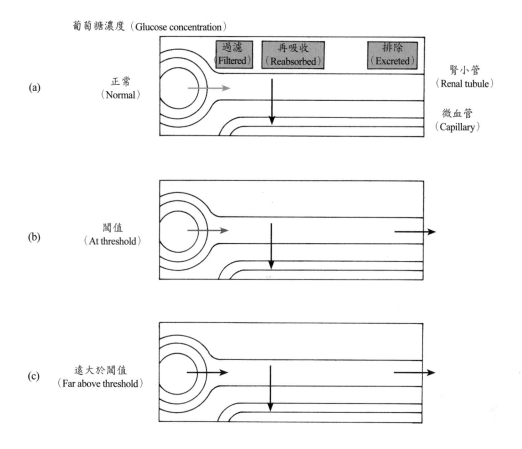

註：(a)血漿中葡萄糖濃度正常值，所有過濾出來的葡萄糖均被再吸收，沒有被排除；
　　(b)在閾值，則沒有完全被再汲收；(c)濃度遠大於閾值，則排除量增加。

圖9-18　影響葡萄糖再吸收程度的血漿中葡萄糖濃度

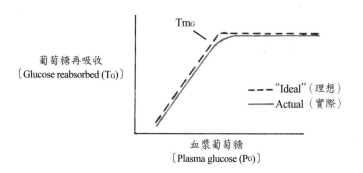

圖9-19　葡萄糖之血漿濃度（P_G）與再吸收速率之關係

Na$^+$的再吸收（Reabsorption of sodium）

腎小管（renal tubule）對 Na$^+$ 的調節是非常重要的，其理由有五：(1)腎臟是主要調節 Na$^+$ 在體內含量的重要器官；(2)腎小管對 Na$^+$ 再吸收為促使水分被再吸收的主要力量，Na$^+$ 以主動方式再吸收，水分則以被動方式或滲透再吸收；(3)Na$^+$ 的再吸收，通常與一些有機分子（如葡萄糖、胺基酸）及一些非有機分子（如 Cl$^-$、磷等）一起被再吸收；(4)Na$^+$ 的再吸收伴有 H$^+$ 或 K$^+$ 的分泌，所以可以調節 K$^+$ 平衡及酸鹼平衡（acid-base balance）；(5)Na$^+$ 常與 Cl$^-$ 或 HCO$_3^-$ 以主動方式被再吸收。事實上，腎臟的耗氧（O$_2$ consumption）所提供能量，約80% 供給 Na$^+$ 的再吸收。腎小管對 Na$^+$ 的再吸收，發生在四段的腎小管，且以近曲小管的再吸收量最大（圖9-20）。

近曲小管對 Na$^+$ 的再吸收

近曲小管對 Na$^+$ 的再吸收約占70% 左右（圖9-20），而且為一等張再吸收（isotonic reabsorption），即濾液離開近曲小管時，仍為等張溶液（istonicsolution）。腎小球過濾出來的濾液為沒有蛋白質的血漿，由近曲小管的刷狀緣（brush border）再吸收 Na$^+$ 時，會分泌 H$^+$。而且 Na$^+$ 由細胞外液（ECF）進入細胞內液（ICF），由高濃度往低濃度（圖9-21），Na$^+$ 也會與葡萄糖、胺基酸以共同運輸方式進入近曲小管細胞內。細胞內之 Na$^+$ 再以初級主動運輸方式，靠 Na$^+$－K$^+$－ATPase 送出基側膜，再進入管旁微血管中，完成近曲小管對 Na$^+$ 的再吸收。

亨利氏管對 Na$^+$ 的再吸收

亨利氏管（Henle's loop）可再吸收濾液中20% 的 Na$^+$ 及10% 的水分（圖9-20）。在亨利氏管的上行支厚部（thick ascending limb）為主要再吸收 Na$^+$ 的位置，Na$^+$/K$^+$/2Cl$^-$ 以共同運輸方式被上行支細胞再吸收（圖9-22），因為三種離子一起被再吸收，稱為 triple response，Na$^+$ 再以初級主動運輸方式被送回管旁微血管中。

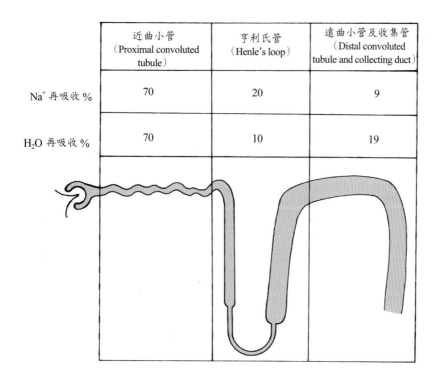

	近曲小管 （Proximal convoluted tubule）	亨利氏管 （Henle's loop）	遠曲小管及收集管 （Distal convoluted tubule and collecting duct）
Na^+ 再吸收 %	70	20	9
H_2O 再吸收 %	70	10	19

圖 9-20　Na^+ 及 H_2O 在不同腎小管被再吸收的百分比，大約有 1% 之 Na^+ 及水分會被排除

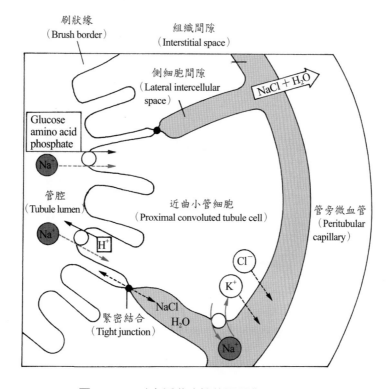

圖 9-21　Na^+ 在近曲小管的再吸收

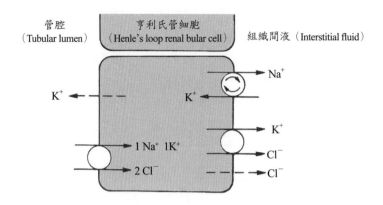

圖9-22　Na⁺與Cl⁻及K⁺以共同運輸方式在亨利氏管上行支厚部被再吸收

遠曲小管及收集管對Na⁺的再吸收

　　遠曲小管（distal convoluted tubule）及收集管（collecting duct）可再吸收濾液中約9%之Na⁺，Na⁺主要以主動運輸方式被再吸收。此外，腎上腺皮質（adrenal cortex）所分泌的留鹽激素（aldosterone）作用於此，再吸收Na⁺，而分泌K⁺到腎小管中（圖9-23），Na⁺再以主動運輸方式被運回管旁微血管中。

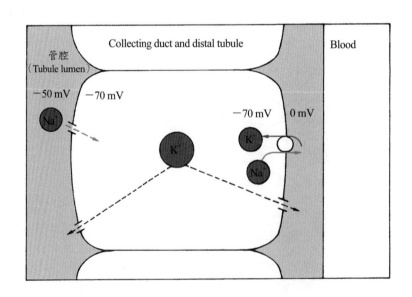

圖9-23　留鹽激素作用於收集管及遠曲小管，再吸收Na⁺而分泌K⁺

水分的再吸收（Reabsorption of water）

尿液中水分的排除量，與GFR及腎小管對水分的再吸收關係密切。不同段的腎小管對水分再吸收的貢獻不同（圖9-20），近曲小管再吸收濾液中約70%的水分，亨利氏管再吸收水分約占10%，而遠曲小管及收集管再吸收水分約占19%，所以只有約1%水分被排除。

因為尿液的體積幾乎由水分構成，可以假設腎臟排除水分的速率等於尿液流量（urine flow rate）。尿液流量可以依情況不同，而有很大的範圍，例如完全沒有抗利尿激素的作用下，尿液流量可以高達20 ml/min（表9-4），一天中排除的尿液體積超過20公升之多，且尿液之滲透壓減少為30 mOsm/l H_2O，較正常血漿300 mOsm/l H_2O稀釋許多。另一方面，若抗利尿激素（antidiuretic hormone）作用達最大，其尿液流量為0.3 ml/min，那麼尿液滲透壓為1,400 mOsm/l H_2O，約為正常時之四至五倍，尿液體積約只剩一天0.5公升。抗利尿激素作用於收集管，增加水分通透性（permeability），對水分的排除具有重要的調節作用。正常的尿流量通常為1 ml/min，而此時之尿液濃度為600～800 mOsm/l H_2O。

表9-4　Vasopressin（antidiuretic hormone）對人類水分代謝的影響

	GFR（ml/min）	水分再吸收（%）	尿液體積（l/d）	尿液滲透壓（mOsm/l）	尿液流量（ml/min）
Urine 等張於 plasma	125	98.7	2.4	300	1
No vasopressin（ADH）	125	87.1	23.3	30	20
Vasopressin 最大作用	125	99.7	0.5	1,400	0.3

腎小管對水分的再吸收，大部分發生在近曲小管（proximal convoluted tubule），因近曲小管再吸收大部分濾液中的有用物質，水分沿著主動運輸所建立的滲透梯度（osmotic gradient），被動移出腎小管，再吸收回血液中（圖9-24），因此，過濾液通過近曲小管已有60～70%的溶質被再吸收，也有60～70%的水分被再吸收，而且為一等張再吸收。

近腎絲球腎元（juxtaglomerular nephron）的亨利氏管（Henle's loop），會深入髓質內層之錐體，此處之滲透度可達1,200 mOsm/l H_2O，約為血漿的四倍。亨利氏管的下行支（descending limb）可以透水（H_2O permeable），但卻對Na^+的通透性小，且無主動運輸（表9-5）。所以當濾液往下運輸時，其滲透壓愈來愈高，到達髓質內層時其滲透度達高張之1,200 mOsm（圖9-24）。亨利氏管的上行支（ascending limb）卻不透水（H_2O non-permeable）（表9-5），且Na^+、Cl^-及K^+以共同運輸（cotransport）方式，或稱為triple response，被上行支再吸收。因此，上行支的濾液中電解質濃度愈來愈稀釋（圖9-24），到達上行支頂部時，滲透壓比血漿更低張。通過亨利氏管時，還有10%左右的水分被再吸收（圖9-20）。

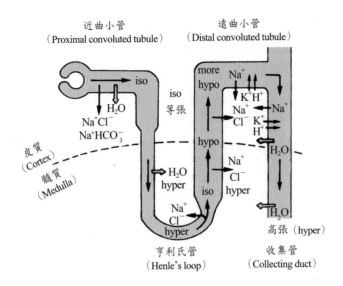

圖9-24　腎小管不同段中管腔濾液的滲透性

　　遠曲小管（distal convoluted tubule）為亨利氏管上支的延伸，對水通透性相當小，但溶質不斷移出遠曲小管，使得其滲透度更低張（圖9-24；表9-5）。在遠曲小管對Na^+的再吸收，其實受留鹽激素（aldosterone）的調節相當大，此段因溶質被再吸收，促使水分被再吸收。

　　收集管（collecting duct）可分為兩部分：皮質部分及髓質部分，濾液經此流入腎盂。而集尿管中濾液的滲透度及容積變化，其實受抗利尿激素〔antidiuretic hormone，或又名血管加壓素（vasopressin）〕的影響極大，抗利尿激素可增加收集管對水的通透性（表9-5；圖9-24），使得水分迅速被再吸收，約有10%在此又被再吸收。濾液的滲透性由低張轉為等張再轉為更高張，可能可達1,400 mOsm/l H_2O，為血漿的四至五倍左右。

表9-5　腎小管對溶質及水分的通透性及運輸

	Permeability			Active transprot of Na^+
	H_2O	Urea	NaCl	
亨利氏管				
下行支	4＋	＋	±	0
上行支	0	＋	4＋	0
	0	±	±	4＋
遠曲小管	0	±	±	4＋
收集管				
（皮質）	3＋	0	±	2＋
（髓質外）	3＋	0	±	1＋
（髓質內）	3＋	3＋	±	1＋

尿素的再吸收（Reabsorption of urea）

　　尿素（urea）是人體內蛋白質的代謝產物。由腎小球過濾出來的尿素濃度，若單位時間內之過濾量為100%，當流經近曲小管（proximal convoluted tubule）會有50% 被再吸收（圖9-25）。而此濾液流經亨利氏管到達遠曲小管時，尿素之相對濃度又為100%，其原因為亨利氏管深入髓質內層，此處的組織間液（interstitial fluid）為高尿素濃度，尿素會以被動擴散方式再分泌入腎小管的濾液中。但值得注意的是，亨利氏管的上行支厚部、遠曲小管及皮質和髓質外層之收集開始對尿素不通透（圖9-25）。到髓質內層之收集管對尿素可通透，所以尿素可擴散到髓質內層的組織間液中，這與尿液的濃縮有著密切的關係，將在下節談到逆流機制（countercurrent mechanism）時再詳述。由濾液流到髓質內層的尿素，有80% 被再吸收，其中50% 回亨利氏管再到腎小管中循環，30%入直行管血液循環中，而有20% 被排除（圖9-25）。因高達80%的尿素在髓質內層被再吸收，所以水分也就被再吸收。

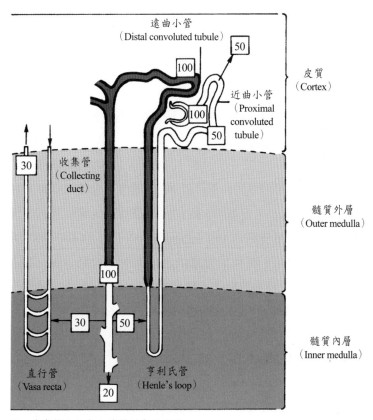

註：套色部分之腎小管對尿素不通透。

圖9-25　尿素的再吸收，100表示過濾的尿素相對濃度

逆流機制──尿液濃縮機轉
（Countercurrent Mechanism──Urine Concentrated Mechanism）

　　每天約有180公升的水分經由腎小球過濾到腎小管中，而約有99%的水分會被腎小管再吸收。正常情況下，人的尿流量平均約1ml/min，即每天排尿量約1.5公升，而所排除尿液之滲透壓約600～800 mOsm/l H_2O，比血漿之滲透壓300 mOsm/l H_2O要高。為什麼會產生濃縮（高滲透壓）的尿液呢？其機轉又為何？這可能因為生活在陸上，取水不易，為防水分喪失之故，而其機轉可能與亨利氏管的功能有關。

逆流假說（Countercurrent hypothesis）

　　逆流假說（counter current hypothesis）為在腎臟的髓質內層形成，公認為尿液濃縮（urine concentrate）的機轉。事實上，它包括兩個機制：一是逆流放大器（countercurrent multiplier），由亨利氏管扮演；另外是逆流交換器（countercurrent exchanger），由直行管（vasa recta）所扮演；要形成逆流機轉的必要條件為：(1)U管；(2)具半透膜（semipermeable membrane）；(3)能量供給。亨利氏管及直行管均符合此三條件。

逆流放大器（Countercurrent multiplier）

　　逆流放大器為亨利氏管所扮演，其目的為形成皮質到髓質內層的濃度梯度（concentration gradient）。圖9-26為深入髓質內層的亨利氏管，首先假設由亨利氏管下行支注入滲透壓為300 mOsm/l H_2O之液體，注滿下行支及上行支（A）及組織間隙。因為下行支可以透水，水分須再吸收，但對NaCl通透性小，所以因NaCl濃度上升使滲透壓上升到400 mOsm/l H_2O（B）。此外，上行支不透水，但可將NaCl送到組織間液，因此上行支滲透壓為200 mOsm/l H_2O，而組織間液之滲透壓升高為400 mOsm/l H_2O（B）。再一次注入新的300 mOsm液體（可想像為血漿）（C），亨利氏管經由上述作用，得到（D）之結果，如此一再重複（E-H）。亨利氏管將逆流放大的結果，導致髓質內層之組織間液的滲透壓升高，且形成一個濃度梯度，可引起收集管再吸收水分，達到濃縮尿液的目的。

逆流交換器（Countercurrent exchanger）

　　逆流交換器為直行管（vasa recta）所扮演，其目的在維持亨利氏管之逆流放大器所形成之濃度梯度（圖9-27）。直行管為出球小動脈伸入髓質所形成，可供給髓質血液及維持濃度差。由亨利氏管下行支及收集管再吸收的水分，會經由直行管上行支帶離髓質內層。水分可進入直行管上行支的原因，為直行管下行支因NaCl及尿素被動擴散進入，使得直行管下行支

維持由皮質到髓質內層的滲透壓梯度漸增，同時因為血漿中之膠體滲透壓促使水分進入直行管上行支，使得形成由髓質內層到皮質之滲透壓梯度漸減，而將水分帶走。

逆流機制—濃縮尿液（Countercurrent mechanism—urine concentrated）

　　腎小管的濾液在近曲小管被等張再吸收，到亨利氏管，因其為逆流放大器造成濃度差，且在髓質之組織間液中形成濃度梯度（圖9-27）。所以當濾液流經遠曲小管時，其滲透壓低於血漿之滲透壓（圖9-27）。當濾液流到收集管，因抗利尿激素（antidiuretic hormone）之作用，增加收集管對水分之通透性，使得收集管中濾液的滲透壓愈來愈增加，而且到髓質內層之收集管，開始增加尿素的通透性，水分會因尿素被再吸收，更增加水分，進入高滲透壓之組織間液，尿液就更加濃縮了。

　　濃縮尿液（concentrated urine）的產生，除了逆流機制之外，尿素、抗利尿激素（ADH）、亨利氏管的長度、髓質血流等，均扮演某種程度的重要性。

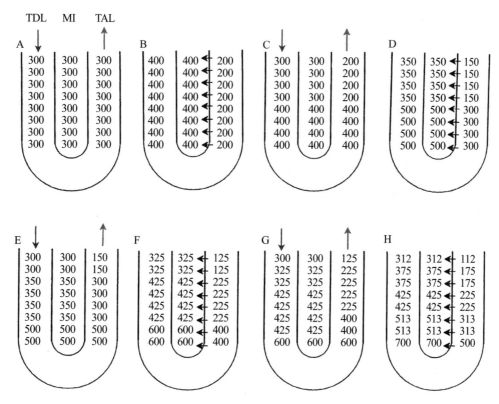

註：滲透壓單位為mOsm/l H$_2$O；TDL：亨利氏管下行支；TAL：亨利氏管上行支；
　　MI：髓質組織間隙（medullary interstitium）。

圖9-26　亨利氏管扮演逆流放大器，而形成濃度梯度的機轉

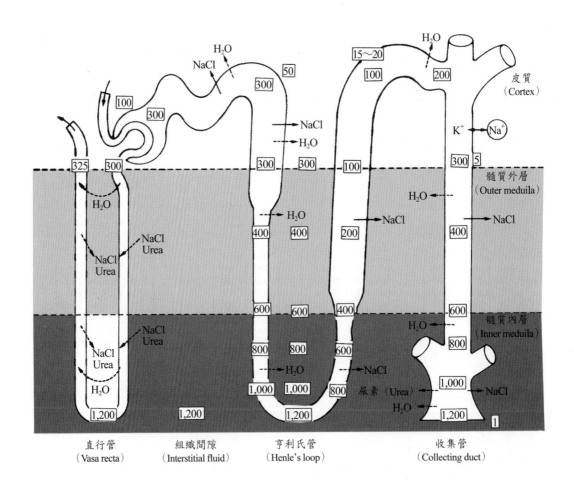

圖 9-27　尿液濃縮機轉

專有名詞中英文對照

第十章　體液及酸鹼值的調節

章節大綱

水的調節

電解質的調節

酸鹼平衡

學習目標

研習本章後，你應該能做到下列幾點：

1. 說明體液的平衡及抗利尿激素的作用
2. 說明水分的調節
3. 說明電解質的調節作用
4. 解釋體內的緩衝系統及其重要性
5. 解釋呼吸系統如何調節 pH 值
6. 解釋腎臟如何調節體液之酸鹼值

　　人體內的體液分布可分為細胞內液（intracellular fluid; ICF）及細胞外液（extracellular fluid; ECF）。如第一章中所述，這兩部分的體液其占有體積及組成比例均不同，但因細胞膜是水分可通透的（water-permeable），所以在細胞內外的液體其總溶質含量是相同的，即滲透壓相同，均為 300 mOsm/l H_2O。

水的調節（Regulation of Water）

　　體液的成分為溶質及水分，水分為體液主要的成分。一個健康的成年人，其水分占體重的 60%，而這些水分的分布在第一章已詳細述說。一位體重 70 公斤的成年人，水分分布在 ICF 及 ECF 的比例如圖 10-1，因 ECF 又可分為血漿（plasma）及組織間液（interstial fluid）。總水分為 42 公升，其中 28 公升分布在 ICF，10.5 公升分布在組織間液，3.5 公升則分布在血漿中。此外，尚有少量（約 1～3% 體重）穿越細胞間液（transcellular fluid）的液體。這些穿越細胞間液的分布，如腦脊髓液（cerebrospinal fluid; CSF）、眼睛的眼前房水（aqueous humor）、消化道的分泌液，以及腎小管內之液體及尿液。

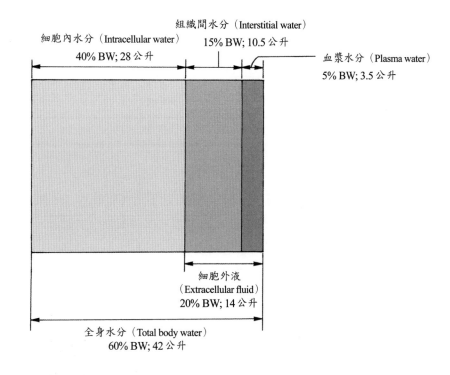

圖 10-1　70 公斤成年人水分之分布情形

這些體液中溶質的組成，第一章中已詳述過，不再贅述。此外，穿越細胞間液（transcellular fluid）由內皮細胞（endothelial cell）及連續的上皮細胞（epithelial cell）與血漿分開，其組成並非為過濾的血漿或組織間液，而有其特定的成分及體積，以維持重要的生理功能。

體液的平衡（Equilibrium of body fluid）

雖然，每人每天攝取（intake）不同的食物及水分，但身體內體液的體積及組成均維持穩定平衡狀態。就水分而言，人體攝取水分的主要來源為(1)由消化道攝取的液體及食物中水分的含量（表10-1）；及(2)體內新陳代謝所產生的水，其總量等於每天被排出的量。水分則藉由(1)尿液；(2)消化道；(3)皮膚；及(4)呼吸等方式排出體外（表10-1）。為維持體液的平衡狀態，體液的調節主要受到(1)口乾（thirst sensation）刺激，引發對水分的攝取，以代償體液的減少；(2)受抗利尿激素（antidiuretic hormone; ADH）調控，增加腎小管（renal tubule）對水分的再吸收，減少排尿量。

表10-1　70公斤成年人每天水分的攝取量及排出量

攝取量		排出量	
飲用之液體	1,000 ml	腎臟（尿液）	1,500 ml
食物中的水分	1,200 ml	消化道	200 ml
代謝產生之水分	300 ml	皮膚（擴散及流汗）	500 ml
		呼吸	300 ml
總量	2,500 ml	總量	2,500 ml

口渴及水分攝取的調節（Regulation of thirst and water in take）

口渴（thirst）的感覺可引起對水分的攝取，以平衡減少的體液。口渴可由口腔及喉嚨的乾燥來定義它。而控制口渴的中樞則位於下視丘（hypothalamus），下視丘的口渴中樞（thirst center）再將訊息（signal）傳到大腦皮質（cerebral cortex），而引起水分攝取的作用（圖10-2）。其實，口乾並不是刺激口渴中樞重要的因素，主要由ECF之滲透壓來決定，以刺激口渴中樞，增加水分攝取，保持體液容積的穩定。

當水分排出量增加，造成脫水（dehydration），會局部引發唾液分泌量減少，產生口渴感覺，而增加水分攝取（圖10-2）。另一方面，脫水會造成血液之滲透壓增加，而刺激下視丘之口渴中樞，引起大腦皮質口渴的感覺，而有飲水的慾望。

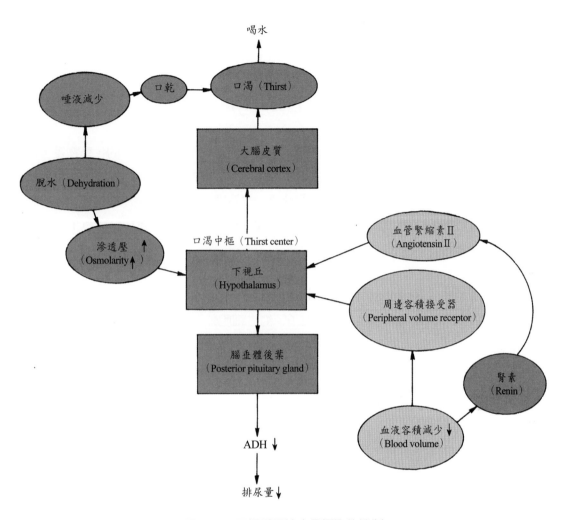

喝水

唾液減少

口乾 → 口渴（Thirst）

大腦皮質（Cerebral cortex）

脫水（Dehydration）

渗透壓↑（Osmolarity↑）

口渴中樞（Thirst center）

下視丘（Hypothalamus）

血管緊縮素 II（Angiotensin II）

周邊容積接受器（Peripheral volume receptor）

腦垂體後葉（Posterior pituitary gland）

腎素（Renin）

血液容積減少↓（Blood volume）

ADH↓

排尿量↓

圖10-2　下視丘調控水分攝取的機制

抗利尿激素調控水分排出量
（Antidiuretic hormone regulated water excretion）

　　抗利尿激素（antidiuretic hormone; ADH）作用於腎小管的收集管（collecting duct），增加水分的通透性（permeability），而增加腎小管對水分的再吸收，減少尿液形成量（第九章）。ADH為由下視丘製造，由腦垂體後葉（posterior pituitary gland）所貯存並分泌的胜肽類激素（peptide hormone）。細胞內液或細胞外液水分的減少，均會刺激ADH分泌。

　　細胞脫水（cellular dehydration）或血液容積（blood volume）減少，造成體液滲透壓上升，會刺激ADH分泌（圖10-2）。細胞脫水造成血液滲透壓增加，刺激口渴中樞，進而引起腦下垂體後葉分泌ADH。當血液容積減少，如失血（hemorrhage），除經由周邊容積接受器刺激

口渴中樞之外,亦會刺激 JG cell 分泌腎素(renin),而增加血管緊縮素 II(angiotensin II),以刺激口渴中樞,同時增加 ADH 分泌,降低尿液形成量,減少水分的排除。

電解質的調節(Regulation of Electrolyte)

電解質為溶解於體液內並分解成為陽離子(cation)及陰離子(anion)的化學物質,包括有酸(acid)、鹼(base)及鹽類(salt)。許多的電解質為體內所必要的礦物質,在新陳代謝中扮演重要的角色,同時也可以調節體液酸鹼值,並為體液中維持滲透壓的重要成分。體內重要的電解質有 Na^+、K^+、HPO_4^-、Cl^-、Ca^{++}、Mg^{++} 等,不同的電解質成分在 ECF 中的調節有著不同的機制。

鈉離子的調節(Regulation of sodiumion)

Na^+ 為細胞外液(ECF)中主要的陽離子,約占細胞外陽離子的90%(參考第一章)。一個正常健康的人,每天攝取 Na^+ 之量約等於排出之量(圖10-3)。Na^+ 主要的生理功能有(1)參與神經衝動(nerve impulse)的傳導(第二章);(2)參與肌肉興奮過程;及(3)維持體液平衡,尤其對細胞外液(ECF)容積的平衡。

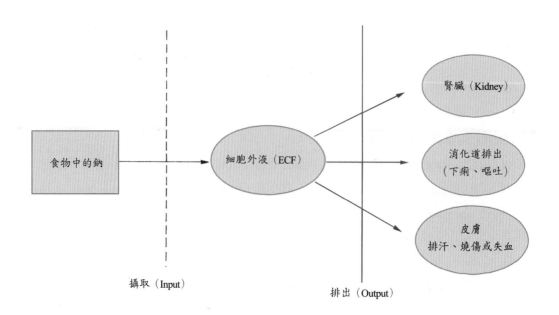

圖10-3 鈉離子的平衡

　　Na⁺的排出主要由腎臟、消化道及皮膚（圖10-3），其中腎臟對Na⁺的排出尤為重要，其中有95% Na⁺是由尿液中排除的。腎臟對Na⁺的調節作用主要由留鹽激素（aldosterone）來執行。因為Na⁺為形成細胞外液滲透壓的主要成分，因此也與細胞外液容積的變化相關。Na⁺的調節為一負回饋（negative feedback）的機制（圖10-4），調節變數為細胞外液容積，它直接影響血液容積的變化。當血液容積（blood volume）發生改變，會刺激腎臟及心血管之感受器（sensor），將訊息傳給作用器（effector），以調節Na⁺的排除量。而作用器包括有(1)腎小球過濾率（glomerular filtration rate; GFR）；(2)留鹽激素（aldosterone）；(3)管旁微血管的史達林力量（peritubular capillary Starling force）；(4)交感神經活性（sympathetic nerve activity）；(5)腎臟血流（renal blood flow）分布；及(6)心房利鈉尿胜肽（atrial natriuretic peptide; ANP）。經由這些機制的變化，影響Na⁺的排除，進而調整細胞外液容積至正常範圍。

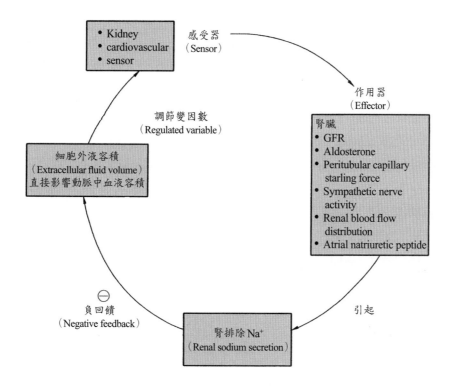

圖10-4　**腎臟排除Na⁺與體液調節的調控機制**

影響Na⁺排除的因素

1. **GFR**：第九章中即討論到，當GFR上升，Na⁺排除也會增加，但因腎臟有glomerulotubular balance，所以GFR的改變對Na⁺排除影響不大。若失血（hemorrhage）

導致血壓下降，GFR 減少，腎小管會將過濾出來的 Na^+ 再吸收回去，所以 Na^+ 的排除即減少。

2. **留鹽激素及腎素——血管緊縮素系統**：留鹽激素（aldosterone）為腎上腺皮質（adrenal cortex）所分泌的類固醇激素，作用於腎小管之遠曲小管，可增加 Na^+ 再吸收，排除 K^+，所以 Na^+ 的排除即減少。

當失血過多，使血液容積下降，則(1)血壓下降；(2)刺激支配 JG 細胞（顆粒細胞）之交感神經；或(3)減少腎小管中之 Na^+ 及 Cl^-，均會刺激 JG 細胞分泌腎素（renin）。腎素為一蛋白質分解酶，由腎臟分泌到血液循環中，促使肝臟產生之血管緊縮素原（angiotensinogen）分解成血管緊縮素 I（angiotensin I）（圖 10-5）；血管緊縮素 I 再受肺所分泌的轉換酶（converting enzyme）作用下，形成血管緊縮素 II（angiotensin II）。血管緊縮素的作用可(1)直接引起血管收縮（vasoconstriction）作用，使血壓上升；(2)刺激腎上腺皮質分泌留鹽激素（aldosterone），留鹽激素作用於腎小管，增加 Na^+ 及水分滯留，使血液容積增加，血壓上升；此外也會直接作用於(3)下視丘口渴中樞，引起腦下垂體後葉分泌抗利尿激素（ADH），可增加水分再吸收，使血液容積增加，均可維持血壓。

3. **管旁微血管之史達林力量**：當血液之靜水壓（hydrostatic pressure）上升，或膠體滲透壓下降，根據 Starling force，會減少腎小管對水分的再吸收，對 Na^+ 的再吸收也減少，所以 Na^+ 排除會增加。例如，靜脈注射大量的等張食鹽水，結果會導致 Na^+ 排除增加。

4. **腎交感神經活性**：刺激腎交感神經活性，促使入球小動脈（afferent arteriole）收縮，GFR 下降，Na^+ 排除減少。

5. **心房利鈉尿胜肽**（atrial natriuretic peptide）：心房所產生之 ANP，可促使尿液形成增加，Na^+ 排除增加。

其他影響 Na^+ 排除的因素

除了上述之因素會影響 Na^+ 的排除，還有：(1)糖皮質激素（glucocorticoid）：可增加腎小管再吸收 Na^+，而減少 Na^+ 之排除；(2)動情素（estrogen）：可增加腎小管再吸收 Na^+；及(3)其他的利尿劑等會增加 Na^+ 的排除。

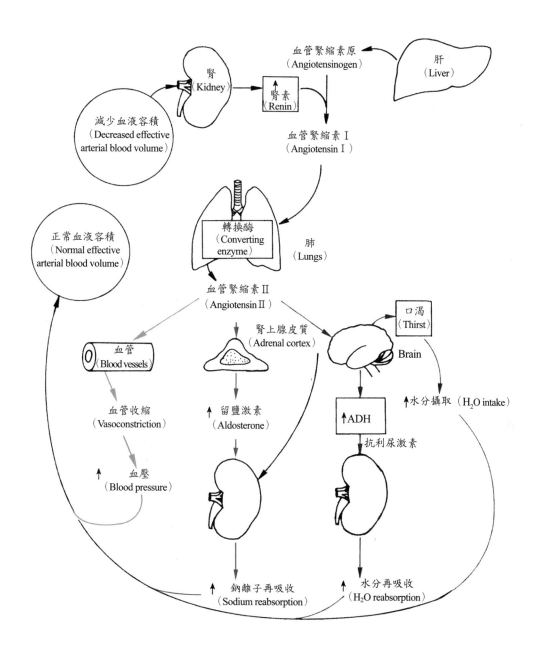

圖10-5　腎素──血管緊縮素系統對血壓及細胞外液容積的調控

鉀離子的調節（Regulation of potassiumion）

　　鉀離子（K^+）主要分布在細胞內液（intracellular fluid）中，細胞內的濃度約為細胞外的三十倍（第一章）。K^+ 在生理功能的重要性，主要在⑴貢獻於可興奮細胞（excitable cell）的靜止膜電位（resting membrane potential; RMP）（第二章）；⑵K^+ 構成細胞內液之滲透壓，以維

持細胞體積（cell volume）；(3)影響酸鹼平衡（acid-base balance）；及(4)細胞內 K⁺ 會影響新陳代謝，促進同化作用。

　　鉀離子的調控主要受留鹽激素的影響，恰好與 Na⁺ 之調節相反。當血液中 K⁺ 濃度增加：(1)K⁺ 可刺激腎上腺皮質分泌留鹽激素（圖 10-6）；及(2)增加 K⁺ 的分泌於腎小管內，而促進 K⁺ 之排除，使其濃度維持正常。

鈣離子的調節（Regulation of calcium ion）

　　鈣離子（Ca⁺⁺）主要分布於 ECF，其生理功能為(1)牙齒及骨之構造成分；(2)為第四凝血因子，為凝血所必須（第四章）；(3)肌肉收縮之必要物質（第三章）；(4)心跳產生之必要物質，影響心肌之動作電位（第五章）；及(5)可為第二傳訊因子（2nd messange）（第一章），為化學傳遞物質（chemical messenger）作用所必要物質；(6)協助神經細胞釋放神經傳遞物質（Neurotransmitter）。而其調節主要受副甲狀腺激素（parathyroid hormone; PTH）、Vit D 及抑鈣激素（calcitonin）所調控（待至第十二章內分泌系統再詳述）。

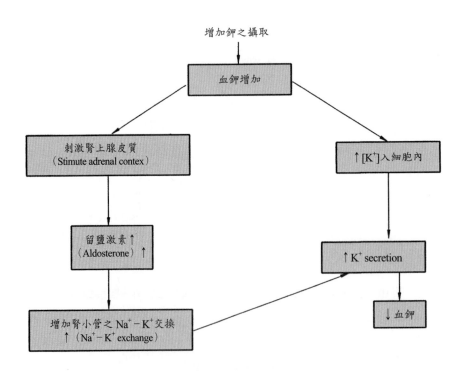

圖 10-6　血鉀上升促使腎排除 K⁺ 之機制

酸鹼平衡（Acid-Base Balance）

所謂酸鹼平衡是指體內 H^+ 濃度維持恆定狀態，包括 ECF 及 ICF 均須維持 H^+ 之平衡。正常細胞內液及細胞外液（血漿）之 H^+ 濃度以 pH（等於 $-\log[H^+]$）表示，其範圍在 7.35～7.45 之間。維持體內酸鹼平衡（或 pH 恆定）的機制包括有：(1)緩衝系統；(2)肺之呼吸作用；及(3)腎臟的排泄作用（圖 10-7）。

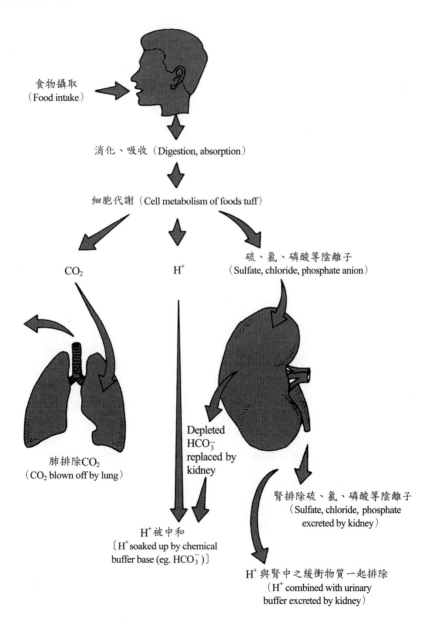

食物攝取（Food intake）

消化、吸收（Digestion, absorption）

細胞代謝（Cell metabolism of foods tuff）

CO_2

H^+

硫、氯、磷酸等陰離子（Sulfate, chloride, phosphate anion）

肺排除 CO_2（CO_2 blown off by lung）

Depleted HCO_3^- replaced by kidney

腎排除硫、氯、磷酸等陰離子（Sulfate, chloride, phosphate excreted by kidney）

H^+ 被中和〔H^+ soaked up by chemical buffer base (eg. HCO_3^-)〕

H^+ 與腎中之緩衝物質一起排除（H^+ combined with urinary buffer excreted by kidney）

圖 10-7 體內維持 pH 恆定之機制

緩衝系統（Buffer system）

緩衝系統是由弱酸及其鹽類所形成，如 $H_2CO_3/NaHCO_3$，常以 K_2CO_3/HCO_3^- 表之。Hendersan-Hasselbalch 方程式常用來解釋緩衝系統調節 pH 之機制。

緩衝系統之方程式為：$HA \rightleftharpoons H^+ + A^-$

平衡常數　$\dfrac{[H^+][A^-]}{[HA]}$

$\rightarrow$　$[H^+] = Ka \times [HA] / [A^-]$

取平衡方程式之對數值

$\log[H^+] = \log Ka + \log\dfrac{[HA]}{[A^-]}$

平衡方程式各乘 -1

$-\log H^+ = -\log Ka - \log\dfrac{[HA]}{[A^-]}$

因為

$\rightarrow \log[H^+] = pH$ ；$-\log Ka = pKa$

所以方程式為：

$pH = pKa - \log\dfrac{[HA]}{[A^-]}$

$\quad = pKa + \log\dfrac{[A^-]}{[HA]}$

$\therefore \quad pH = pKa + \log\dfrac{[A^-]}{[HA]}$

體內的緩衝系統

體內的緩衝系統有四：碳酸—重碳酸氫鹽緩衝系統（H_2CO_3/HCO_3^-）、磷酸鹽緩衝系統（$H_2PO_4^- / NaH_2PO_4$）、血紅素—氧合血紅素緩衝系統及蛋白質緩衝系統。其中以碳酸—重碳酸氫鹽系統為體內最重要之緩衝系統。

體液分布於細胞內、血液中及組織間液，在此三部分之緩衝系統列於表 10-2 中。細胞內液（ICF）主要由磷酸及蛋白質來調節 pH 值，組織間液則靠碳酸—重碳酸氫鹽系統，在血漿中則靠碳酸—重碳酸氫鹽、蛋白質及血紅素來維持 pH 之恆定。

表 10-2　體液中的主要緩衝系統

血液	$H_2CO_3 \rightleftharpoons H^+ + HCO_3^-$ $HProt \rightleftharpoons H + Prot^-$ $HHb \rightleftharpoons H^+ + Hb^-$
組織間液	$H_2CO_3 \rightleftharpoons H^+ + HCO_3^-$
細胞內液	$HProt \rightleftharpoons H^+ + Prot^-$ $H_2PO_4^- \rightleftharpoons H^+ + HPO_4^{-2}$

碳酸—重碳酸氫鹽系統

由碳酸（H_2CO_3）及重碳酸氫鈉（$NaHCO_3$）所組成，為體內調節細胞外液之 pH 值最重要的緩衝系統。此緩衝系統在生理上極為重要，可將 pH 值調整為 7.40，同時體內之生理上緩衝器官——肺及腎，也是經由此系統來影響血液之 pH 值的。

$$CO_2 + H_2O \xrightarrow{\text{CA}} H_2CO_3 \rightleftharpoons H^+ + HCO_3^-$$

CA: 碳酸酐酶（carbonic anhydrase）

碳酸—重碳酸氫鹽系統可用上式方程式來表示，其中碳酸酐酶（carbonic anhydrase）為一含有鋅的酵素，可催化上式平衡方程式的進行。CO_2 為由新陳代謝所產生，可溶於血液中，其濃度等於 $0.03 \times P_{CO_2}$，P_{CO_2} 表示二氧化碳的分壓。溶於血液中之 CO_2 再與水結合，經碳酸酐酶作用，形成碳酸，所以碳酸的濃度決定於 CO_2 分壓的大小。所形成的碳酸（H_2CO_3）解成 H^+ 加 HCO_3^-，若 $P_{CO_2} = 40$ mmHg，一般血中 H_2CO_3 的濃度為 24 mM，而其 pKa = 6.10，依 Henderson-Hasselbalch 方程式為：

$$pH = pKa + \log \frac{[HCO_3^-]}{0.03 \times P_{CO_2}}$$

$$pH = 6.1 + \log \frac{24}{0.03 \times 40}$$

$$pH = 7.4$$

磷酸鹽系統（$H_2PO_4^-/NaH_2PO_4$）

磷酸鹽系統 為調節細胞內液（ICF）pH 值的重要調節者，尤其對血球及腎小管液體之 pH 值調節特別重要，亦為細胞外液中支持碳酸—重碳酸氫鹽的角色。當腎小管內有過多的

H^+，會與Na_2HPO_4結合。

$$H^+ + Na_2HPO_4 \rightleftharpoons Na^+ + NaH_2PO_4$$

所釋出之Na^+則與HCO_3^-形成$NaHCO_3$而進入血液中，參與碳酸—重碳酸氫鹽系統。酸性之NaH_2PO_4則由尿液排除，此為腎臟調節pH值的重要機制之一。因為細胞內液含有相當高濃度的磷酸根離子，所以磷酸鹽系統對細胞內液的pH值調節也扮演重要的角色。

血紅素──氧合血紅素系統

此系統為在紅血球中進行。當血液由微血管的動脈管流進靜脈端，由組織細胞產生之 CO_2 進入紅血球中，且與H_2O在碳酸酐酶作用下形成H_2CO_3（圖10-8）。此時，氧合血紅素（oxyhemoglobin, HbO_2^-）則釋出O_2給組織，而變成血紅素（hemoglobin; Hb），因Hb帶負電，會吸引由H_2CO_3分解之H^+而形成HHb。此外，H_2CO_3解離而來之HCO_3^-，會與細胞外的Cl^-交換而進入血漿中，稱為Cl^-轉移（Chloride shift）。因Cl^-進入細胞內，使得紅血球內滲透壓上升，水分跟著進入細胞內，所以紅血球體積會增加。因此，取靜脈血測定血比容（hematocrit; Hct），會較高一些。

當P_{CO_2}上升時，CO_2由組織進入紅血球，紅血球釋出O_2。而進入紅血球之CO_2，則參與碳酸—重碳酸氫鹽緩衝系統（圖10-8）來調節pH值。

蛋白質緩衝系統

蛋白質為體內含量最大的緩衝系統，對血液及細胞內液之pH值的調節扮演重要角色（表10-2）。蛋白質為由含一胺基（NH_2）及一羧基（COOH）之胺基酸所組成，可接受H^+（$-NH_3^+$）或供給H^+（$-COO^-$），為一極好的緩衝系統。

血漿中之白蛋白（albumin）、球蛋白（globulin）對血液pH值調節貢獻頗大。而細胞內含有大量蛋白質，也參與ICF之pH的調節作用。

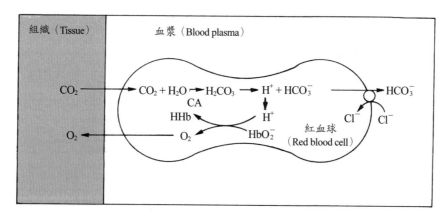

圖 10-8　血紅素緩衝系統之作用

呼吸系統對 pH 值的調節 （Regulation of pH by respiratory system）

　　二氧化碳在體內的運送方式有三種：(1)直接溶於血漿中，占 5%；(2)與 Hb 之胺基結合，占 5%；及(3)進入紅血球中，與 H_2O 經碳酸酐酶（carbonic anhydrase）作用，形成H_2CO_3，占90%。

　　正常情況下，呼吸系統因可控制動脈血之二氧化碳分壓，來調節血中之 pH 值。當呼吸加快〔通氣（ventilation）增加〕，血液中 CO_2 下降，則 pH 值增加；當呼吸變慢，CO_2 分壓上升，則血中 pH 下降（圖10-9）。呼吸作用可調整血液中CO_2 之含量（分壓），靜脈血含高分壓之 CO_2，經由肺臟；經氣體交換，離開肺臟之動脈血則含低分壓之 CO_2。CO_2 與 H_2O 形成H_2CO_3，所以可改變 pH 值。

　　當血液中之 pH 值發生改變，也會影響呼吸速率。當血中 H^+ 上升（pH 下降），可刺激位於頸動脈體及主動脈體上周邊之化學接受器（chemoreceptor），經由第九及第十對腦神經傳入中樞，使呼吸速率加快，排除CO_2，使血液中之 H^+ 減少（圖10-9）。反之，或H^+ 減少，則呼吸速率會變慢。

　　呼吸系統對 pH 的調節作用較快，幾分鐘即可達到作用，腎臟之調節則較慢。

腎臟對 pH 值的調節 （Regulation of pH by kidney）

　　腎臟對酸鹼值調節扮演重要的角色。當體液的 pH 值趨於酸性時，腎小管細胞會再吸收碳酸氫根離子（HCO_3^-；鹼），以中和酸，同時，會分泌H^+，以排除新陳代謝所產生的酸，使 pH 值恢復正常。反之，當體液趨向鹼性時，腎小管細胞只能再吸收少量的HCO_3^-，而排除較少的酸。

　　腎小管細胞可經由三個不同的步驟來調節體液的 pH 值，其機轉如下，可調節尿液的 pH值：

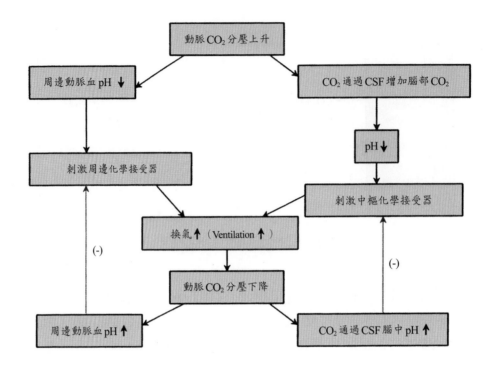

圖 10-9　pH 值與呼吸作用之關係

1. **再吸收腎臟濾液之 HCO_3^-**：當血液中 CO_2、H_2CO_3 及 H^+ 超過正常值時，近曲小管之細胞會再吸收 HCO_3^-，而分泌 H^+。H^+ 是經由 Na^+/H^+ 交換方式離開腎小管細胞進入管腔中，與 HCO_3^- 結合，形成 H_2CO_3（圖 10-10(a)），最後形成 CO_2 及 H_2O。CO_2 可快速擴散通過腎小管細胞膜進入細胞內。在腎小管細胞內經碳酸酐酶作用下形成 H_2CO_3。H_2CO_3 再分解成 H^+ 及 HCO_3^-，HCO_3^- 與 Na^+ 被再吸收回體液，而 H^+ 經由 Na^+/H^+ 交換，再吸收 Na^+ 回血液，分泌 H^+。

2. **管腔中的磷酸鹽系統**（$HPO_4^{-2}/H_2PO_4^-$）：當作尿液 pH 值的緩衝系統（圖 10-10(b)），由腎小管細胞分泌出來的 H^+，可與 HPO_4Na_2 結合形成 H_2PO_4Na（酸性），酸化尿液，其餘步驟同（圖 10-10(a)），每分泌一個 H^+，即再吸收一個 HCO_3^- 回血液。

3. **NH_3 的分泌**：當腎小管細胞內的麩胺酸（glutamine）經代謝會產生氨（NH_4^+），當體液過酸時，腎小管細胞產氨的能力會增加。NH_4^+/Na^+ 交換進入管腔中（圖 10-10(c)），或在腎小管細胞內分解成 NH_3 及 H^+，H^+ 再與 Na^+ 交換，而排除 H^+。

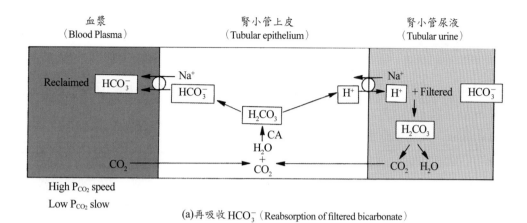

(a)再吸收 HCO_3^-（Reabsorption of filtered bicarbonate）

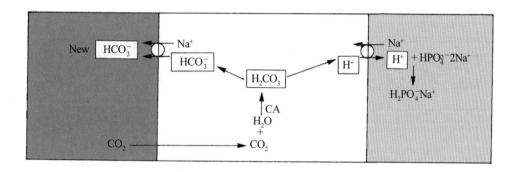

(b)形成滴定酸（Formation of titratable acid）

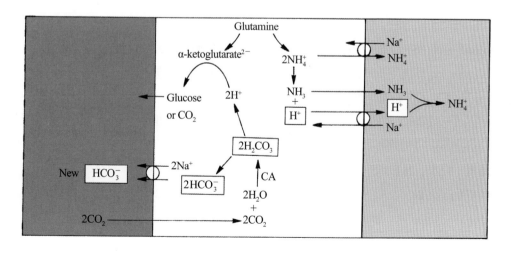

(c)排除 NH_3（Excretion of ammonia）

圖 10-10　腎小管細胞對 pH 的調節

專有名詞中英文對照

第十一章　消化系統

章節大綱

消化系統的功能

消化系統的構造

胃腸道功能的調控

消化器官的功能

學習目標

研習本章後，你應該能做到下列幾點：

1. 說明消化系統各部位的構造及生理作用
2. 解釋消化系統的運動，如何使內容物往同一個方向前進
3. 說明消化道壁的構造及其功能
4. 說明神經系統如何調控胃腸道功能
5. 說明胃腸激素的來源、調節及生理作用
6. 解釋胃酸（HCl）分泌的調控
7. 說明調節胃排空的因素
8. 說明胰液分泌的調節因素
9. 說明腸肝循環及膽汁的作用
10. 說明小腸壁的構造及作用

　　「吃」是人類生活中最快樂的事之一。食物可提供營養，供給身體正常構造及功能的維持，而食物包括水、無機鹽類，以及各種複雜的有機分子，如碳水化合物（carbohydrate）、蛋白質（protein）、脂肪（lipid）及維生素（vitamine）。這些營養物質（食物）是維持生命的必需品，消化系統即負責執行將食物分解、吸收的工作。

消化系統的功能（Function of Digestive System）

　　消化系統又稱為胃腸道（gastrointestinal tract; GI tract），包括有四大功能：消化（digestion）、吸收（absorption）、運動（motility）及分泌（secretion）。其他功能如攝食（ingestion）及排便（defecation）。

1. **消化**（digestion）：食物分子經消化酶作用，分解成小分子以利用。
2. **吸收**（absorption）：已被消化的小分子，被送入血液循環的過程。
3. **運動**（motility）：指食物以不同速度通過消化道的過程，包括：
   (1)攝食（ingestion）：將食物送入口中。
   (2)咀嚼（mastication）：切碎食物並令其與唾液充分混合。
   (3)吞嚥（swallowing）：將口中食物送入食道。
   (4)蠕動（peristalsis）：有節奏的波形收縮，以利食物通過消化道。
4. **分泌**（secretion）：消化系統的分泌作用，包括外分泌及內分泌兩部分。
   (1)外分泌（exocrine）：消化道有管腺可分泌水分、HCl、HCO_3^- 及消化酶（enzyme）進入消化道中。
   (2)內分泌（endocrine）：胃（stomach）及小腸（small intestinal）可分泌多種激素（hormone），以調節消化功能。

消化系統的構造（Structure of Digestive System）

消化道的解剖構造（Anatomical structure of GI tract）

　　消化系統包括消化道及其附屬的外分泌腺體。消化道由上而下分為口腔（mouth）、咽（pharynx）、食道（esophagus）、胃（stomach）、小腸（small intestinal）、大腸（large intestine）、直腸（rectum）等（圖11-1）。外分泌的腺體包括有唾液腺（salivary gland）、胃、肝臟（liver）、膽囊（gallblaęr）及胰臟（pancreas）等。

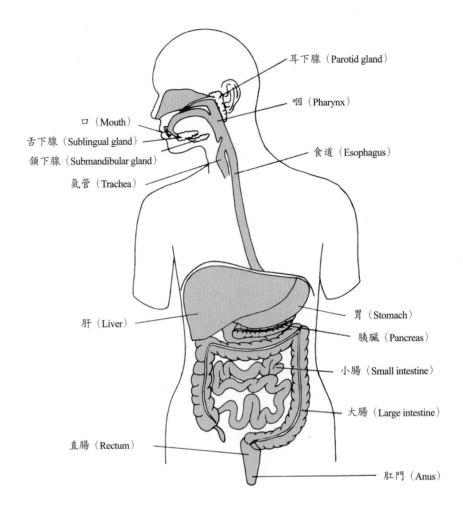

耳下腺（Parotid gland）

咽（Pharynx）

口（Mouth）

舌下腺（Sublingual gland）

頜下腺（Submandibular gland）

食道（Esophagus）

氣管（Trachea）

肝（Liver）

胃（Stomach）

胰臟（Pancreas）

小腸（Small intestine）

大腸（Large intestine）

直腸（Rectum）

肛門（Anus）

圖11-1　消化系統及其相關構造

消化道的組織構造（Histological structure of GI tract）

消化道由食道到直腸，約九公尺長，其管壁的組織有著相同的組織排列（圖11-2）。由內而外，包括有黏膜層（mucosa）、黏膜下層（submucosa）、肌肉層（muscularis）及漿膜層（serosa）。

(a)

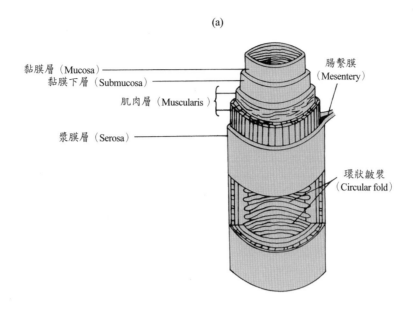

黏膜層（Mucosa）
黏膜下層（Submucosa）
肌肉層（Muscularis）
漿膜層（Serosa）

腸繫膜
（Mesentery）

環狀皺襞
（Circular fold）

(b)

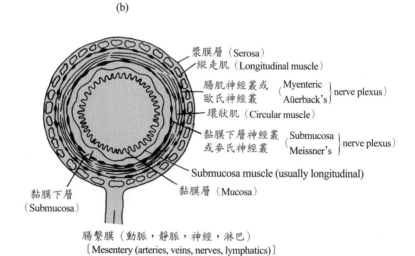

漿膜層（Serosa）
縱走肌（Longitudinal muscle）
腸肌神經叢或（Myenteric
歐氏神經叢 Aüerback's）nerve plexus
環狀肌（Circular muscle）
黏膜下層神經叢（Submucosa
或麥氏神經叢 Meissner's）nerve plexus
Submucosa muscle (usually longitudinal)
黏膜層（Mucosa）

黏膜下層
（Submucosa）

腸繫膜（動脈，靜脈，神經，淋巴）
〔Mesentery (arteries, veins, nerves, lymphatics)〕

註：(a)組織排列；(b)橫切面的組織。

圖 11-2　胃腸道壁

黏膜層（mucosa）

　　黏膜層包括上皮（epithelium）、固有層（lamina propria）及黏膜肌層（muscularis mucosae）（圖 11-2(b)）。黏膜上皮是直接與胃腸道的內容物直接接觸，負責保護、分泌及吸收的功能；固有層則位於黏膜上皮下方，由結締組織所組成，其中分布著血管、淋巴管及神經纖維，負責支持上皮，供應血液、淋巴循環給上皮等；黏膜肌層則含平滑肌纖維，可造成小腸

黏膜的小摺層，增加吸收面積。

黏膜下層

由結締組織所組成，連接黏膜層及肌肉層，其中含有黏膜下層神經叢（submucosa nerve plexus），又稱麥氏神經叢（meissner's nerve plexus），為自主神經的一部分，負責調控胃腸道的分泌功能（圖 11 - 2(b)）。

肌肉層

消化道的肌肉層都是由平滑肌所組成，包括內層的環狀平滑肌（circular muscle）及外層的縱走平滑肌（longitudinal muscle）。此兩肌肉層間有腸肌神經叢（myenteric nerve plexus），又稱為歐氏神經叢（Aüerback's nerve plexus）（圖 11 - 2(b)）。此層平滑肌具收縮功能，可幫助食物進行分解，並幫助食物與消化液混合，促使食物能在胃腸道內推進（propulsive）。

漿膜層

位於消化道的最外層，由結締組織及上皮組織所組成。

胃腸道功能的調控（Regulation of Function of GI Tract）

食物在胃腸道的消化、吸收、運動及分泌功能，受到神經系統及胃腸道所分泌激素的調控。除此之外，胃腸道中食物對胃腸壁肌肉的張力（tonicity）、食糜的滲透壓、酸鹼度及消化產物也會影響其功能。

神經系統的調控（Regulation of nervous system）

胃腸道的神經調節包括兩部分：其一為受自主神經系統（autonomic nervous system; ANS）調控，當支配消化道的副交感神經之膽素性神經（cholinergic nerve）興奮，可刺激胃腸道的蠕動（peristalsis）及分泌作用；但當支配消化道的交感神經之腎上腺素性神經（adrenergic nerve）興奮時，則降低胃腸道的蠕動及分泌作用；此外，交感神經卻刺激胃腸道括約肌（Sphincter muscle）的收縮。

胃腸道除受自主神經調控外，在胃腸道壁內有其獨立的神經系統，稱為腸道神經系統（enteric nervous system）或內在神經叢（intrinsic nerve plexus），大部分源自於副交感神經系統，可分為黏膜下層神經叢（或麥氏神經叢）及腸肌神經叢（或歐氏神經叢）（圖 11 - 2(b)）。神經叢內有突觸（synapse）連接兩個神經元，同時，神經叢亦有突觸與胃腸道之平滑肌及腺體相接，以調控平滑肌張液及腺體（包括外分泌及內分泌）的功能。消化道壁內神經叢之神

經元所分泌的神經傳導物質（neurotransmitter）可能是乙醯膽鹼（acetylcholine; ACh）、一氧化氮（NO）、血清素（serotonin）、r-胺基丁酸（gamma-aminobutyric acid; GABA）或一些胜肽類，其中NO為直接使胃腸道平滑肌放鬆的物質。

胃腸道激素的調控（Regulation of GI hormone）

胃腸道黏膜層內的內分泌細胞可分泌激素（hormone），以調控胃腸道的活動。有四種激素對胃腸道運動（motility）及分泌作用調控較重要，包括胃泌素（gastrin）、膽囊收縮素（cholecystokinin-pancreozymin; CCK）、胰泌素（secretin）及胃抑素（gastric inhibitory peptide; GIP）。

胃泌素（gastrin）

胃泌素為一胜肽，主要由位於胃竇（antrum of stomach）之內分泌細胞（G cell）所分泌。當副交感神經興奮，或胃中含有胺基酸（amino acid）或胜肽（peptide）即可刺激胃泌素分泌到血液循環中，若胃酸（HCl）增加時，則會抑制胃泌素的分泌，此為一負回饋的調節作用。胃泌素的生理作用，主要促進胃酸的分泌，並促進胃、小腸黏膜及胰臟的生長。同時，胃泌素可刺激大腸的蠕道，引起總蠕動（mass movement）。

膽囊收縮素（cholecystokinin-pancreozymin; CCK）

膽囊收縮素為小腸的 D 細胞所分泌的胜肽。當有脂肪酸及胺基酸進入十二指腸（duodenum），則刺激十二指腸分泌CCK。當 CCK 經循環可作用於胰臟，刺激胰臟分泌消化酶，並加強胰泌素作用，增加水分及碳酸氫根離子（HCO_3^-）分泌。同時，CCK亦會促進膽囊（gallbladder）收縮及歐氏括約肌（sphincter of Oddi）放鬆，將膽汁注入十二指腸中，以幫助脂肪的消化及吸收。CCK作用於肝，可協助胰泌素作用，增加水分及HCO_3^-分泌。

胰泌素（secretin）

胰泌素亦為小腸 S 細胞所分泌的胜肽。當十二指腸中的酸性食糜到達，使pH < 4.5時，即會促使胰泌素分泌。胰泌素作用於胰臟及肝臟，促進水分及HCO_3^-的分泌。胰泌素對胃則產生抑制作用，抑制胃酸的分泌。

胃抑素（gastric insulinotropic peptide or gastric inhibitory peptide; GIP）

胃抑素為小腸所分泌的胜肽，又稱為enterogastrone或somatostatin。

當小腸中葡萄糖（glucose）及脂肪增加，即可促使小腸分泌GIP，GIP的主要生理功能為促進胰臟的內分泌細胞分泌胰島素，以促使餐後的高血糖可快速進入細胞中。

當食物進入到胃中，所含有的胺基酸及胜肽可促使胃竇分泌胃泌素（gastrin）到血液循環中（圖11-3），胃泌素則可增加胃酸分泌，並促進胃蠕動，將食糜送進十二指腸中。酸性食糜到達十二指腸，其酸可促使胰泌素分泌，而促進水分及 HCO_3^- 分泌，以中和胃酸。此外，酸性食糜中的胺基酸及脂肪則可刺激 CCK 分泌，以促使消化　由胰臟分泌，並使得膽汁由膽囊中分泌出來，幫助食物的消化。另外，到達十二指腸的食糜中葡萄糖及脂肪則刺激 GIP 分泌，GIP 則可促進胰島素分泌，同時抑制胃的活動。

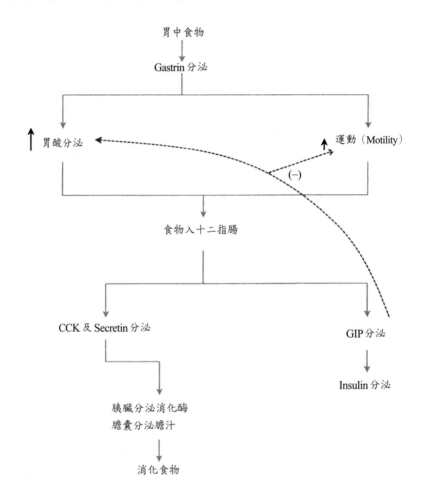

圖11-3 胃腸道激素對消化道功能的調節

消化器官的功能（Function of Digestive Organ）

消化器官包括有口腔、咽喉、食道、胃、胰臟、肝、小腸、大腸及肛門，分司不同的功能。

口腔、咽喉及食道（Mouth、pharynx and esophagus）

食物送入口腔（mouth）中，經咀嚼（mastication）攪拌與唾液混合，再經咽喉送入食道中。口腔中有牙齒可將食物切碎成小粒子，並與唾液混合以利吞嚥。

人類唾液腺（salivary gland）包括有三對：耳下腺（parotid gland）、舌下腺（sublingual gland）及頷下腺（submandibular gland）（圖11-1），為唾液（saliva）的主要來源。耳下腺又稱腮腺，為最大的唾液腺，分泌水樣唾液，占分泌的25%（表11-1）；頷下腺分泌的唾液為中等黏稠，占唾液分泌的70%；舌下腺為最小的腺體，分泌黏稠之唾液，占分泌量的5%。健康成人每天分泌1～1.5公升的唾液，其中水分約占99%，並含有唾液澱粉酶可幫助澱粉的消化。唾液的功能有清潔並保護咀嚼器官，可分解多醣類，所含的溶菌素（cysozyme）可分解細菌，具殺菌效果，同時可潤滑食物以利吞嚥等。

表11-1　三對唾液腺的比較

名　　稱	分泌液性質	分泌量占唾液 %
耳下腺	漿液性（Serous）	25
頷下腺	混合性	70
舌下腺	黏稠性（Mucous）	5

食物在口腔中經咀嚼及部分消化多醣類後，經唾液潤滑作用，經咽喉送入食道的過程，稱為吞嚥（swallowing）。吞嚥時，會厭軟骨可將氣管通道蓋住，防止食物進入氣道（圖11-4）。吞嚥為一不隨意運動，其控制中樞位於延腦。每次吞嚥動作的壓力約 > 80 mmHg。

食道不具有消化及吸收的功能，它僅當作食物的通道。食物進入食道中，刺激食道壁之內在神經叢，促進環狀肌及縱走肌交互收縮，將食團往胃的方向移動（圖11-5），此種波動狀的收縮稱為蠕動波（peristalsis wave）。而在蠕動波進行過程中，下食道括約肌（lower esophageal sphincter）呈放鬆狀態以利食物進入胃中。在食道與咽喉交接處有一上食道括約肌（upper esophageal sphincter），呈收縮狀態以防止食物逆流。

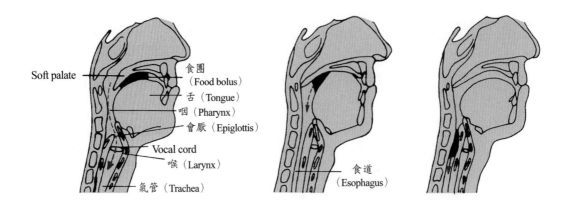

Soft palate

食團（Food bolus）
舌（Tongue）
咽（Pharynx）
會厭（Epiglottis）
Vocal cord
喉（Larynx）
氣管（Trachea）

食道（Esophagus）

圖11-4　吞嚥時食物由口腔經咽喉進入食道的過程

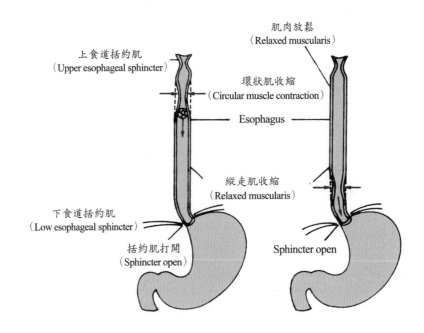

上食道括約肌
（Upper esophageal sphincter）

肌肉放鬆
（Relaxed muscularis）

環狀肌收縮
（Circular muscle contraction）

Esophagus

縱走肌收縮
（Relaxed muscularis）

下食道括約肌
（Low esophageal sphincter）

括約肌打開
（Sphincter open）

Sphincter open

圖11-5　食道蠕動將食物送入胃中

胃（Stomach）

　　胃（stomach）位於食道及小腸之間，為貯存食物的器官（圖11-6）。胃與食道交接處稱為賁門（cardia），有一括約肌，稱為下食道括約肌（賁門括約肌）（cardiac sphincter）。與小腸交接處為幽門（pylorus），有一括約肌稱為幽門括約肌（pyloric sphincter）。胃又可分為胃底（fundus）、胃體（body）及胃竇（antrum of stomach），胃黏膜在胃排空時所呈

皺摺稱為皺襞（rugae）。胃黏膜層中含有胃腺（gastric gland）（圖11-7），腺體分泌物進入小凹中，再進入胃管腔中，胃腺上之上皮細胞分化成不同的細胞型態，各司不同分泌功能，所分泌的液體，統稱為胃液。黏液細胞（mucous cell）位於胃腺的開口處，可分泌黏液（mucous），以保護胃壁不受胃酸侵害。壁細胞（pariental cell）則分泌胃酸（HCl）及內在因子（intrinsic factor）。HCl具有殺菌及活化胃蛋白酶原（pepsinogen）成為胃蛋白酶（pepsin）的作用，內在因子則可幫助小腸吸收維他命 B_{12}，防止惡性貧血（pernicious anemia）的產生。再往胃腺深處則為主細胞（chief cell），可分泌胃蛋白酶原。胃蛋白酶原尚未具有消化功能，分泌至胃中後，受HCl作用活化成為胃蛋白酶，使轉變成具有消化功能，同時胃蛋白酶可促使胃蛋白酶原活化成為胃蛋白酶（圖11-8）。消化內分泌細胞（enteroendocrine cell），又稱為嗜銀細胞（argentaffin cell），可分泌血清素（serotonin）及組織胺（histamine）。G細胞為胃的內分泌細胞，可分泌激素——胃泌素（gastrin）。

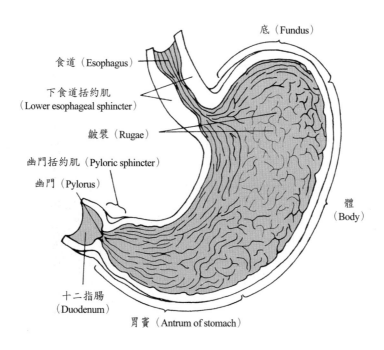

食道（Esophagus）

下食道括約肌（Lower esophageal sphincter）

皺襞（Rugae）

幽門括約肌（Pyloric sphincter）

幽門（Pylorus）

十二指腸（Duodenum）

胃竇（Antrum of stomach）

底（Fundus）

體（Body）

圖11-6 胃的解剖構造

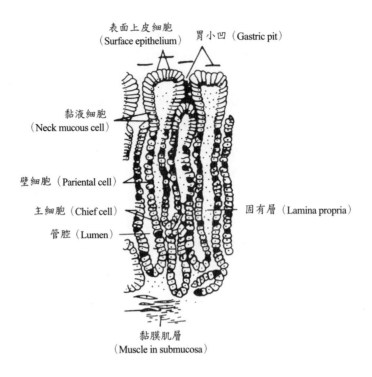

圖 11-7　胃腺的構造

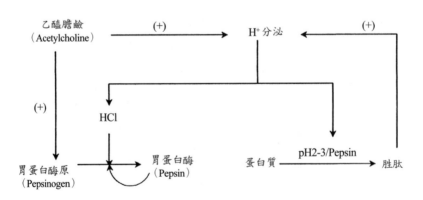

圖 11-8　胃蛋白酶原的分泌及活化

胃酸的分泌及調控

　　胃每天可分泌約 2,500 ml 的胃液，胃囊中的 HCl 約為血漿中的三百萬倍。壁細胞分泌到胃囊中的氫離子，是來自碳酸（H_2CO_3）的分解而得，而碳酸則由水及二氧化碳在碳酸酐酶（carbonic anhydrase）催化下反應而來（圖 11-9）。H^+ 以主動運輸（active transport）的方式由壁細胞分泌到胃囊中，同時運送 K^+ 進入細胞內；換言之，啟動 $H^+-K^+-ATPase$，以主動運

輸方式，H^+與K^+交換而分泌H^+到胃囊中，再與Cl^-結合形成HCl。同時，HCO_3^-與Cl^-交換而分泌到組織間隙。

胃酸由壁細胞所分泌，當壁細胞受迷走神經所分泌之乙醯膽鹼（acetylcholine）刺激（圖11-10；圖11-11），或受胃泌素（gastrin）及組織胺（histamine）刺激，均可增加H^+由H^+－K^+ pump 分泌到胃囊中。但受前列腺素（PGE_2）作用，則會抑制胃酸的分泌。

胃酸分泌的調控可分為頭期、胃期及腸期。

1. **頭期**（cephalic phase）：頭期的刺激來自視覺、嗅覺、味覺及咀嚼（圖11-11(a)）。當聞（smell）到食物的香味，看（sight）到食物、嚐（taste）到或咀嚼（chewing）食物，經由中樞神經系統下達命令，經迷走傳出神經（vagus efferent nerve），分泌乙醯膽鹼（acetycholine）刺激壁細胞分泌胃酸，或ACh刺激 G 細胞分泌胃泌素，而胃泌素再刺激胃酸的分泌。

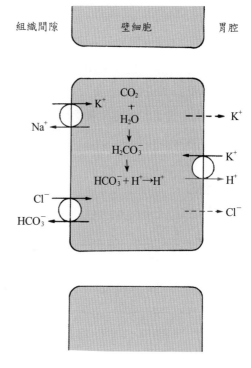

圖11-9　壁細胞分泌胃酸（HCl）的機轉

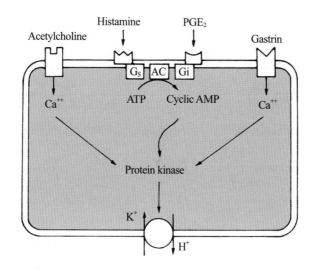

註：acetylcholine, histamine 及 gastrin 可刺激胃的分泌，PGE 則抑制胃酸分泌。

圖11-10　調節壁細胞分泌胃酸的因素及其機轉

2. **胃期**（gastric phase）：當食物到達胃囊中，對胃壁產生牽扯（stretch）刺激，可經對胃壁擴張作用（distension）而興奮胃壁中之內在神經叢（圖 11 - 11(b)），並興奮迷走神經系統，及胃泌素分泌，而增加胃酸的分泌。在胃期，主要刺激胃酸分泌的因素，為胃中食物的胜肽（peptides）、蛋白質或胺基酸濃度增加，刺激 G 細胞分泌胃泌素，進而刺激壁細胞分泌 HCl。

3. **腸期**（intestinal phase）：酸性食物由胃到達腸道，腸道擴張，同時酸度增加，食糜滲透壓上升及營養物質濃度上升，可刺激腸壁內的內在神經叢，引起腸胃反射（enterogastric reflex），抑制胃功能，同時並增加 CCK，胰泌素分泌，進而抑制胃酸的分泌。

胃的運動

　　胃的蠕動（peristalsis）可促使食物與胃液充分的混合，幫助食物消化成小粒子，更易送進十二指腸（duodenum）。胃中有食物時，胃體的胃壁受刺激而收縮，形成微弱的蠕動波，此波往幽門方向移動到胃竇（antrum of stomach）（圖 11 - 6），並引起胃竇肌肉強力收縮，此乃因胃竇所含肌肉較豐富之故。胃壁肌肉收縮作用將食糜與胃蛋白充分混合，並使幽門括約肌（pyloric sphincter）關閉。當胃竇收縮使得壓力大於十二指腸時，使幽門括約肌放鬆，即將食糜送入十二指腸中（圖 11 - 12）。當食糜到達十二指腸時，十二指腸收縮壓力增加而使食糜往胃竇回送（圖 11 - 12），可使食糜充分與胃液混合。當胃竇的蠕動波增強時，被送入十二指腸的食糜便增加，而使胃的排空（gastric empting）速率加快。

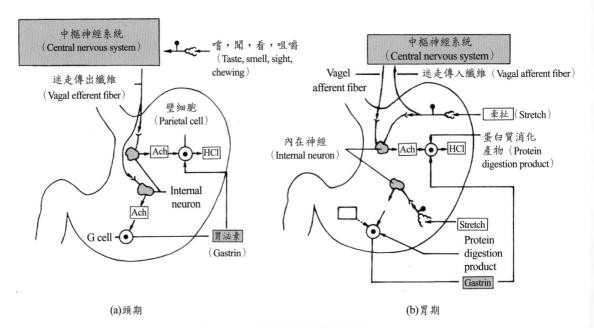

(a)頭期　　　　　　　　　　　　　　　　(b)胃期

圖 11 - 11　調節胃酸分泌的機制

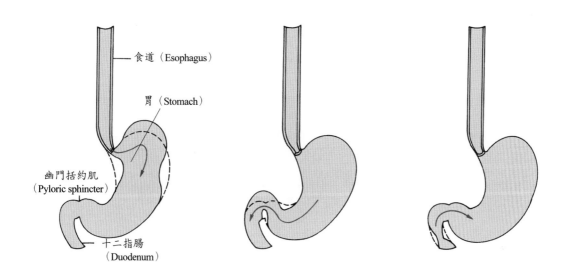

食道（Esophagus）

胃（Stomach）

幽門括約肌
（Pyloric sphincter）

十二指腸
（Duodenum）

圖11-12　胃的蠕動及食糜經過幽門進入十二指腸

影響胃排空的因素

　　胃壁肌肉收縮力量的大小受神經及激素的控制，胃排空時間（gastric empting time）亦受神經及內分泌的調控（圖11-13）。當胃壁受食糜擴張（distension）的刺激，經迷走神經傳入中樞，經中樞整合由迷走傳出神經作用於胃壁，同時也興奮胃壁中的內在神經叢，而刺激胃壁肌肉收縮。此外，食物中的胜肽也刺激胃泌素分泌，刺激胃蠕動，加快胃的蠕動，此三因素均可加速胃排空。

　　影響胃排空的因素有：(1)食物的量；(2)食物的性質；(3)腸胃反射（enterogastric reflex）；(4)神經；及(5)情緒等因素。攝入大量食物可使胃排空速率加快，若胃中食物體積下降，胃排空時間亦下降。一般而言，胃中食物種類不同的排空速率為醣類 > 蛋白質 > 脂肪。當食糜到達十二指腸，引起腸胃反射，會降低胃排空速率，此乃因食糜會刺激腸壁之內在神經叢，並刺激腸中之激素如胰泌素、**CCK**、**GIP**的分泌，進而抑制胃排空速率。此外，自主神經系統會受情緒的影響，一般而言，憂鬱或悲傷會降低胃部活動，而憤怒則增加胃部活動，但情緒的變化及影響，並不一定人人如此。

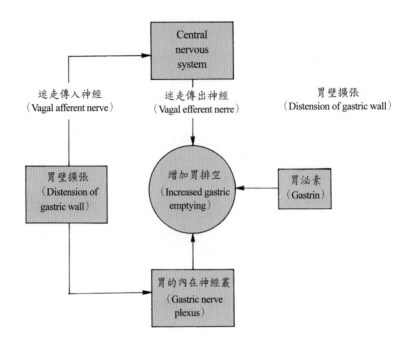

圖11-13　影響胃排空的因素

胰臟（Pancreas）

胰臟位於胃大彎的後面（圖11-14(a)），包括外分泌（exocrine）及內分泌（endocrine），內分泌部分由蘭氏小島（islets of Langerhans）所組成，約占1%（圖11-4(b)）。外分泌的分泌細胞包括腺泡細胞（acinar cell），可分泌胰液中的酵素，管道細胞（duct cell）則可分泌水分及電解質（HCO_3^-），進入胰管；而胰管與總膽管聯合為一，稱為肝胰壺腹（hepatopancreatic ampulla），共同導管入十二指腸（圖11-14(a)）。

胰液

腺泡細胞可分泌消化酶（digestive enzyme），而插入管（intercalated duct）之管道細胞則可分泌碳酸氫鈉（$NaHCO_3$）。胰臟每天可分泌1,200～1,500 ml的胰液（pancreatic juicer），為澄清無色的液體。由水分、胰澱粉酶、胰蛋白酶、胰脂肪酶、核糖核酸、去氧核糖核酸酶及碳酸氫鈉所組成。碳酸氫鈉使胰液呈鹼性（pH 7.1～8.2），可中和胃酸。由胰臟製造消化酶不具有活性，為不具活性的酶原（zymogen），當食糜與小腸黏膜接觸，使小腸黏膜分泌腸激酶（enterokinase），作用於胰蛋白酶原（trypsinogen），使已轉成活化的胰蛋白酶（trypsin），胰蛋白酶再作用於其他消化酶原，將之轉變成具活性的消化酶。胰臟分泌的消化酶及作用列於表11-2中。

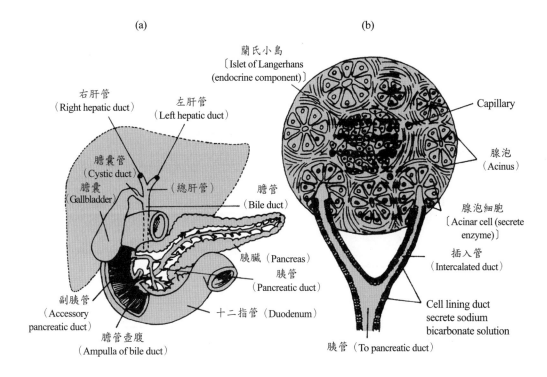

圖 11-14 (a)胰臟、十二指腸及肝膽系統的解剖構造； (b)胰臟的外分泌及內分泌結構

表 11-2 胰液中消化酶的作用

消化酶	受　　質	作　　用
Trypsin, chymotrypsin	Protein 及 Peptides	將蛋白質分解成胜肽片段
Carboxypeptidase	Protein 及 Peptides	將胜肽分解成胺基酸
Amylase	Polysaccharide	將多醣類分解成單醣
Lipase	Fat	將三甘油脂分解成單酸甘油脂
Deoxyribonuclease, ribonuclease	Nucleic acid	將核酸分解成核苷酸或去氧核苷酸

胰液分泌的調節

　　當胃的分泌在頭期及胃腸時，迷走神經興奮，其神經衝動同時被傳送到胰臟，刺激胰臟的分泌，並刺激膽囊（gallbladder）收縮。而當酸性食糜到達十二指腸，可刺激十二指腸分泌胰泌素（secretin）、膽囊收縮素（CCK），進而刺激胰液的分泌（圖 11-15）。胰泌素促進 HCO_3^- 分泌，並抑制胃的分泌，CCK 則刺激胰臟分泌消化酶，膽囊收縮，同時亦抑制胃的分泌。

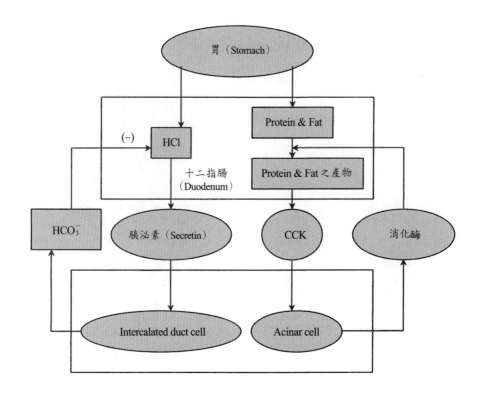

圖 11 - 15　胰液分泌的調節

肝膽系統（Liver-gallbladder system）

肝臟（liver）為體內最大的腺體，位於橫膈下方（圖 11 - 14(a)）。肝臟的功能非常重要且多，包括有(1)製造膽汁（bile），幫助脂肪乳化及消化；(2)貯存及釋出碳水化合物；(3)製造血漿蛋白質，如抗體、凝血因子等；(4)將激素及毒物代謝成水溶性高的化合物；(5)活化 vitamine D 等作用。

膽汁的形成

肝臟細胞每天合成並分泌 800～1,000 ml 的膽汁，膽汁為黃色、褐色或黃綠色的液體，呈微鹼性（pH 7.6～8.6）。膽汁的成分包括水（占 97%）、膽鹽（bile salt）（約占 0.7%）、膽色素等。膽鹽的作用可促使脂肪分解成脂肪小滴懸浮液，稱為乳化作用，並幫助脂肪的消化及吸收，同時也可促進小腸運動。

每一個肝細胞均可形成膽汁，膽汁經由位於肝細胞旁的膽小管（bile canaliculi）流入膽管（bile duct）中（圖 11 - 16），再出總膽管匯入十二指腸。匯入十二指腸之前，在總膽管及總肝管交界處有一膽囊（gallbladder）（圖 11 - 14(a)），為膽汁注入十二指腸前貯存的場

所。膽囊同時可以濃縮膽汁，經由膽囊再分泌出來的水分只含85%左右，而膽鹽含量增加約占5%左右。

腸肝循環（enterohepatic circulation）

　　膽鹽由肝細胞合成，再以主動運輸方式進膽小管中，並貯存在膽囊中。一旦膽鹽分泌到小腸中，可幫助脂肪的乳化作用及消化，當膽鹽到迴腸末端會以主動運輸方式被再吸收回門脈系統（portal system）中（圖11-17），再流回肝細胞中，再吸收回來的膽鹽，再由肝細胞分泌到膽汁中，重新執行脂肪乳化及消化的功能。這種膽鹽在肝臟及腸道間的循環利用現象，稱為腸肝循環。

膽汁分泌的調節

　　膽汁的分泌受神經及內分泌的調控。迷走神經興奮可刺激膽汁分泌的速率。胰泌素（secretin）可增加肝細胞合成並分泌膽汁，而CCK可增加胰泌素的作用。CCK主要作用於膽囊，促使膽囊收縮，Oddi括約肌放鬆，促使膽汁分泌到十二指腸中。此外，當肝臟血流增加或膽鹽上升，亦可增加膽汁的製造。

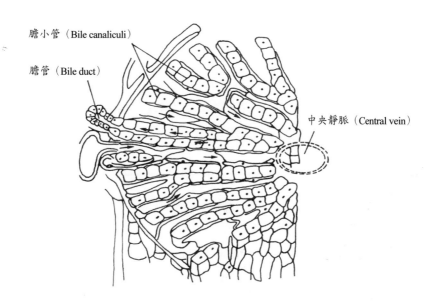

圖11-16　膽汁分泌後流入膽小管再匯入膽管中

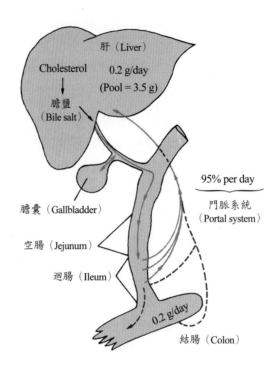

圖 11 - 17　膽鹽的腸肝循環

小腸（Small intestine）

　　小腸長約2.8公尺，其中最前端25公分為十二指腸（duodenum），之後再等分為空腸（jejunum）及迴腸（ileum）。食物的完全消化及吸收在小腸中完成。小腸壁平滑肌的收縮，可幫助腸道內容物的消化吸收，並促使往大腸方向前進。

小腸壁的構造

　　小腸壁和胃腸道一樣均含有四層結構，最外層為漿膜層，往內為肌肉層。肌肉層包含外層較薄的縱走肌及內層較厚的環狀肌，再往內為黏膜下層。十二指腸的黏膜下層中含有十二指腸腺（duodenal gland），又稱為brunner's gland，可分泌鹼性黏液，以保護腸壁，以防消化酶侵蝕腸壁，並可中和胃酸。最內層為黏膜層，含有許多的腸腺（crypts of liberkühn）（圖11-18(a)），可分泌消化酶及黏液，這些分泌液稱為小腸液。腸腺往管腔突起，高約0.5～1cm的絨毛（villi），數量約四至五百萬，可增加小腸吸收營養物的面積。在絨毛上的每一個細胞表面上，均含有微絨毛（microvilli），又稱刷狀緣（brush border）（圖11-18(b)），目的亦在增加小腸吸收面積。

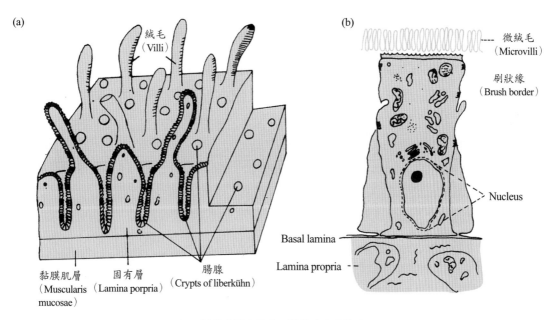

(a)

絨毛
（Villi）

微絨毛
（Microvilli）

刷狀緣
（Brush border）

Nucleus

Basal lamina

Lamina propria

黏膜肌層
（Muscularis
mucosae）

固有層
（Lamina porpria）

腸腺
（Crypts of liberkühn）

註：(a)黏膜層的構造；(b)微絨毛的構造。

圖 11-18　小腸壁的結構

小腸的運動

　　小腸受食物擴張刺激腸壁的張力接受器，可引發兩種主要的運動方式：一是分節運動（segmentation contraction），另一是蠕動（peristalsis）。分節運動為一有節奏的運動，為小腸主要的運動，在腸壁中的縱走肌層 中含有節律細胞（pacemaker cell）來控制分節運動的節奏。腸道之環狀肌收縮，使得小腸呈現分節的形狀（圖11-19），此種分節運動可促使食物與消化酶充分混合，幫助消化，並可增加小腸吸收營養物，亦促進絨毛的循環，以增加吸收的速率。另外一種運動方式為蠕動，和其他胃腸道一樣，可促進食糜往前推進。

　　小腸收縮的強弱，受迷走神經及腸道之內在神經叢調控，亦受激素的影響。

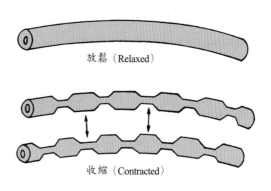

放鬆（Relaxed）

收縮（Contracted）

圖 11-19　小腸的分節運動

大腸（Large intestine）

　　大腸直徑大於小腸，因而得名，長約 1.5 公尺，包括與迴腸連接之盲腸（cecum），為一袋狀構造。盲腸底部突出的尾端為一封閉的管狀物，長約 8 公分，稱為闌尾（vermiform appendix）。盲腸之後為結腸（colon），分為升結腸（ascending colon）、橫結腸（transverse colon）、降結腸（descending colon）及 S 狀結腸（sigmoid colon）（圖 11-20），再往下為直腸（rectum），最後為肛門（anus）。肛門包括內括約肌（為平滑肌，受自主神經控制）及外括約肌（為骨骼肌，可受意識控制），平常肛門是關閉，只有排便時才打開。

　　每天由迴腸進入大腸的食糜中，仍會有許多水分，這些食糜中的水分，約 90% 以上在大腸被吸收，大腸主要吸收水分及鈉（注意：胃腸道的水分主要在小腸吸收）。

　　大腸的運動包括結腸袋攪拌運動（haustral churning），可促使食糜往另一結腸袋推進。另一運動為總蠕動（mass movement），又稱為胃結腸反射（gastrocolic reflex），為起源於橫結腸中間的一強烈蠕動波，將結腸內容物往前推進。若內容物推進到直腸，造成直腸壁擴張，刺激壓力接受器而引發的反射——即排便，將直腸排空。胃內食物引起胃結腸反射，每天約有三至四次，且通常在進食時或進食後馬上發生。

　　總蠕動的產生機制原因，可能是食物刺激張力接受器，引發內在神經叢興奮，促使腸胃蠕動而產生；也可能是胃泌素作用，增加腸胃蠕動所致。

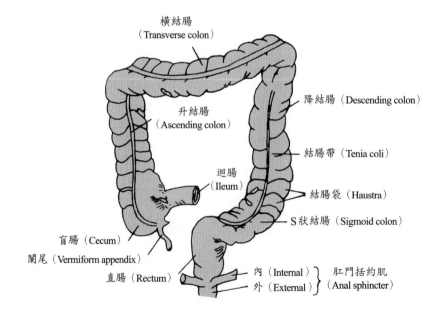

圖 11-20　人類的大腸構造

專有名詞中英文對照

第十二章　內分泌系統

章節大綱

激素的分類

腦垂體

甲狀腺

胰臟

腎上腺

調節鈣離子恆定的激素

生殖系統

學習目標

研習本章後，你應該能做到下列幾點：

1. 定義內分泌系統、內分泌腺及激素

2. 列出體內所有的內分泌器官

3. 分類激素的種類，並描述其間之差異

4. 說明激素不同的作用機轉

5. 描述腦垂體結構與與下視丘之間的關係

6. 描述腦垂體後葉所分泌之激素的分泌調控及生理作用

7. 說明腦垂體前葉分泌激素如何受到下視丘的調控

8. 描述生長激素及泌乳素的分泌及生理作用

9. 說明甲狀腺的結構及所分泌激素

10. 描述甲狀腺激素的合成步驟

11. 說明甲狀腺的生理作用及分泌調節作用

12. 了解胰臟內分泌部分之構造及所分泌的激素

13. 描述胰島素調控血糖的機轉及其分泌的調節作用

14. 說明胰臟分泌之激素如何使血糖維持正常

15. 說明腎上腺髓質所分泌激素的生理作用

16. 區分腎上腺皮質的組織結構，並描述皮質所分泌激素及其合成激素的路徑

17. 說明糖皮質激素的生理作用及調控

18. 說明礦物皮質激素的生理作用及調控

19. 描述影響鈣離子之三種激素如何調節鈣離子恆定

20. 解釋性別分化及性別決定的機制

21. 說明精子成熟的過程

22. 描述支持細胞及間質細胞的生理作用

23. 說明雄性素的合成、分泌、生理作用及調控

24. 說明卵成熟過程及黃體如何形成

25. 描述月經週期腦垂體及卵巢的激素分泌變化，並描述子宮內膜的變化

26. 說明月經週期的分期及各項變化

27. 了解動情素及動情素的合成分泌及調控，並說明其生理作用

　　所謂內分泌系統（endocrine system）是指體內所有的內分泌腺體（endocrine gland）。這些內分泌腺含有許多的分泌細胞（secretory cell），而且為無管腺（ductless）。內分泌腺所合成製造的化學傳遞物質，稱為激素（hormone），是經由窗孔型微血管分泌入血液循環中，以影響調節特定的生理功能。

　　內分泌系統由內分泌腺體所組成，人體內主要的內分泌腺體（primary endocrine gland）包括有：下視丘（hypothalamus）、腦垂體（pituitary gland）、甲狀腺（thyroid gland）、副甲狀腺（parathyroid gland）、胰臟（pancreas）、腎上腺（adrenal gland）、性腺（gonad）、松果腺（pineal gland）及其他次要腺體（secondary endocrine gland），如心臟、肺、腎臟、消化道等（圖12-1），這些器官原來有其他重要的生理功能，因為具有分泌激素的能力，故亦被視為內分泌器官，稱為secondary endocrine gland。

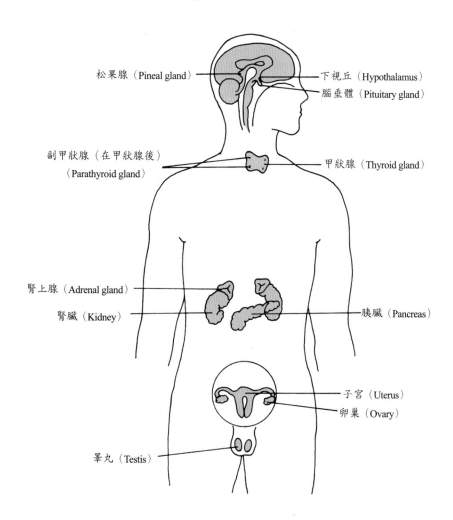

圖12-1　人體主要的內分泌腺體

激素的分類（Classification of Hormone）

激素（hormone）依其化學性質可分為三大類：(1)蛋白質（protein）及胜肽（peptide）；(2)類固醇（steroid）；(3)胺類（amines）（表12-1）。

表12-1　激素依化學性質的分類

胜肽及蛋白質（Peptide and protein）		類固醇（Steroid）	胺類（Amines）
醣蛋白（Glycoprotein）	多胜肽（Polypeptides）		
• Follicle stimulating hormone (FSH) • Luteinizing hormone (LH) • Thyroid stimulating hormone (TSH) • Human chorionic gonadotropin (HCG)	• Adrenocorticotropic hormone (ACTH) • Angiotensin II • Calcitonin • Cholecystokinin (CCK) • Erythropoietin • Gastrin • Glucagon • Growth hormone • Insulin • Oxytocin • Parathyroid hormone (PTH) • Prolactin (PRL) • Relaxin • Secretin • Somatostatin • Vasopressin (ADH)	• Aldosterone • Cortisol • Estrogen • Progesterone • Testosterone • Vitamin D	• Epinephrine • Norepinephrine • Thyroxin (T_4) • Triiodothyronine (T_3)

胜肽及蛋白質（Peptide and protein）

大部分的激素屬於此類，又可分為醣蛋白（glycoprotein）及多胜肽（polypeptides）。大部分為多胜肽類。其中只有四個激素是醣蛋白的構造，分別是濾泡刺激素（follicle stimulating hormone; FSH）、黃體刺激素（luteinizing hormone; LH）、人類絨毛膜性腺激素（human chorionic gonadotropin; HCG）及促甲狀腺激素（thyroid stimulating hormone; TSH）。此四種激素構造類似，均由α及β次單位組成，α次單位均類似，其差異在β次單位上，所以生理功能均不相同。

類固醇（Steroid）

　　類固醇的化學基本構造如圖 12-2。所有的類固醇其來源均由膽固醇（cholesterol）經由一連串酵素作用而來，所以構造均非常類似。性腺（gonad）及腎上腺皮質（adrenal cortex）為主要分泌類固醇的腺體。

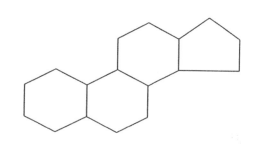

圖 12-2　類固醇激素的基本結構

胺類（Amines）

　　胺類的激素其來源為胺基酸—酪胺酸（tyrosine），經由不同的生化合成，在甲狀腺可合成為甲狀腺素（thyroxin）如 T_3、T_4；在腎上腺髓質（adrenal medulla）則分成為腎上腺素（epinephrine）及正腎上腺素（norepinephrine）（圖 12-3），因衍生自胺基酸，分子量甚小。

依其生理功能分類

（Classification of hormone depend on physiological function）

　　依據激素（hormone）的生理功能來分類，有：

1. **維持體液及電解質恆定相關的激素**：抗利尿激素（ADH）、留鹽激素（aldosterone）等。

2. **醣類代謝相關的激素**：胰島素（insulin）、升糖激素（glucagon）、體制素（somatostatin）、糖皮質激素（glucocorticoid）、生長激素（growth hormone）、甲狀腺激素（thyroid hormone）等。

3. **鈣離子恆定相關的激素**：副甲狀腺素（parathyroid hormone; PTH）、抑鈣激素（calcitonin）、Vitamin D_3、生長激素、甲狀腺激素等。

甲狀腺素（Thyroxin, T_4）

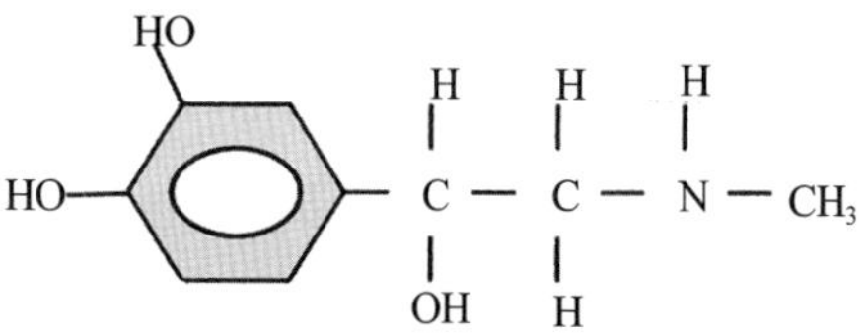

4. **生殖功能相關的激素**：動情素（estrogen）、黃體素（progesterone）、睪固酮（testosterone）、FSH、LH 等。

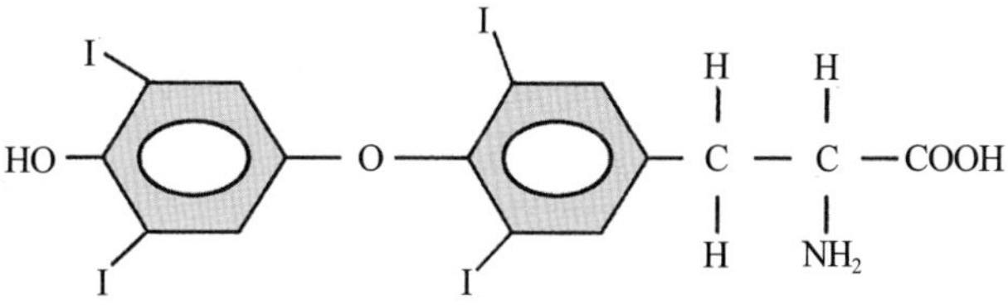

腎上腺素（Epinephrine）

圖 12-3　胺類激素的化學結構

激素的作用機轉（Action mechanism of hormone）

激素依其化學性質可分為三大類，胜肽及蛋白質較易溶於水，其接受器位於靶細胞（target cell）的細胞膜上。類固醇及甲狀腺素為脂溶性，其接受器則位於靶細胞的細胞內。比較其間的差異：⑴胜肽及蛋白質對水溶解度大，但對脂肪溶解度則非常小，而類固醇恰好相反，較易溶於脂肪中（表12-2）；⑵胜肽及蛋白質的合成為經由轉譯作用而得到一條胜肽結構，類固醇則必須有許多的酵素（enzyme）參與合成的步驟。前者經代謝則成為不活性的產物，而類固醇經過代謝後可以維持或獲得新的生理作用；⑶胜肽及蛋白質由腺體分泌出來後，很少會與血漿蛋白質結合，因此半衰期（half-life）較短，類固醇則會與血漿蛋白質結合，半衰期較長；⑷胜肽及蛋白質為水溶性，其接受器位於細胞膜表面，作用位置在細胞膜，其作用機轉為在細胞內產生第二傳訊者（2nd messenger）或活化離子管道，而類固醇為脂溶性激素，其接受器位於細胞內，當激素與接受器結合後，其作用位置在細胞核，可引發轉錄作用（transcription），產生特異之 mRNA。

所有激素都必須與其接受器（receptor）結合，才能發揮其生理功能，第一章中我們已經詳細介紹過所有的作用機轉，請參閱第一章。

表 12-2　比較胜肽及類固醇的差異

		水溶性激素 （Hydrophilic hormone）	脂溶性激素 （Lipophilic hormone）
溶解度	水溶劑	好	差
	脂溶劑	差	好
合成及代謝	合成	單條胜肽	需酵素
	代謝	不活性產物	維持或重獲新作用
血漿中	結合蛋白質	很少	皆有
	半衰期	短	長
靶細胞中	接受器	細胞膜上	細胞內
	作用位置	細胞膜	細胞核
	機轉	第二傳訊者或活化離子管道	刺激 mRNA 產生

腦垂體（Pituitary Gland）

　　腦垂體位於蝶骨的垂體窩即蝶鞍內，藉垂體柄（pituitary stalk or infundibulum）與下視丘連接（圖12-4）。視神經（optic nerve）交叉於其上方，稱為視徑交叉（optic chiasm）。

　　人類腦垂體的重量約0.5 gm，可分為三葉：前葉、中葉及後葉（圖12-4）。腦垂體前葉（anterior pituitary; anterior lobe），源自於胚胎發育時，由咽喉向腦部（第三腦室）形成一個突起，稱為雷氏囊（Rathke's pouch），含有許多的腺體細胞，又稱為腺垂體（adenohypophysis）。腦垂體後葉（posterior pituitary gland; posterior lobe），源自於神經外胚層，具有神經內分泌（neuroendocrine）的功能，主要神經來自下視丘的旁室核（paraventricular nucleus; PVN）及上視核（supraoptic nucleus; SON）（圖12-5）。前葉及後葉接合部分為腦垂體中葉（intermediate pituitary gland; intermediate lobe）。

腦垂體與下視丘的關係（Ralation of pituitary gland and hypothalamus）

　　腦垂體位於下視丘（hypothalamus）的下方，藉由垂體柄（pituitary stalk）與下視丘連接。經由垂體門脈系統（portal hypophyseal system），下視丘與腦垂體前葉聯繫，下視丘為神經細胞所組成，這些神經細胞分泌的物質經弓狀核（arcuate nucleus; ARC），進入垂體門脈系統的微血管中，調控腦垂體前葉的功能（圖12-5）。下視丘的上視核及旁室核之神經細胞的軸突末端終止於腦垂體後葉，所以後葉所分泌的激素，為下視丘的上視核及旁室核所製造。

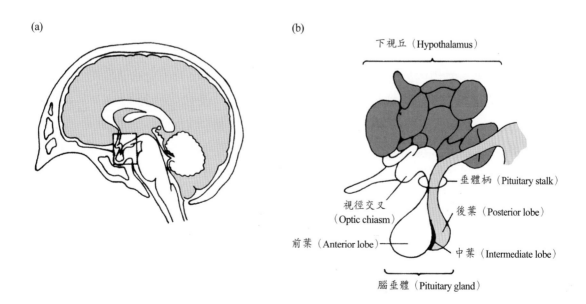

(a)

(b)

下視丘（Hypothalamus）

垂體柄（Pituitary stalk）

視徑交叉
（Optic chiasm）

後葉（Posterior lobe）

前葉（Anterior lobe）

中葉（Intermediate lobe）

腦垂體（Pituitary gland）

圖12-4　(a)腦垂體的位置；(b)腦垂體結構

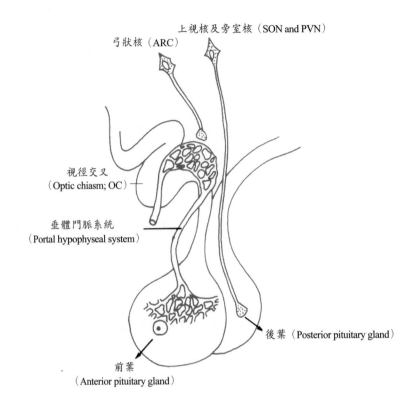

弓狀核（ARC）

上視核及旁室核（SON and PVN）

視徑交叉
（Optic chiasm; OC）

垂體門脈系統
（Portal hypophyseal system）

後葉（Posterior pituitary gland）

前葉
（Anterior pituitary gland）

註：ARC：弓狀核（arcuate nucleus）；SON：上視核（supraoptic nucleus）；PVN：旁室核（paraventricular nucleus）；OC：視經交叉（optic chiasm）。

圖 12-5　腦垂體與下視丘的關係

　　下視丘為一神經內分泌的器官，其所分泌的激素均為小分子量的胜肽或蛋白質，分泌激素的名稱則以其所調控腦垂體激素的名稱來命名（表12-3；圖12-6）。如皮釋素（corticotropin releasing hormone; CRH），可以刺激腦垂體前葉合成及分泌皮質刺激素（corticotropin 或 adrenocorticotropic hormone; ACTH）。甲釋素（TRH）則可刺激腦垂體前葉的促甲狀腺細胞（thyrotropes）製造並分泌 TSH。下視丘分泌的性釋素（GnRH）同時刺激腦垂體前葉的促性腺細胞（gonadotropes）製造及分泌 FSH 及 LH。生長釋素及體制素則分別促進及抑制腦垂體前葉的促生長激素細胞（somatotropes）製造分泌生長激素。而乳釋素（PRH）及 PIF 則分別促進及抑制腦垂體前葉製造分泌泌乳素（prolactin）。此外，PIF 即多巴胺（dopamine）。

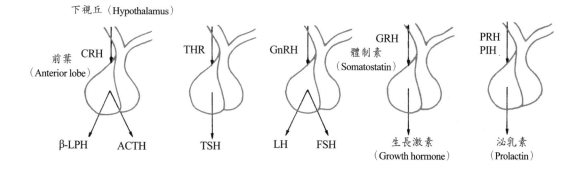

圖 12-6　下視丘分泌激素對腦垂體前葉的調控

表 12-3　下視丘激素及其功能

名　稱	胺基酸數	分泌激素之神經	對腦垂體前葉的生理作用
皮釋素 Corticotropin releasing hormone (CRH)	41	旁室核 Paraventricular nucleus (PVN)	刺激 ACTH 製造分泌
甲釋素 Thyrotropin releasing hormone (TRH)	3	旁室核 Paraventricular nucleus (PVN)	刺激 TSH 及 Prolactin 製造分泌
性釋素 Gonadotropin releasing hormone (GnRH)	10	弓狀核 Arcuate nucleus (ARC)	↑LH 及 FSH 製造分泌
生長釋素 Growth hormone releasing hormone (GHRH)	44	弓狀核 Arcuate nucleus (ARC)	↑GH 製造分泌
體制素 Somatostatin prolactin inhibiting factor (PIF)	14	弓狀核 Arcuate nucleus (ARC)	(−) GH 製造分泌 (−) Prolactin 製造分泌
乳釋素 Prolactin releasing hormone (PRH)	多巴胺 （Dopamine）		(+) Prolactin 製造分泌

　　下視丘激素的分泌及製造受許多因素的影響，包括腦部其他神經細胞的影響、腺體與中樞之間的負回饋（negative feedback）；除此之外，也受外界環境，如光、溫度的影響，內在情緒（emotion）、恆定的變化，及日夜間律動（daily and diurnal rhythm）的改變，均會影響下視

丘激素的製造及分泌。

腦垂體之組織結構（Histological structure of pituitary）

腦垂體前葉（anterior pituitary gland）

腦垂體前葉源自雷氏囊，由腺體細胞所組成，又稱為腺垂體（adenohypophysis），受下視丘所分泌的釋放因子或抑制因子所調控。其細胞依染色的情況可分為三種：

1. **嗜酸性細胞**（acidophile）：約占40%，細胞質中含有較大的顆粒（granules），可被酸性染料染色，主要分泌的激素有生長激素（growth hormone）及泌乳素（prolactin）。
2. **嗜鹼性細胞**（basophile）：約占10%，細胞質中含有較小的顆粒，可被鹼性染料染色，分泌的激素為促甲狀腺激素（TSH）、濾泡刺激素（FSH）、黃體刺激素（LH）及促皮質激素（ACTH）等。
3. **無顆粒難染細胞**（chromophobe）：係指一些幹細胞及尚未分化的細胞，不具有分泌功能。

腦垂體前葉在目前科技進步的時代，可利用免疫組織化學染色法（immunohistochemistry）的方法，確認促生長激素細胞（somatotropes）可分泌生長激素（growth hormone; GH），催乳激素細胞（lactotropes）可分泌泌乳素（prolactin; PRL），促甲狀腺細胞（thyrotropes）可分泌TSH，促性腺細胞（gonadotropes）可分泌FSH及LH，及促皮質細胞（corticotropes）可分泌ACTH。

腦垂體後葉（posterior pituitary gland）

腦垂體後葉主要由源自下視丘的上視核（SON）及旁室核（PVN）的神經纖維及末梢所組成，其他包括有結締組織及神經膠細胞（neuroglial cell）。

腦垂體激素（Pituitary gland hormone）

腦垂體前葉的激素

前葉可分泌多種激素，如生長激素、泌乳素、促甲狀腺素（TSH）、促皮質激素（ACTH）、濾泡刺激素（FSH）及黃體刺激素（LH），其功能簡略於表12-4，後面章節會再詳述。

表12-4 腦垂體前葉激素的功能

Name and Source	Principal action
促甲狀腺激素 Anterior lobe Thyroid stimulating hormone (TSH, thyrotropin)	Stimulates thyroid secretion and growth of thyroid gland
促皮質激素 Adrenocorticotropic hormone (ACTH, corticotropin)	Stimulates sectetion and growth of zona fasciculata and zona reticularis of adrenal cortex
生長激素 Growth hormone (GH, somatotropin, STH)	Accelerates body growth; stimulates secretion of IGF-I
濾泡刺激素 Follicle-stimulating hormone (FSH)	Stimulates ovarian follicle growth in female and spermatogenesis in male
黃體刺激素 Luteinizing hormone (LH)	Stimulates ovulation and luteinization of ovarian follicles in female and testosterone secretion in male
泌乳素 Prolaction (PRL)	Stimulates secretion of milk and maternal behavior
β-Liportropin (β-LPH)	?
γ-Melanocyte-stimulating hormone (γ-MSH)	see "ntermediate loke"

1. **生長激素**（growth hormone; GH, somatotropin; STH）：生長激素為前葉的促生長激素細胞（somatotropes）所分泌，含有191個胺基酸的結構，分子量約為22K，半衰期約為二十分鐘。生長激素有一特殊的性質，與其他激素不同，生長激素有種的特異性（species specificity），即較低等動物之生長激素用於人類是沒有效果的。

⑴生長激素的生理作用：生長激素的生理作用主要促進新生兒及青春期的生長。生長激素對體內所有器官幾乎均有作用。

①蛋白質：生長激素可促使細胞以主動運輸攝取（uptake）胺基酸以合成蛋白質，同時可減少胺基酸的代謝，血中胺基酸及尿素含量會降低，增加蛋白質合成，促使正氮平衡（positive nitrogen balance）。

②碳水化合物：生長激素具抗胰島素（insulin）作用，降低細胞對葡萄糖的攝取，同時促使肝醣分解，使血糖升高。生長激素也會減少細胞上胰島素接受器（insulin receptor）的含量，但卻不會影響胰島素的分泌。

③脂肪：生長激素可促使脂肪代謝，並減少葡萄糖轉變成脂肪酸。

④骨骼發育：生長激素可促使軟骨生長，促使骨骺板（epiphyseal plate）變寬

（圖12-7），促使骨骼發育。切除腦下腺的動物，因缺乏生長激素的作用，其體型會比較明顯矮小許多（圖12-7），若以生長激素治療，可使動物恢復正常體型。

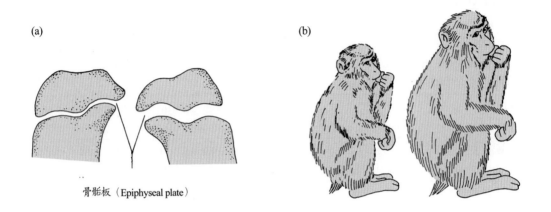

(a)

(b)

骨骺板（Epiphyseal plate）

註：(a) 右圖給予 GH，其骨骺板明顯變寬；(b) 左圖為切除腦垂體的猴子，其體型發育明顯比正常小。

圖12-7　生長激素對骨骼發育的影響

(2)生長激素的作用機轉：生長激素的作用機轉及其分泌的調控，一般認為生長激素作用於軟骨，是經由體介素（somatomedins）而來的。體介素為一種胜肽類的生長因子，當生長激素作用於肝臟，促使肝臟分泌體介素，透過體介素的作用，才能發揮生長激素對生長、蛋白質合成及軟骨發育的生理作用（圖12-8）。體介素在人類血液中已知有兩種：

①似胰島素生長因子（insulin-like growth factor I; IGF-I）：又稱為體介素C（somatomedin C），為肝臟所合成製造，主要生理作用為促進骨骼發育。

②似胰島素生長因子II（IGF-II）：主要促使胎兒發育，各器官組織的發育。

生長激素的作用可分為直接作用及間接作用（圖12-8）。直接作用於各組織器官，有抗胰島素作用，在皮質醇（cortisol）幫助下，促使脂肪分解、血糖上升等作用。間接作用為生長激素促使肝臟合成體介素，在甲狀腺激素（thyroid hormone）的幫助下，促使骨骺板（epiphyseal plate）發育，並促使蛋白質合成及細胞增生（cell proliferation）。

(3)生長激素分泌的調控：腦垂體前葉分泌生長激素主要受下視丘的調控。下視丘分泌生長激素釋放因子（生長釋素；GRH）（圖12-6）可促使前葉分泌生長激素，下視丘分泌的體制素（somatostatin）則抑制生長激素的分泌（圖12-9）。生長激素的分

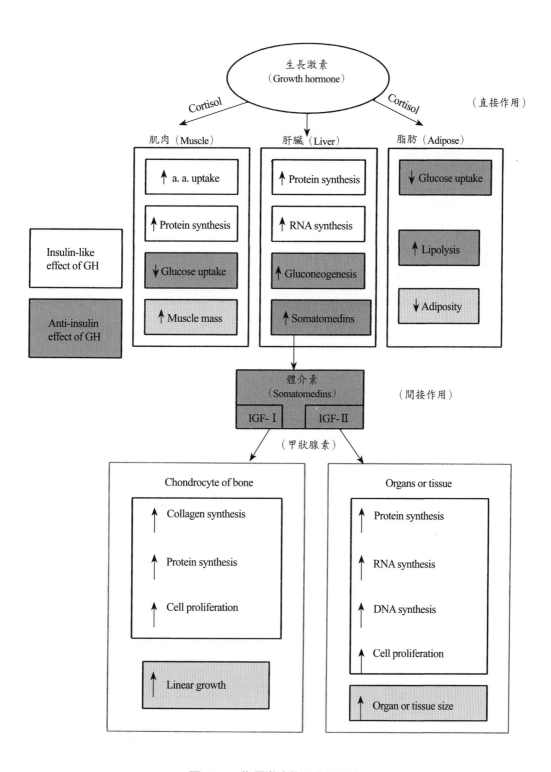

圖12-8　生長激素生理作用機制

泌也受負回饋（negative feedback）的影響，當生長激素刺激肝臟分泌體介素（somatomedin; IGF-I），體介素可負回饋抑制生長激素分泌，或作用於下視丘增加體制素（somatostatin）以抑制前葉分泌GH。

生長激素的分泌呈現日夜間律動（circadian rhythm）的情況，夜間分泌量較高，而光照時分泌較少。除下視丘及負回饋的調控外，生長激素亦可受其他體內因素影響，列於表12-5。

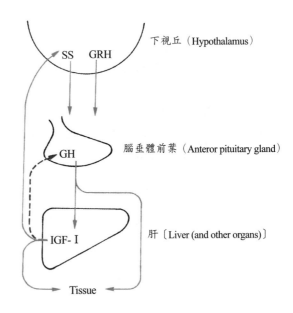

註：GHRH: growth hormone releasing hormone; SS: somatostatin;
　　IGF-I: insulin-like growth factor - I (somatostatin C).

圖12-9　腦垂體前葉分泌生長激素的調控機制

表12-5　調控生長激素分泌的因素

刺激增加分泌	減少分泌
運動、飢餓	REM Sleep
血糖下降、升糖素	葡萄糖
蛋白質食物（尤其精胺酸）	皮質醇（Cortisol）
壓力刺激	脂肪酸
睡眠（Pm10: 00～12:00）	生長激素
動情素及雄性素	黃體素

2. **泌乳素**（prolactin）：泌乳素為前葉的促催乳激素細胞（lactotropes）所分泌，含198個
胺基酸，分子量約22K。其主要的生理功能有：

　(1)促乳腺發育：懷孕期間，泌乳素分泌增加，可促使乳腺發育，作為分泌乳汁的準
　　備。

　(2)泌乳（lactation）：生產後，泌乳素可促使乳汁分泌。嬰兒吸吮乳房可刺激前葉分泌
　　更多泌乳素，乳汁分泌就更豐富，此為正回饋（positive feedback）作用。

　(3)抑制性腺功能：泌乳素增加會抑制性釋素（gonadotropin）的釋放，導致無法排卵及
　　精子無法成熟。所以產婦在哺乳期間，因泌乳素增加，致使下視丘之GnRH下降，
　　而使得腦垂體分泌的FSH及LH下降，因此沒有濾泡成熟，通常也沒有排卵、無月
　　經。但一旦停止哺乳又開始有排卵。

　泌乳素分泌的調控，亦受下視丘的控制。下視丘所分泌的甲釋素（TRH）除可促使促
甲狀腺激素（TSH）分泌外，也會促使泌乳素分泌（圖12-6），而下視丘所分泌的多巴胺
（dopamine，亦稱為PIH）則會抑制泌乳素的分泌。除了懷孕、哺乳，甲釋素可促使泌乳素分
泌外，其他如運動、睡眠、壓力、動情素也會刺激泌乳素分泌。其他前葉所分泌的激素將在
後面各章節中詳述。

腦垂體後葉的激素

　腦垂體後葉的激素（posterior pituitary gland hormone）在下視丘的上視核（SON）及旁室核
（PVN）製造，儲存於後葉的神經末梢中，當受刺激時即可釋出。主要的激素有兩種：抗利
尿激素及催產激素。

1. **抗利尿激素**（antidiuretic hormone; ADH）：抗利尿激素又稱為血管加壓素
（vasopressin），主要在下視丘的上視核（SON）合成製造，旁室核（PVN）亦可製
造，送到後葉的神經末梢儲存。抗利尿激素的生理作用為增加腎小管之遠曲小管
（distal tubule）及收集管（collecting duct）對水分的通透性（water permeability），將水分
滯留在體內，使尿液濃縮，尿量減少，故可控制體內水分的含量；其次，亦可直接作
用於血管平滑肌，促使血管收縮（vasoconstriction），故又稱血管加壓素。

　　當血漿滲透壓（osmolarity）增加或體液減少均會刺激後葉分泌ADH，其他如情緒
變化、壓力、痛覺等也會刺激ADH分泌。

2. **催產激素**（oxytocin）：催產激素主要在下視丘的旁室核（PVN）合成。主要的生
理作用為促使懷孕末期子宮平滑肌收縮（uterine contraction），誘導分娩（induced
delivery），及在哺乳期促使乳腺（mammary gland）之上皮細胞收縮，使乳汁分泌出
來。當有嬰兒吸吮動作或牽扯（stretching）乳房，即可正回饋而引起催產激素分泌，
同時，條件反射亦會引起催產激素分泌。

腦垂體中葉的激素

腦垂體中葉可分泌黑促素（melanocyte-stimulating hormones; MSH），黑促素可促使黑色素（melanin）形成，促使皮膚色澤較深。

甲狀腺（Thyroid Gland）

甲狀腺是體內最大的內分泌器官，成年人左右兩葉重約20克，位於咽喉下方，氣管兩旁，左右各一（圖12-10）。甲狀腺含有排列緊密的球形中空濾泡（follicle）（圖12-11）所組成，稱為甲狀腺濾泡（thyroid follicle），濾泡四周由一層細胞組成，稱為濾泡細胞（follicle cell），一個成年人約含有三百萬個濾泡細胞。濾泡中含有富含蛋白質的黏稠物質，稱為膠體（colloid），膠體中主要的蛋白質成分為甲狀腺球蛋白（thyroglobulin），為甲狀腺激素（thyroid hormone）製造時的結合處。此外，在濾泡外有少數的濾泡旁細胞（parafollicular cell）或叫C細胞（C cell），主要負責分泌抑鈣激素（calcitonin）（圖12-11）。

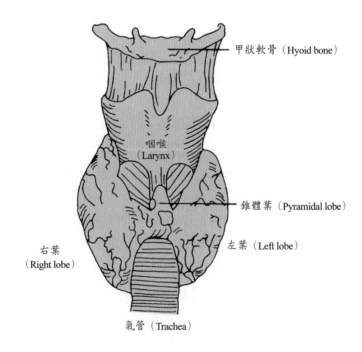

圖12-10　人體的甲狀腺

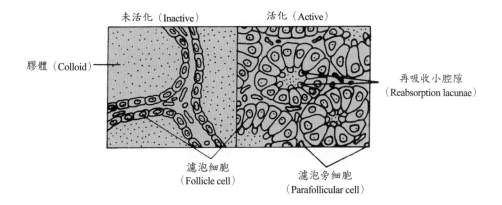

註：左圖未受TSH刺激，右圖受TSH刺激呈現活化狀態。

圖12-11　甲狀腺濾泡的組織學

甲狀腺激素的合成及分泌

　　甲狀腺激素（thyroid hormone）及其相關化合物的結構如圖12-12。其中甲狀腺素（thyroxine; T_4）為主要產物，而三碘甲狀腺素（triiodothyronine; T_3）也是甲狀腺的產物，但含量較少。

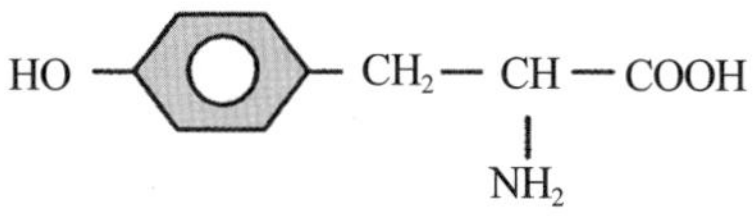

(a)酪胺酸（Tyrosine）

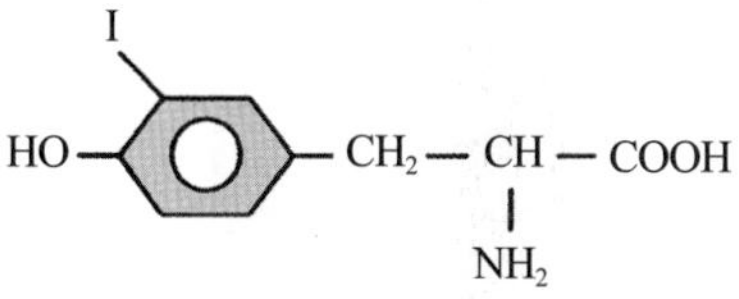

(b)單碘酪胺酸（Monoiodotyrosine; MIT）

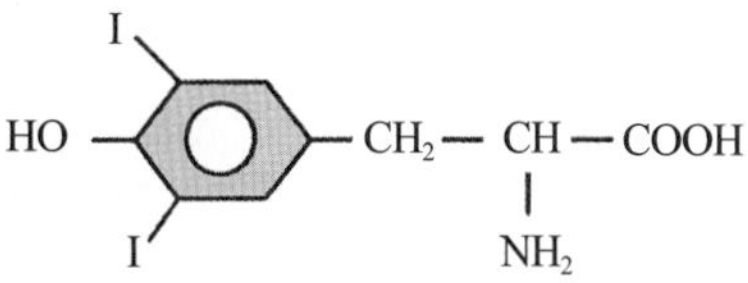

(c)二碘酪胺酸（Diiodotyrosine; DIT）

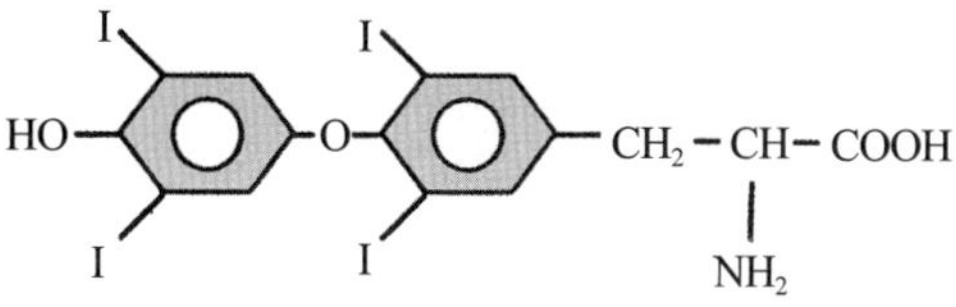

(d)甲狀腺素（Thyroxine; T_4）

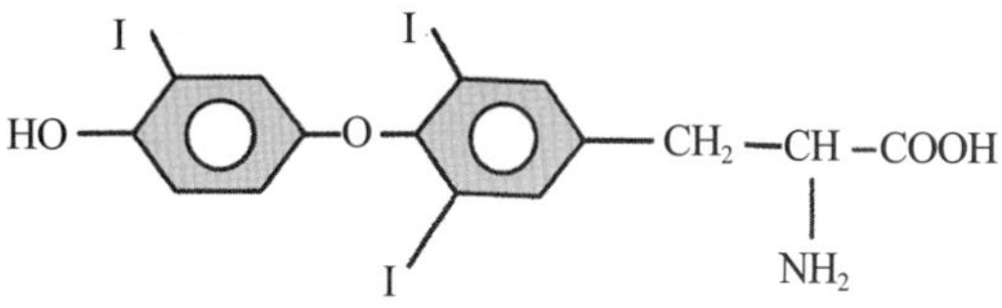

(e)三碘甲狀腺素（Triiodothyronine; T_3）

圖12-12　甲狀腺激素及其相關化合物的結構

　　甲狀腺激素製造的場所在甲狀腺濾泡的膠體中進行（圖12-13）。甲狀腺激素合成所需要的材料酪胺酸（tyrosine）連接在甲狀腺球蛋白（thyroglobulin; TGB）上，因此所有甲狀腺激素的合成過程均連接在甲狀腺球蛋白上進行。甲狀腺球蛋白為甲狀腺濾泡細胞所製造，再釋入膠體中。

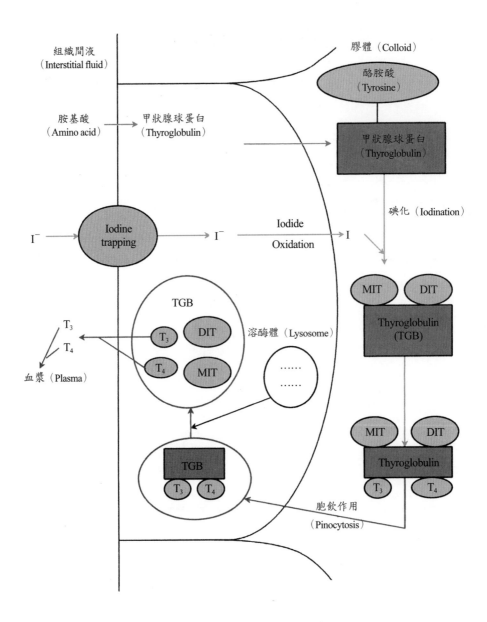

圖12-13　甲狀腺激素的合成及分泌

攝取的碘離子（I⁻）經消化吸收到血液中，以主動運輸（active transport）的方式被吸收入甲狀腺濾泡細胞中，經氧化作用成碘原子（I），再與膠體中甲狀腺球蛋白上的酪胺酸（tyrosine）經碘化作用（iodination），形成單碘酪胺酸（monoiodotyrosine; MIT）及二碘酪胺酸（diiodotyrosine; DIT）。MIT及DIT合併作用（condensation）形成甲狀腺素（thyroxine; T_4）及三碘甲狀腺素（triiodothyronine; T_3），已合成好的T_3及T_4仍與甲狀腺球蛋白連接在一起（圖12-13），儲存在膠體中。當促甲狀腺激素（thyroid stimulating hormone; TSH或甲促素）刺激甲狀腺時，甲狀腺濾泡細胞以胞飲作用（pinocytosis）將甲狀腺球蛋白及T_3及T_4的複合體送入濾泡細胞中，在濾泡細胞中經溶酶體（lysosome）作用下，將T_3及T_4由甲狀腺球蛋白上切下，並釋出到血漿中（圖12-13）。

在甲狀腺激素的合成過程中，濾泡細胞的功能為(1)收集並運送碘；(2)合成甲狀腺球蛋白並分泌入膠體中；及(3)將甲狀腺素由甲狀腺球蛋白上切下，並分泌入血液循環中。

分泌到血液循環中的甲狀腺激素，大部分會以與血漿中的蛋白質結合的方式來運送。可與甲狀腺激素結合的血漿蛋白質有甲狀腺素結合球蛋白（thyroxine binding globulin; TBG）、甲狀腺素結合前白蛋白（thyroxine binding prealbumin; TBPA）及白蛋白（albumin）（表12-6）。其中主要與甲狀腺素結合球蛋白（TBG）結合，其他甲狀腺激素則以自由態（free form）方式存在血漿中。只有自由態的T_3及T_4才可進入細胞質中與其接受器（receptor）結合，以產生生理作用。

表12-6　甲狀腺激素的結合蛋白質

蛋白質	血漿中含量（mg/dl）	占結合%	
		T_4	T_3
Thyroxine binding globulin (TBG)	2	67	46
Thyroxine binding prealbumin (TBPA)	15	20	1
Albumin	3,500	13	53

甲狀腺激素的生理作用（Physiological effect of thyroid hormone）

血液循環中最主要的兩種甲狀腺激素（thyroid hormone）為T_3及T_4。而具有生理作用，可作用於細胞以產生反應的是T_3，在生理上，T_4代謝成T_3才會有作用。血液循環中T_4的含量遠高於T_3，但T_3的生理活性較T_4大，當T_4失去一個碘可形成T_3，所以T_4可視為T_3的前激素（prohormone）。

甲狀腺激素的接受器位於細胞內，因此其作用位置為細胞核，活化基因，引起轉錄作用

（transcription），產生 mRNA，促使轉譯作用（translation），產生新蛋白質，而有生理作用。
其生理作用如下：

1. 甲狀腺激素主要的生理功能為增加新陳代謝速率（metabolic rate），增加產熱作用
   （carlorigenic action）。經由增加氧氣消耗（O_2 consumption）以增加新陳代謝速率。
   甲狀腺激素亦可經由增加心跳（heart rate）及心收縮力而增加心輸出量（cardiac output）
   （表12-7）。同時，經由增加休息時之呼吸頻率及循環中紅血球（RBC）的數目，可
   以增加循環中的含氧量。

表12-7　甲狀腺激素（Thyroid hormone）的生理功能

- Stimulate calorigenesis in most cells
- Increase cardiac output
    ↑ heart rate
    ↑ strenght of cardiac contration
- Increase oxygenation of blood
    ↑ rate of breathing
    ↑ number of RBC in the circulation
- Effects on carbohydrate metabolism
    promote glycogen formation in liver
    ↑ glucose uptake into adipose and muscle
- Effects of lipid turnover
    ↑ lipid synthesis
    ↑ lipid mobilization
    ↑ lipid oxidation
- Effects of protein metabolism
    stimulate protein synthesis
- Promote development and maturation of nervous system
    promote neural branching
    promote myelination of nerves
- Promote normal growth
    stimulate GH secretion
    promote bone growth
    promote IGF-Ⅰ production by liver

2. 甲狀腺激素可促使脂肪組織及肌肉組織對葡萄糖（glucose）的吸收，同時在胰島素的幫助下，促使肝臟合成肝醣（表12-7）。對脂肪的代謝有促進作用，可增加脂肪轉變成游離脂肪酸（free fatty acid），進而加速細胞利用脂肪的氧化作用以產熱。甲狀腺激素可促使蛋白質合成（表12-7），同時，亦可幫助生長激素刺激生長。

3. 甲狀腺激素可促進思考速率及警覺性，經由促使神經細胞的發育及分支，促使神經細胞的連結。因此，當小孩甲狀腺激素不足時，常會造成智能發育不良，但若過多則可能引起焦慮、不安、失眠、體重過輕等症狀。

甲狀腺激素分泌的調節（Regulation of thyroid hormone secretion）

甲狀腺功能主要受腦垂體前葉（anterior pituitary gland; anterior lobe）所分泌的促甲狀腺激素（TSH）的調控（圖12-14）。下視丘所分泌的甲釋素（thyrotropin releasing hormone; TRH）可刺激腦垂體前葉分泌TSH。TSH可刺激甲狀腺濾泡細胞（follicle cell）增生及體積變大（柱狀）（圖12-11），血流量增加；同時TSH亦可促使碘離子的主動運輸及氧化作用，甲狀腺蛋白（thyroglobulin）的合成，以促使甲狀腺激素（T_3及T_4）的合成。

當甲狀腺激素（T_3及T_4）分泌量足夠了，血液中呈游離狀態的T_3及T_4對腦垂體前葉及下視丘產生負回饋（negative feedback）作用（圖12-14；圖12-15），以降低TSH及TRH的分泌量。此外，中樞神經系統內的溫度調節中樞（temperature regulatory center）可感受甲狀腺激素的產熱及外界環境溫度的改變，來調節TRH的分泌量（圖12-14）。

碘為合成甲狀腺激素所必須的材料之一，當缺乏碘時，會造成甲狀腺腫，適當的碘促使T_3及T_4合成；但當碘含量太高，反而會抑制T_3及T_4的合成。

此外，下視丘所分泌的體制素（somatostatin）會抑制腦垂體前葉分泌TSH。肝臟分泌之IGF-I會刺激下視丘分泌體制素，亦會抑制TSH分泌，均會造成T_3及T_4分泌量不足。

胰臟（Pancreas）

胰臟為一含外泌腺（exocrine gland）及內分泌腺（endocrine gland）的器官。作為外泌腺的胰臟可分泌酵素幫助食物的消化，這些外泌腺分泌的酵素及電解質經由管子直接分泌入十二指腸（duodenum），而胰臟的內分泌腺的部分為蘭氏小島（islets of Langerhans）（圖12-16）。蘭氏小島為胰臟的外泌腺所包圍著（圖12-16(a)），約只占胰臟的1～2%，係由四種不同的細胞所組成（圖12-16(b)），分泌著不同的激素（表12-8）。α細胞又稱A細胞，可分泌升糖激素（glucagon）；而β細胞又稱B細胞，為蘭氏小島中主要的內分泌腺細胞，可分泌胰島素（insulin）；δ細胞又稱D細胞，主要分泌體制素（somatostatin）；F細胞則分泌胰臟多胜肽（pancreatic polypeptide），生理功能尚不清楚。稍後將對其分泌之升糖激素（glucagon）、胰島素（insulin）及體制素（somatostatin）等詳加討論。

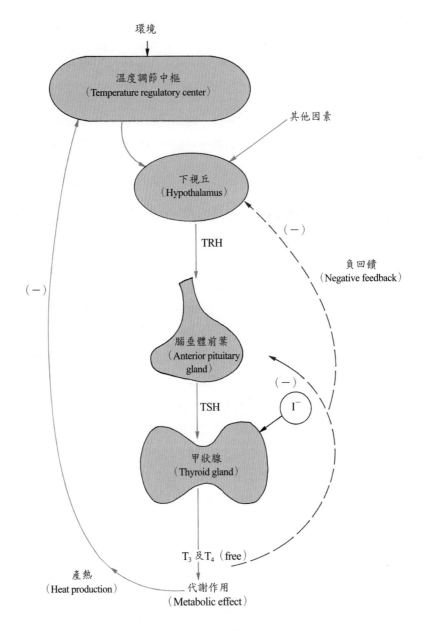

環境

溫度調節中樞
（Temperature regulatory center）

其他因素

下視丘
（Hypothalamus）

（－）

TRH

負回饋
（Negative feedback）

腦垂體前葉
（Anterior pituitary gland）

（－）

（－）

TSH

I⁻

甲狀腺
（Thyroid gland）

T₃ 及 T₄（free）

產熱
（Heat production）

代謝作用
（Metabolic effect）

註：TRH: thyrotropin releasing hormone; TSH: thyroid stimulating hormone;
　　T₄: thyroxine; T₃: triodothyronine

圖 12-14　甲狀腺激素分泌的調控機轉

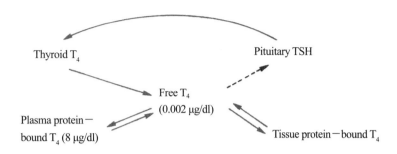

圖12-15　甲狀腺素（T₄）在體內的分布及負回饋機制

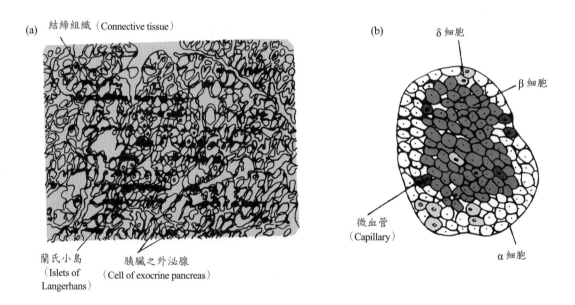

註：(a) 蘭氏小島與外泌腺之關係；(b) 蘭氏小島所含的細胞。

圖12-16　胰臟的組織結構

表12-8　蘭氏小島主要的細胞型態及其所分泌的激素

名　　稱	分泌激素名稱	占　有（%）
α Cell (A Cell)	升糖激素（Glucagon）	25
β Cell (B Cell)	胰島素（Insulin）	60
δ Cell (D Cell)	體制素（Somatostatin）	10
F Cell	胰臟多胜肽（Pancreatic polypeptide）	1

胰島素（Insulin）

　　胰島素是由兩條胜肽所組成，包括A鏈及B鏈（圖12-17），以兩個雙硫鍵（diulfide bond）將A鏈及B鏈連接在一起。此外，在A鏈上又有第三個雙硫鍵，為A鏈內的雙硫鍵。此三個雙硫鍵為產生胰島素生理功能所必需的。

　　胰島素由蘭氏小島之β細胞所形成的前胰島素（proinsulin）衍生而來。在人體血漿內，具有類似胰島素活性的物質列於表12-9。

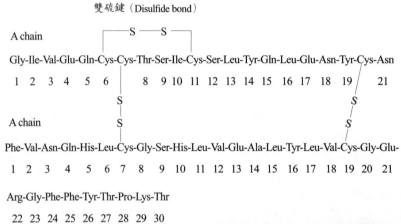

雙硫鍵（Disulfide bond）

A chain

Gly-Ile-Val-Glu-Gln-Cys-Cys-Thr-Ser-Ile-Cys-Ser-Leu-Tyr-Gln-Leu-Glu-Asn-Tyr-Cys-Asn

1　2　3　4　5　6　　8　9　10　11　12　13　14　15　16　17　18　19　21

A chain

Phe-Val-Asn-Gln-His-Leu-Cys-Gly-Ser-His-Leu-Val-Glu-Ala-Leu-Tyr-Leu-Val-Cys-Gly-Glu-

1　2　3　4　5　6　7　8　9　10　11　12　13　14　15　16　17　18　19　20　21

Arg-Gly-Phe-Phe-Tyr-Thr-Pro-Lys-Thr

22　23　24　25　26　27　28　29　30

Species	A chain position 8 9 10	B chain position 30
Pig, dog, sperm whale	Thr - Ser - Ile	Ala
Rabbit	Thr - Ser - Ile	Ser
Cattle, goat	Ala - Ser - Val	Ala
Sheep	Ala - Gly - Val	Ala
Horse	Thr - Gly - Ile	Ala
Sei whale	Ala - Ser - Thr	Ala

圖12-17　胰島素的結構

表12-9　人體血漿中具有類似胰島素活性的物質

* Insulin
* Proinsulin
* Somatomedin C (IGF-Ⅰ)
* IGF-Ⅱ

胰島素的生理活性

　　胰島素被稱為「豐富的激素」（hormone of abundance），當體內攝取的營養物質增加時，胰島素可促使它們貯存起來，因此，胰島素具有同化作用（anabolic effect）。

　　胰島素作用時與其標的細胞膜上之胰島素接受器結合，進而產生生理作用。其訊息傳遞的機制參見第一章。在胰島素接受器位於細胞質內的部分，具有 tyrosine kinase，接受器受刺激後即可以活化磷酸化反應。

　　胰島素具有降血糖作用（hypoglycemia），其主要的靶組織（target tissue）為骨骼肌（skeletal muscle）、脂肪組織（adipose tissue）及肝臟（liver）。胰島素作用在體內各組織後，可促使肌肉、脂肪等組織攝入（uptake）葡萄糖。但有些組織，胰島素卻不會使這些組織攝入葡萄糖，如腦、腎小管、紅血球等（表 12-10）。胰島素同時會引起鉀離子進入細胞內，使得細胞外鉀離子濃度下降（表 12-11）。此外，也會促進錳及磷酸根離子進入細胞內。

　　胰島素對醣類（carbohydrate）、脂肪及蛋白質等營養物質的新陳代謝影響甚鉅。胰島素促進葡萄糖貯存，以降低血糖的作用尤其明顯。體內大部分的組織依賴胰島素以攝入葡萄糖（表 12-10），除了少部分的組織如腦及腎小管。

表 12-10　胰島素對不同組織攝入葡萄糖的作用

---

1. Tissues in which insulin facilitates glucose uptake
   (1) skeletal muscle
   (2) cardiac muscle
   (3) smooth muscle
   (4) adipose tissue
   (5) leukocytes
   (6) crystalline lens of the eye
   (7) pituitary
   (8) fibroblasts
   (9) mammary gland
   (10) aorta
   (11) A cells of pancreatic islets
2. Tissues in which insulin does not facilitates glucose uptake
   (1) brain (except probably part of hypothalamus)
   (2) kidney tubules
   (3) intestinal mucosa
   (4) red blood cells

　　胰島素作用於組織，可促使葡萄糖進入脂肪及肌肉等組織（表 12-11），葡萄糖則是以協助型擴散（facilitated diffusion）作用進入脂肪及肌肉組織的（圖 12-18）。除此之外，胰島素

可刺激肝臟細胞之肝醣合成（glycogen synthesis），減少肝醣（glycogen）分解，進而減少葡萄糖由肝臟釋出，增加肝醣貯存。圖12-19表示胰島素對醣類代謝（carbohydrate metabolism）之影響。脂肪及肌肉組織受胰島素作用，可促使葡萄糖進入細胞內，增加肝醣合成。同時，在肝臟內會抑制糖質新生（gluconeogenesis）及肝醣分解，減少葡萄糖的形成。

　　胰島素可促使血脂貯存於脂肪組織內，促進脂肪酸合成，抑制脂肪的分解。同時，在肝臟細胞內，胰島素可減少酮酸合成（ketogenesis）（表12-11），並促使脂肪合成，所以胰島素為一抗酮酸的激素。

　　胰島素作用後，可促使肌肉組織及肝臟組織之蛋白質合成，同時減少蛋白質分解作用。所以胰島素具有同化作用，可減少血液中之胺基酸濃度。

表 12-11　胰島素在各組織的生理作用

1.Adipose tissue
　(1)increased glucose entry
　(2)increased fatty acid synthesis
　(3)increased glycerol phosphate synthesis
　(4)increased triglyceride deposition
　(5)activation of lipoprotein lipase
　(6)inhibition of hormone-sensitive lipase
　(7)increased K^+ uptake
2.Muscle
　(1)increased glucose entry
　(2)increased glycogen synthesis
　(3)increased amino acid uptake
　(4)increased protein synthesis in ribosomes
　(5)decreased protein catabolism
　(6)decreased release of gluconeogenic amino acids
　(7)increased ketone uptake
　(8)increased K^+ uptake
3.Liver
　(1)decreased ketogenesis
　(2)increased protein synthesis
　(3)increased lipid synthesis
　(4)decreased glucose output due to decreased gluconeogenesis and increased glycogen synthesis
4.General
　(1)increased cell growth

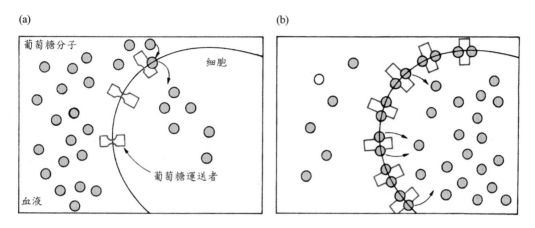

註：(a) 無胰島素作用；(b) 受胰島素刺激。

圖12-18 胰島素刺激葡萄糖以協助型擴散作用進入組織細胞內

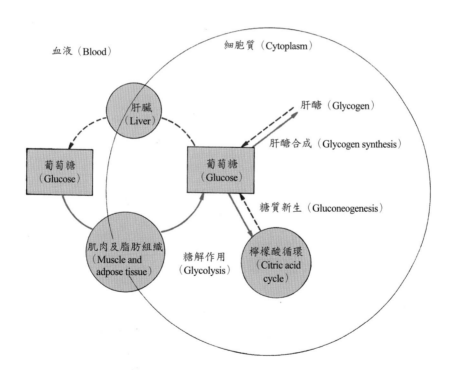

註：實線表示胰島素增加的作用，虛線表示減少的作用。

圖12-19 胰島素對醣類代謝的影響

胰島素分泌的調節

　　胰島素的分泌受到許多因素的調節（表12-12），其中最重要的為血中葡萄糖濃度。當血中葡萄糖的濃度增加超過正常濃度（平均為80～120 mg/dl）時，即會刺激胰島素分泌（圖12-20）。葡萄糖刺激胰島素分泌後，血漿中胰島素濃度上升，即會刺激葡萄糖以協助型擴散作用進入組織細胞內，使得血糖下降到正常的範圍（圖12-21）。

　　除了葡萄糖上升會刺激胰島素分泌外，血中胺基酸、脂肪酸、腸胃激素如胃泌素（gastrin）、胰泌素（secretin）、副交感神經興奮所分泌之乙醯膽鹼（acetylcholine）等（表12-12）均會刺激胰島素的分泌。而K⁺減少，體制素及腎上腺素等則會抑制胰島素分泌。

表12-12　影響胰島素分泌的因素

刺　　激	抑　　制
• 葡萄糖 • 胺基酸 • 脂肪酸 • 腸胃激素（Gastrin, Secretin CCK, GIP） • Acetylcholine • Glucagon	• Somatostatin • Epinephrine • Norepinephine • K⁺ Delpletion

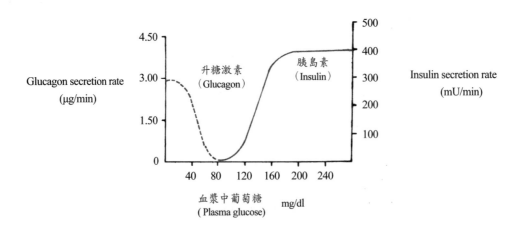

圖12-20　血漿中葡萄糖濃度對胰島素及升糖激素分泌的影響

升糖激素（Glucagon）

　　升糖素為蘭氏小島的 α 細胞所分泌，為一含有29個胺基酸直線型的胜肽。

　　升糖激素的生理作用有許多都與胰島素相反。升糖激素為一胜肽，其接受器（receptor）位於細胞膜表面，受刺激後，可活化 adenylyl cyclase，增加標的細胞內之cAMP，進而活化蛋白質激酶A（protein kinase A）以產生生理作用。

　　升糖激素主要作用為增加血中葡萄糖濃度，其影響肝臟的作用可分為兩個方向來看：(1)升糖激素可刺激肝醣（glycogen）分解成葡萄糖，同時抑制肝臟細胞中之醣解作用（圖 12 - 22），如此可使葡萄糖進入血液循環中，使血糖上升；(2)可刺激糖質新生（gluconeogenesis）作用而增加血糖。但升糖激素使血糖上升後，體內的自我調節（auto-regulation）作用會使 glucose 上升而引起胰島素分泌而降低血糖。

　　升糖激素對脂肪代謝的影響與胰島素的作用相反。在肝臟，升糖激素可刺激脂肪分解（lipolysis），且促使酮體（ketone body）形成。對蛋白質代謝的影響，可促使肝臟中蛋白質分解作用，增加胺基酸濃度，並促使肝臟中之糖質新生作用。

　　升糖激素分泌的調節因素有許多（表 12 - 13）。當血中葡萄糖濃度降低可刺激升糖激素分泌（圖 12 - 20）。食物中的蛋白質可促使升糖激素分泌，胺基酸的刺激作用更強。胺基酸同時可刺激胰島素及升糖激素分泌，而當食物中有胺基酸及葡萄糖時，則升糖激素分泌下降。所以，如果食物中為高蛋白質卻含低醣類時，則胰島素及升糖激素兩種激素分泌都增加，為一保護機制，使血糖維持正常，不至於降得太低。脂肪酸則會抑制升糖激素分泌。此外，胰島素可增加血糖，會抑制升糖激素的分泌。運動、禁食、刺激迷走神經均會增加升糖激素的分泌。

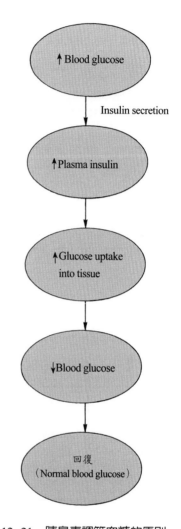

圖 12 - 21　胰島素調節血糖的原則

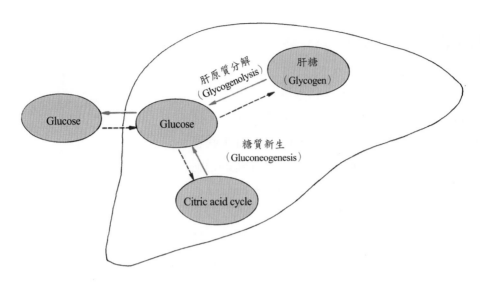

註：實線表示增加的作用，虛線表示減少的作用。

圖12-22　升糖激素對肝臟醣類代謝的影響

表12-13　影響升糖激素分泌的因素

刺　　激	抑　　制
• 血糖下降 • 胺基酸 • Acetylcholine • Epinephrine • Norepinephrine • 運動	• 脂肪酸 • Somatostatin • 胰島素 • 葡萄糖

體制素（Somatostatin）

　　體制素是胰臟蘭氏小島 δ 細胞所分泌。當血中葡萄糖含量上升，升糖激素（glucagon）增加或胺基酸及游離脂肪酸增加，均會刺激體制素的分泌。

　　體制素的生理作用為抑制蘭氏小島分泌胰島素（insulin）、升糖激素（glucagon）及胰臟多胜肽（pancreatic polypeptide）（圖12-23）。

　　血中的胰島素及升糖激素必須維持一定的比例，方可使血中葡萄糖濃度維持適當以供身體能量之需。當胰島素增加時，會使升糖激素濃度減少，反之升糖激素上升時，會刺激胰島素及體制素的分泌增加，其目的在維持正常的血糖濃度（80～120 mg/dl）（圖12-23）。正常血中胰島素與升糖激素的比值約為2：1，然而在身體需求血糖供給能量，則胰島素與升糖

激素的比值降為0.5：1。

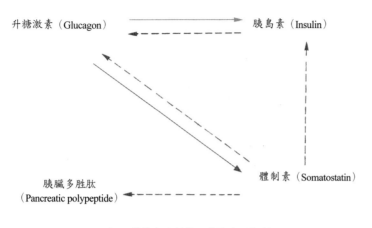

註：實線表示刺激，虛線表示抑制。

圖12-23　蘭氏小島分泌之激素對其他蘭氏小島激素的調節作用

腎上腺（Adrenal Gland）

本節討論腎上腺及其所分泌的激素。腎上腺位於腎臟的上方（圖12-24），左右各一，包括外層的腎上腺皮質（adrenal cortex）及內層的腎上腺髓質（adrenal medulla），此兩部分所分泌的激素及其功能則大不相同。皮質來自胚胎的中胚層（mesoderm），約占腎上腺的80～90%，主要分泌皮質類固醇（corticosteroid）激素。髓質約占10～20%，屬於神經性細胞，相當於交感神經的節後神經纖維（postganglionic nerve fiber），主要分泌兒茶酚胺（catecholamine），如多巴胺（dopamine）、腎上腺素（epinephrine）及正腎上腺素（norepinephrine），主要受交感神經支配。

腎上腺髓質（Adrenal medulla）

腎上腺髓質可分泌腎上腺素（epinephrine）及正腎上腺素（norepinephrine）兩種激素，是交感神經系統的一部分。腎上腺髓質受交感神經節前神經纖維所支配，為神經內分泌的一部分，主要含有嗜鉻細胞（chromaffin cell）。嗜鉻細胞相當於交感神經的節後神經纖維（postganglionic nerve fiber）（圖12-25）。

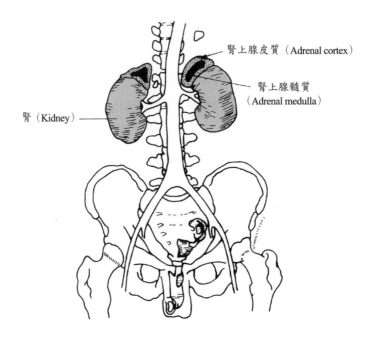

圖 12-24　腎上腺的解剖位置及其結構

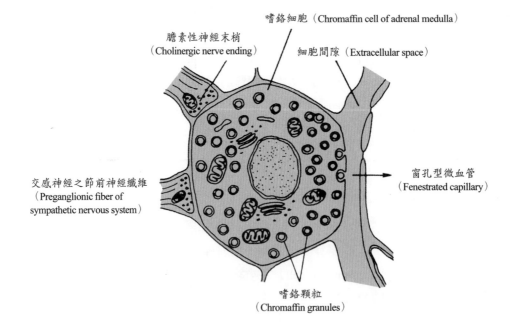

圖 12-25　交感神經支配腎上腺髓質的嗜鉻細胞

腎上腺髓質的激素

　　腎上腺髓質所分泌的激素，主要以腎上腺素為主，其次是正腎上腺素。髓質之嗜鉻細胞以酪胺酸（tyrosine）為材料，在不同酵素作用下合成激素（圖 12-26）。酪胺酸經羥化酶（hydroxylase）作用下轉變成多巴（dopa），此為一決定合成腎上腺素的速率步驟。多巴（dopa）再經去羧酸酶（decarboxylase）作用，產生多巴胺（dopamine），多巴胺為兒茶酚胺的一種。多巴胺再經由多巴胺-β-羥化酶作用可轉變成正腎上腺素，正腎上腺素再經由 PNMT 酵素作用下，可形成腎上腺素。在髓質腎上腺素的形成量約為正腎上腺素的四倍左右。隨之腎上腺素以嗜鉻顆粒（chromaffin granules）方式貯存在嗜鉻細胞中。體內的腎上腺素大部分由腎上腺髓質所分泌，而正腎上腺素則大部分由交感神經節後神經末梢所分泌。

打和跑反應（fight and flight reaction）

　　人類面對生活上各種的壓力（stress），為了應付突發而來的壓力，體內的神經系統及腎上腺髓質便會產生腎上腺素（尤其是腎上腺髓質），參與打和跑的反應。腎上腺素可增加心跳、增強心臟收縮力、使得心輸出量增加，血壓上升，使血流分布於各組織；同時腎上腺素可使位於骨骼肌肉的血管放鬆，如此可應付已來到的壓力。

腎上腺素髓質激素的生理作用

　　腎上腺髓質主要分泌腎上腺素，其次是正腎上腺素，兩者與其腎上腺素性接受器（adrenergic receptor）作用不同。腎上腺素對 α_1-、α_2- 及 β_1-、β_2- 接受器均有作用，而正腎上腺素主要與 α- 接受器結合，與 β- 接受器的作用極少。腎上腺素性接受器敘述於第十四章中。

　　腎上腺素可經由使支氣管平滑肌，使呼吸道阻力下降，增加肺臟的氧氣流量，以增加血液運送氧氣的能力（表 12-14）；亦可經由增加肝醣分解（glycogenolysis），抑制肝醣合成，同時增加升糖激素及降低胰島素分泌，以增加血糖濃度，因此在壓力所引起的緊急狀態下，血中葡萄糖可供給能量使用。

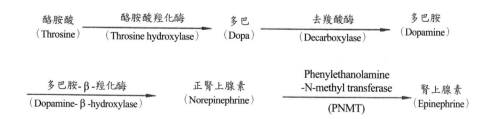

圖 12-26　腎上腺髓質合成激素的步驟

表12-14　腎上腺素的生理作用

1.影響心血管系統
　　(1)增加心輸出量、增加心收縮力、增加心跳
　　(2)骨骼肌內之血管放鬆作用
　　(3)其他組織內之血管收縮作用
2.影響其他組織
　　(1)使消化道、膀胱及呼吸道之平滑肌放鬆
　　(2)增加警覺心
3.影響新陳代謝
　　(1)增加肌肉及肝臟內之 Glycogenolysis（肝醣分解）
　　(2)增加脂肪組織之脂肪分解 Lipolysis
　　(3)減少胰島素分泌
　　(4)增加升糖激素分泌

　　除此之外，腎上腺素刺激心臟血管系統，經由增加心臟收縮力、心跳，使心輸出量增加，而且腎上腺素亦可使骨骼肌肉之血管放鬆（表12-14），可增加血流，使得血液輸送到肌肉及其他器官，以適應打和跑（fight and flight）的反應，應付緊急狀態。同時，腎上腺素可增加新陳代謝速率，使身體產熱以適應寒冷的環境，使皮膚血管產生收縮作用，減少熱量散失，保持體溫。

腎上腺皮質（Adrenal cortex）

　　腎上腺皮質由外往內可分為三層（圖12-27）：

1. **球狀區**（zona glomerulosa）：分泌礦物皮質素（mineralcorticoid）。

2. **束狀區**（zona fasciculata）：分泌糖皮質激素（glucocorticoid）。

3. **網狀區**（zona reticularis）：分泌雄性素（androgen）。

　　腎上腺皮質主要分泌類固醇激素，三層的細胞均有一共同的性質，即含有大量的油滴、豐富的平滑內質網（agranular endoplasmic reticulum）及粒線體（圖12-28）。此三層細胞所分泌的激素均為類固醇激素（steroidal hormone），其共同材料為膽固醇（cholesterol），經由共同的路徑在不同酵素作用下，合成不同的激素（圖12-29）。

腎上腺皮質激素的合成及代謝

　　腎上腺皮質受腦垂體前葉所分泌的ACTH調控下，刺激細胞合成類固醇激素。膽固醇在ACTH及P450scc（切斷支鏈的酵素）作用下，可形成孕烯醇酮（pregnenolone；圖12-30）。孕烯醇酮在 3β-hydroxysteroid dehydrogenase（3β-HSD）的作用下形成黃體素（progesterone）。形成孕烯醇酮的步驟為一決定速率的步驟，一旦形成孕烯醇酮，則以下反應很快就會完成。

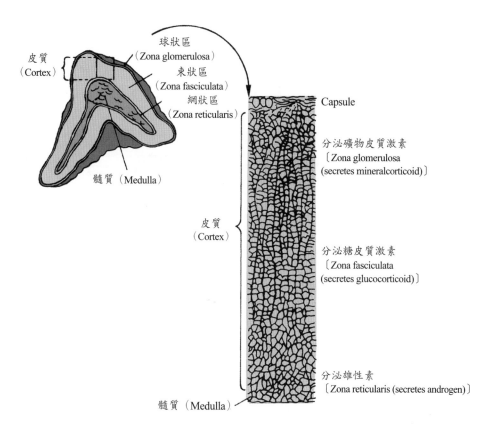

圖 12-27　腎上腺皮質的組織構造

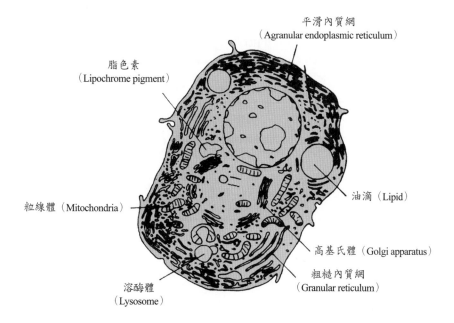

圖 12-28　分泌類固醇激素細胞的特性

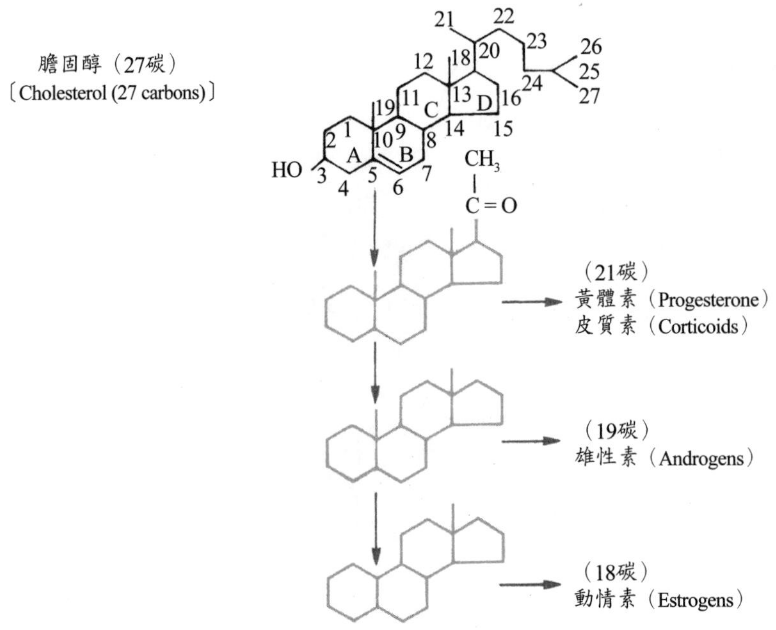

膽固醇（27碳）
〔Cholesterol (27 carbons)〕
HO
(21碳)
黃體素（Progesterone）
皮質素（Corticoids）
(19碳)
雄性素（Androgens）
(18碳)
動情素（Estrogens）

圖12-29　類固醇激素的合成共同路徑

球狀區
束狀區
網狀區
Cholesterol
ACTH
Cholesterol desmolase (P450 sec)
17-Hydroxylase (P450c17)
17, 20Lyase (P450c17)
Pregnenolone
17-Hydroxy-pregnenolone
Dehydroepiandrosterone
3β-Hydroxysteroid dehydrogenase (3β-HSD)
Progesterone
17-Hydroxy-progesterone
Androstenedione
21β-Hydroxylase (P450 c21)
11-Deoxy-corticosterone
11-Deoxycortisol
睪固酮（Testosterone）
環化酶（Aromatase）
雌二醇（Estradiol）
11β-Hydroxylase (P450 c11)
Corticosterone
皮質醇（Cortisol）

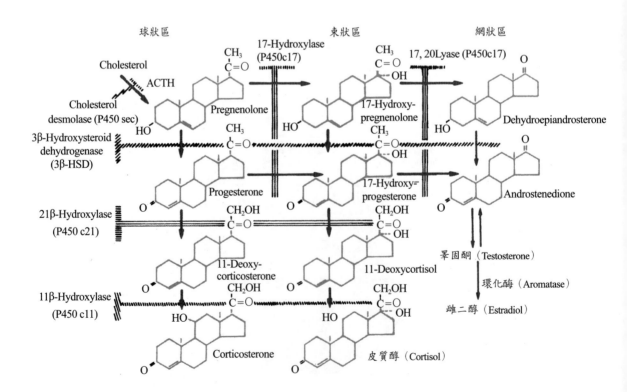

圖12-30　類固醇激素合成的步驟

　　糖皮質激素的合成，可經由孕烯醇酮轉變成17-hydroxypregnenolone的路徑，在束狀區形成皮質醇（cortisol），或是形成corticosterone。礦物皮質激素主要指留鹽激素（aldosterone），球狀區除受ACTH刺激外，尚須有血管緊縮素Ⅱ（angiotensin Ⅱ）的作用下，方可使corticosterone繼續代謝形成留鹽激素（圖12-31）。在束狀區（zona fasciculata），膽固醇經不同酵素作用下，可轉變成cortisol，為體內活性最大的糖皮質激素。在網狀區則可形成androstendione，已具雄性素作用，再轉變成雄性素活性最大的睪固酮（testosterone）。雄性素在腎上腺皮質分泌量少，主要在睪丸（testis）分泌。而睪固酮經由環化酶（aromatase）作用下可轉變成雌二醇（estradiol）（圖12-30）。

　　不論是糖皮質激素或礦物皮質激素，一旦分泌到血液循環中，大部分與血漿中蛋白質結合，只有少部分為游離態，也只有游離態類固醇激素方具有生理作用。大部分類固醇激素的代謝均在肝臟，形成醛醣酸（glucuronide）化合物方式，增加水溶性以利排除。

糖皮質激素的生理作用

　　糖皮質激素（glucocorticoids）其生理作用對於生命的維持是非常重要的，對新陳代謝的影響是異化作用（catabolic effect）。表12-15中顯示，糖皮質激素增加血糖，增加糖質新生作用，減少葡萄糖代謝，刺激蛋白質的分解，促進胺基酸代謝及刺激脂肪的代謝。

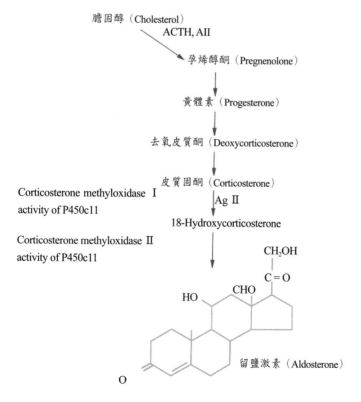

圖12-31　礦物皮質激素（留鹽激素）的合成步驟

表 12-15　糖皮質激素對新陳代謝的影響

1.Effects on carbohydrate metabolism
　(1)maintain blood sugar
　(2)increase gluconeogenesis
　(3)↓ glucose metabolism
2.Effects on protein metabolism
　(1)stimulate extratepatic tissue breakdown
　(2)↑ amino acid metabiliam
3.Effects on fat metabolism
　(1)mobilize fatty acid from adipos tissue to liver
　(2)potentiate lipolytic action of ACTH
　(3)↑ fatty acid oxidation, ketone body formation

　　糖皮質激素具有非常重要的生理作用，即抗發炎反應（anti-inflammatory effect）。當身體受創產生傷口，有細菌或病毒侵犯，會促使發炎反應產生（參見第四章血液）。糖皮質激素可經由減少組織胺（histamine）的合成及釋放，同時抑制感染部位微血管通透性，使中性球無法以白血球滲出（diapedesis）方式通過微血管壁，以抑制發炎反應。同時可阻止白血球聚集在發炎部位，亦可穩定溶酶體之膜，防止蛋白質分解酶的釋出，可抑制發炎反應。糖皮質激素亦可增加兒茶酚胺的血管收縮作用，而降低發炎反應。

　　糖皮質激素可增加中性球數目，但卻減少中性球的吞噬細菌能力。此外，它會減少淋巴球的數目（表 12-16），同時，可抑制 B-淋巴球轉變成漿細胞（plasma cell）而產生免疫能力抑制現象，因此長期使用類固醇會造成免疫能力下降。但臨床上卻可利用此抑制免疫反應的現象應用於器官移植，減少移植器官的排斥作用。除此之外，如果體內缺乏糖皮質激素，則對壓力（stress）的承受能力會變差，亦即糖皮質激素可增加人類對壓力的承受力，其作用機轉尚不清楚。

表 12-16　皮質醇使用後對血球數目的影響（單位：細胞／mm^3）

正　常	對照組	接受Cortisol
WBC		
Total	9,000	10,000
PMNs	5,760	8,330
淋巴球	2,370	1,080
RBC	5×10^6	5.2×10^6

糖皮質激素分泌的調控

糖皮質激素（glucocorticoid）主要受腦垂體前葉所分泌的ACTH控制（圖12-32），當給與較高劑量之ACTH給切除腦垂體之動物，其糖皮質激素的分泌量正比於ACTH之劑量。而ACTH又受到下視丘所分泌的皮釋素（CRH）的影響。皮釋素及ACTH則又受糖皮質激素負回饋的抑制（圖12-33）。

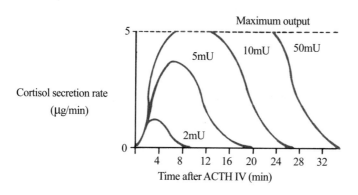

圖12-32　切除腦下腺後，靜脈注射（IV）ACTH對皮質醇分泌的影響

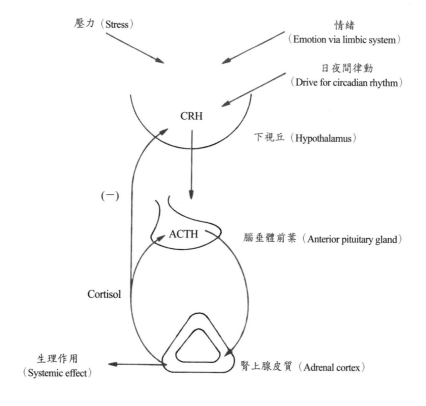

圖12-33　糖皮質激素分泌的調節因素

　　糖皮質激素的分泌，除了CRH-ACTH-glucocorticoid之軸線作用外，尚有壓力（stress）、情緒改變也會影響其分泌；糖皮質激的分泌也受日夜間律動（circadian rhythm）的影響，血液中糖皮質激素的濃度，在白天較低，晚上（約清晨）分泌則較高，呈規則性變化。當壓力增加時，糖皮質激素分泌會增加，所以，當人類面對壓力時，糖皮質激素分泌量會增加，藉此重新調節體內能量分布，以適應環境中的壓力。

礦物皮質激素的生理作用及分泌的調節

　　礦物皮質激素（mineralcorticoid）最典型的代表激素為留鹽激素（aldosterone），其生理作用及調節作用，在腎臟章節已詳述過。留鹽激素作用於腎小管的遠曲小管，促進Na^+的再吸收及K^+的分泌，即Na^+-K^+交換，使得水分留在體內，增加血液容積。

　　留鹽激素的分泌除受ACTH影響外，尚須有血管緊縮素 II 的刺激，方可使留鹽激素分泌量增加（圖12-31）。除此之外，倘若體內鉀離子增加，亦會刺激留鹽激素分泌，但卻不影響糖皮質激素的分泌（表12-17）。而在外科手術、焦慮、身體創傷及失血時，除可增加留鹽激素分泌外，亦會增加糖皮質激素的分泌，此乃因引起留鹽激素分泌的因素，如失血等，對人類亦有很大的壓力（stress），所以亦可引起糖皮質激素的分泌。如果引起留鹽激素分泌的因素，並無stress的產生，則對糖皮質激素的分泌沒有影響，如高鉀、低鈉、站立等因素（表12-17）。有關留鹽激素分泌的調控，最重要的為腎素血管緊縮素系統（renin-angiotensin system），此部分已在腎臟及心臟血壓調節機制中詳述，請參考。

表12-17　影響留鹽激素分泌增加的因素

1.Glucocorticoid secretion also increased
　(1)surgery（外科手術）
　(2)anxiety（焦慮）
　(3)physical trauma（身體創傷）
　(4)hemorrhage（失血）
2.Glucocorticoid secretion unaffected
　(1)high potassium intake（高鉀攝取）
　(2)low sodium intake（低鈉攝取）
　(3)constriction of inferior vena cava in thorax（上腔靜脈收縮）
　(4)standing（站立）
　(5)secondary hyperaldosteronism (in some cases of congestive neart failure, cirrhosis, and nephrosis)（次級高留鹽激素症）

調節鈣離子恆定的激素

（Hormone Regulated Calcium Homeostasis）

鈣離子在生理功能上扮演重要的角色，除了為骨骼中重要成分之外，還參與肌肉收縮的過程、神經細胞釋放神經傳遞物質、心肌的動作電位、擔任訊息傳遞（signal transduction）的第二傳訊因子及參與凝血（coagulation）機制。體內大部分的鈣離子貯存在骨骼（圖12-34）。血漿中鈣離子的濃度直接影響上述的生理現象。血漿中鈣離子濃度的變化，主要受三個因素的影響：(1)與骨骼中交換；(2)腎臟腎小管再吸收及分泌作用；及(3)消化道吸收鈣離子，使血漿中鈣離子（血鈣）濃度產生變化。

體內與鈣離子代謝有關的激素列於表12-18，其中最重要的有副甲狀腺素（parathyroid hormone; PTH）、抑鈣激素（calcitonin）及活化的維生素D_3（1, 25-dihydroxycholecalciferol）。

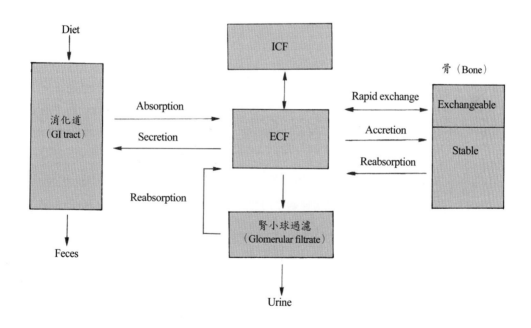

圖12-34 鈣在體內代謝的過程

表 12-18　影響骨骼形成及鈣離子代謝的因素

- Parathyroid hormone
- 1, 25-Dihydroxycholecalciferol (calcitrol)
- Calcitonin
- Glucocorticoids
- Growth hormone and somatomedins
- Thyroid hormones
- Estrogens
- Insulin
- IGF-I
- Epidermal growth factor
- Fibroblast growth factor
- Platelet-derived growth factor
- Prostaglandin E_2
- Osteoclast activating factor

維生素D_3（Vitamine D_3）

　　維生素D_3（cholecalciferol）可在皮膚經由陽光照射後生合成得到，或由食物中獲得（圖 12-35）。進入血液中的維生素D_3循環到肝臟，經 25-羥化酶（25-hydroxylase）作用後，形成 25-hydroxycholecalciferol，再循環到腎臟，經 1α-羥化酶（1α-hydroxylase）作用，得到活化的維生素D_3（1, 25-dihydroxycholecalciferol or calcitrol），才可以幫助消化道吸收鈣離子。

　　維生素D_3為類固醇激素，因此其作用位置在細胞核，活化基因轉錄作用（gene transcription），以達生理作用。經由活化的維生素D_3，主要的生理作用為(1)作用於小腸，增加 Ca^{++} 及 PO_4^{-3} 的吸收；(2)幫助副甲狀腺素（PTH）作用，增加血液中游離的 Ca^{++}，而使得血中 Ca^{++} 濃度上升；及(3)促進腎小管對 Ca^{++} 及 PO_4^{-3} 的再吸收（表 12-19）。結果使血鈣及血磷濃度均上升。

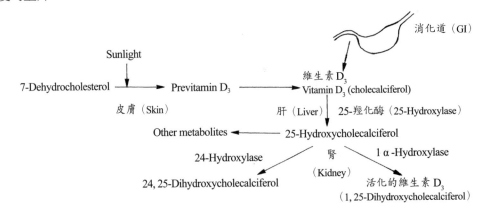

圖 12-35　體內活化維生素 D3 的過程

表 12-19　影響鈣離子代謝之激素的生理作用

作用組織	PTH（副甲狀腺素）	Calcitonin 抑鈣激素	1, 25-(OH)₂D₃（活化Vit D₃）
血鈣 血磷	↑ ↓	↓ ↓	↑ ↑
骨（Bone）	↑ Reabsorption of bone	↓ Reabsorption of bone	↑ PTH action
腎（Kidney）	↑ Ca⁺⁺ reabsorption ↓ PO₄⁻³ reabsorption ↑ 1α-hydroxylase	↓ Ca⁺⁺ reabsorption ↓ PO₄⁻³ reabsorption	↑ Ca⁺⁺ reabsorption ↑ PO₄⁻³ reabsorption
消化道（GI）	Indirect effect 〔via 1, 25-(OH)₂D₃〕	no effect	↑ Ca⁺⁺ and PO₄⁻³ absorption

　　維生素 D_3 活化的過程，須在肝臟及腎臟活化，而在腎臟活化的步驟須有副甲狀腺素（PTH）的幫助（圖 12-36）。一旦 1, 25-(OH)₂D₃ 形成，即可行其生理作用，增加小腸對鈣離子（Ca⁺⁺）及磷酸根離子（PO₄⁻³）的吸收。當血中鈣離子增加，反而會抑制副甲狀腺素的血中濃度，且 PO₄⁻³ 會抑制 1, 25-(OH)₂D₃ 的活化，使得維生素 D_3 作用下降。此外，活化的維生素 D_3 本身也會抑制 PTH 的作用，使得維生素 D_3 的作用達生理平衡。

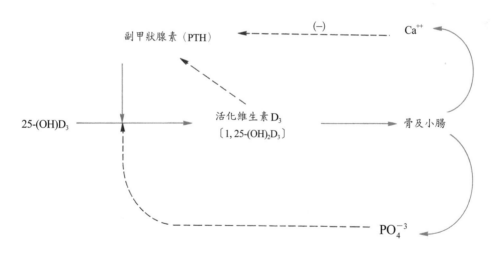

圖 12-36　活化的維生素 D_3 之形成的調節作用及其生理作用

副甲狀腺素（Parathyroid hormone; PTH）

　　副甲狀腺（parathyroid gland）包埋在甲狀腺中，位於甲狀腺的後方（圖 12-37），左右各有一對，負責分泌副甲狀腺素。

　　副甲狀腺素的生理作用，除了上述可以幫助維生素 D_3 的活化之外，主要作用於骨（bone），促進鈣離子及磷酸根離子的吸收；同時作用於腎臟，增加鈣離子再吸收及減少磷

酸根離子再吸收，最後使得血鈣上升及血磷下降。PTH可經活化1α-羥化酶（1α-hydroxylase）幫助維生素D_3在腎臟活化，而在消化道的作用是經由幫助維生素D_3活化而來，並無直接作用（表12-19）。

當血鈣下降時，則會刺激副甲狀腺素的分泌，血鈣為調節PTH分泌的主要因素。當血鈣下降到10 mg/100 ml時，PTH即開始增加分泌（圖12-38）。此外，當1, 25-$(OH)_2D_3$形成時，會抑制PTH的分泌（圖12-36）。磷酸根離子（PO_4^{-3}）增加，則可刺激PTH分泌。

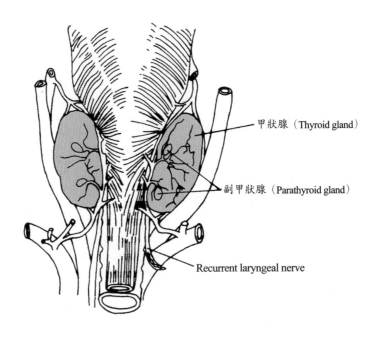

甲狀腺（Thyroid gland）

副甲狀腺（Parathyroid gland）

Recurrent laryngeal nerve

圖12-37　副甲狀腺的解剖位置（後面觀）

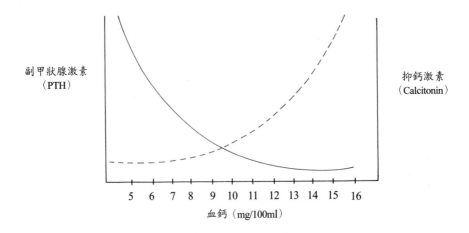

副甲狀腺激素（PTH）

抑鈣激素（Calcitonin）

血鈣（mg/100ml）

圖12-38　血鈣對PTH及Calcitonin分泌的影響

抑鈣激素（Calcitonin）

　　抑鈣激素為甲狀腺濾泡旁的 C 細胞所分泌。顧名思義，抑鈣激素可以降低血中鈣離子的濃度。抑鈣激素可(1)抑制骨再吸收鈣，同時(2)抑制腎小管對 Ca^{++} 及 PO_4^{-3} 的再吸收，而使得血鈣及血磷下降，但對消化道無作用（表12-19）。調節抑鈣激素分泌的因素，主要也是血鈣的濃度（圖12-38），當血鈣上升則刺激抑制激素分泌。但抑鈣激素在人類體內的作用仍不清楚，值得再進一步探討。

　　綜合 PTH、calcitonin 及 1, 25-(OH)$_2$D$_3$ 對血鈣的調節作用，圖12-39顯示，血鈣與 PTH 兩者之間形成一負回饋作用。當血鈣下降時，可增加 PTH 而降低 calcitonin，使得骨再吸收 Ca^{++} 增加，並增加腎小管對 Ca^{++} 的再吸收，且 PTH 可經活化 1α-hydroxylase 促進 1, 25-(OH)$_2$D$_3$ 的活化，進而增加小腸吸收 Ca^{++}，使血鈣增加；反之，當血鈣上升時，可降低 PTH 而增加 calcitonin，使得骨再吸收 Ca^{++} 減少，並抑制腎小管再吸收 Ca^{++} 及 PO_4^{-3}，使得血鈣下降。

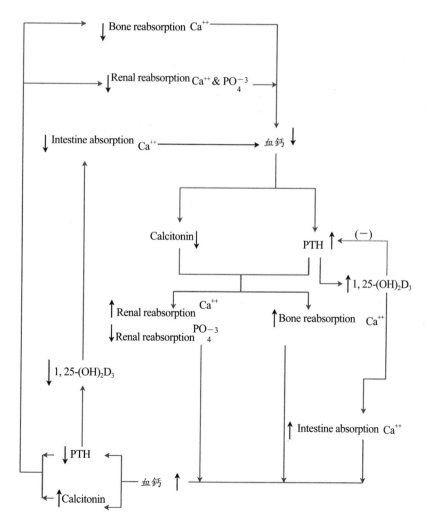

圖12-39　PTH、Calcitonin 及 1, 25-(OH)2D3 對血鈣的調節作用

生殖系統（Reproductive System）

生命的意義在創造宇宙繼起之生命，以保持個體的存在，確保種族的延續，而生殖系統即是完成種族延續的生理系統。生物體藉由生殖系統形成卵子或精子，將遺傳物質傳承給下一代。本節將就性別決定及性別分化（sex determination and sex differentiation）、男性生殖系統（male reproductive system）及女性生殖系統（female reproductive system）來詳加討論。

性別決定及性別分化（Sex determination and sex differentiation）

男性與女性在解剖構造上有明顯差異，身體內的激素調節作用也都不相同，但令人驚訝的是，在胚胎的初期，男胚及女胚同樣都含有兩套的性生殖管。個體性別的決定可取決於基因性別的決定及性別的分化。

性別的決定由卵子及精子的染色體（chromosome）即可決定其基因型（genotype）為男性或女性。當受精卵（zygote）的第23對性染色體為XY，即決定此受精卵可發育成具睪丸的男性個體；若受精卵的第23對染色體為XX，則決定發育成具卵巢的女性個體。但在胚胎發育期，性腺分化所產生的激素，可影響內生殖器官、外生殖器官、第二性徵及內分泌的表現型（phenotype），而決定表現型的性別為何。因此，個體的性別取決於其基因（或染色體），接著性腺分化及性別表現型的發育，來決定性別。

性染色體決定性腺的分化

當受精卵具有Y染色體（Y chromosome）即決定為雄性的個體，Y染色體有一段性別決定基因（sex dertermining gene; srygene），在雄性細胞的細胞膜上有一特殊的蛋白質，是具有抗原性的，稱為組織相容性Y-抗原（histocompatibility Y-antigen; testis-determing factor），此testis-determing factor可以促使原始性腺（primitive gonad）發育成睪丸（testis）。圖12-40中顯示，若將抗testis-determining facter的血清加入新生老鼠之睪丸中培養，結果發現產生缺乏精細管的睪丸；若將人類testis-determining facter加入牛胚胎之卵巢，則促使其分化成睪丸。由此表示雄性性腺睪丸的發育，必須有testis-determing factor的作用。

不論受精卵的第23對染色體是XX或XY，其所發育的胚胎體內均含有兩套未分化的生殖管（genital duct）：一是Mülerian duct，可發育成雌性的生殖器官；另一是Wolffian duct，可發育成雄性的生殖器官（圖12-41）。基因型為雌性之胚胎，Mülerian duct將會發育分化成子宮、輸卵管、子宮頸及陰道等雌性內生殖器官；基因型為雄性之胚胎，其Wolffian duct則發育分化成副睪、輸精管、貯精囊等雄性內生殖器官。

性別分化

　　雌雄胚胎的性腺分化（gonadal differentiation）的時間不同，雄性胚胎因含有 testis-determining factor，可在懷孕的第七至八週刺激睪丸（testis）的分化，雌性胚胎則約在懷孕的第十週才會有卵巢（ovary）的分化。

　　懷孕七至八週，雄性胚胎在 testis-determining factor 的刺激下，原始性腺（primitive gonad）發育成正常的睪丸（圖 12-42），此時位於精細管（seminiferous tubule）內的支持細胞（sertoli cell）開始分泌 Mülerian duct 抑制因子（Mülerian duct inhibitory factor; MDIF）。MDIF 為一醣蛋白（glycoprotein），具有局部作用，可抑制 Mülerian duct 的發育。除此之外，另一方面在精細管旁的間質細胞（leydig cell; interstitial cell）可分泌睪固酮（testosterone）（圖 12-42），睪固酮經 5α-還原酶（5α-reductase）作用成二氫睪固酮（dihydrotestosterone; DHT），方能刺激 Wolffian duct 的發育。睪固酮可刺激雄性胚胎（Wolffian duct）發育成內外生殖器。此時，雄性胚胎因 Mülerian duct 退化，而 Wolffian duct 發育，而成為表現型（pheno type）的雄性個體。

　　雌性胚胎內卵巢的分化較雄性晚，約在懷孕第九至十週開始，Wolffian duct 因沒有 testis-determining factor 及睪固酮刺激而退化（圖 12-42），而因無睪丸形成，所以無 Mülerian duct 抑制因子產生，所以原始性腺（primitive gonad）發育成卵巢，而 Mülerian duct 則發育為女性的生殖器官。相對於雄性之性別分化，雌性胚胎之卵巢激素對 Mülerian duct 的發育並沒有幫助。

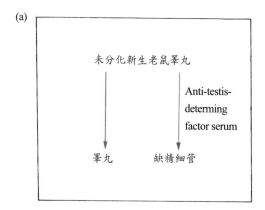
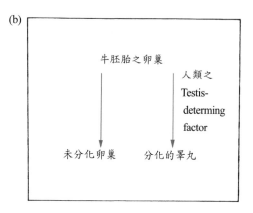

註：(a)阻斷 testis-determining factor 作用，形成之睪丸缺乏精細管；(b) testis-determining factor 可促使牛胚胎之卵巢分化成睪丸。

圖 12-40　Testis-determining 對原始性腺分化的影響

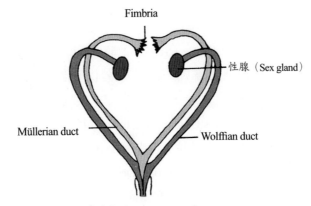

Fimbria

性腺（Sex gland）

Müllerian duct

Wolffian duct

未分化（Undifferentiated）

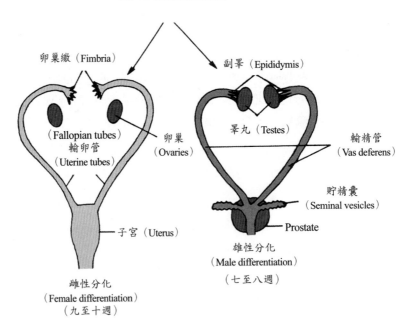

卵巢繖（Fimbria）

副睪（Epididymis）

（Fallopian tubes）
輸卵管
（Uterine tubes）

卵巢
（Ovaries）

睪丸（Testes）

輸精管
（Vas deferens）

子宮（Uterus）

貯精囊
（Seminal vesicles）

Prostate

雌性分化
（Female differentiation）
（九至十週）

雄性分化
（Male differentiation）
（七至八週）

圖 12-41　胚胎期雌雄體內性器官的分化

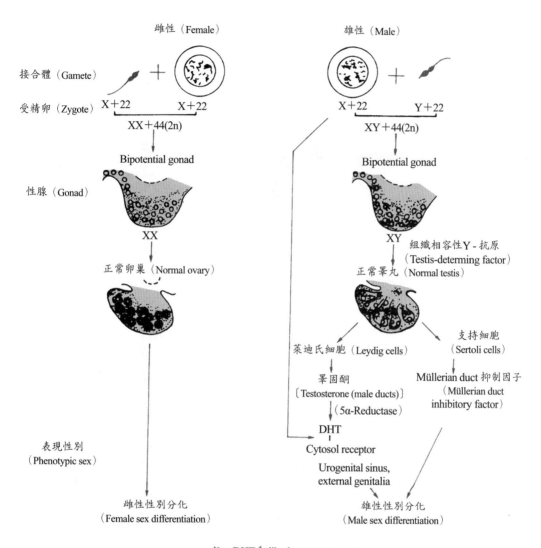

圖12-42 性別分化的過程

註：DHT為dihydrotestosterone。

男性生殖系統（Male reproductive system）

男性生殖系統主要的作用有(1)分泌性激素（sex hormone）；(2)產生精子（sperm）；及
(3)運輸精子。男性生殖系統包括陰囊（scrotum）及陰莖（penis）（圖12-43）。陰莖內包含
有尿道（urethra）及海綿體。陰囊內含睪丸（testis），接著為副睪（epididymis），經由輸精
管（vas deferens）連接貯精囊（seminal vesicle）。睪丸內含許多的精細管（seminiferous tubule）
（圖12-44），為製造精子的場所。

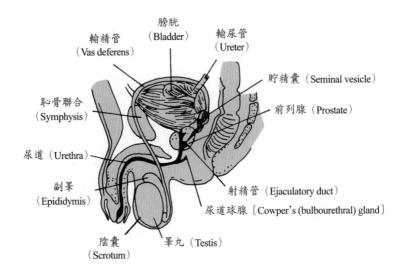

圖12-43　男性生殖系統的解剖構造

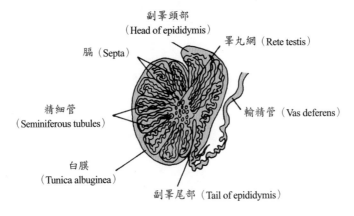

圖12-44　睪丸內精細管分布情形

精子的形成

睪丸內含有許多精細管，其中含有許多的產精子細胞（spermatogenic cells）（圖12-45）及支持細胞（sertoli cell）。精細管中支持細胞的生理作用有(1)分泌Müllerian duct抑制因子；(2)提供精子養分；(3)分泌雄性素結合蛋白質（androgen binding protein; ABP）；及(4)分泌抑制素（inhibin）。位於間質之間質細胞（leydig cell）則分泌睪固酮（testosterone）。

精原細胞（spermatogonium）經由有絲分裂形成初級精母細胞（primary spermatocyte; 1n），再經由減數分裂形成次級精母細胞（secondary spermatocyte; 2n）及精細胞（spermatids）（圖12-45），最後形成精蟲（spermatoza; sperm）。精子形成的過程均附著在支持細胞上進行，最後形成的精子，則位於精細管的管腔中央，附著在支持細胞上。

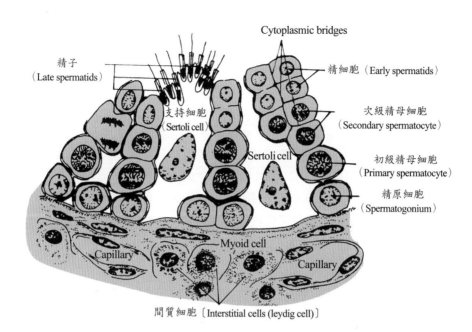

圖12-45 精細管的上皮細胞及生殖細胞

精子的構造

精子的構造可分為三個部分，頭部（head）、中節（middle piece）及尾部（tail）（圖12-46）。頭部含有細胞核，內有23個染色體（chromosome），頭部外覆有一尖體（acrosome），尖體內含有許多酵素，似溶酶體（lysosome），可幫助精子穿透卵子而受孕。中節內含有許多粒腺體（mitochondria），提供能量供精子運動。尾部則為一典型的鞭毛，可擺動使精子前進。

在精細管製造的精子，進入副睪（epididymis），在副睪內成熟，使精子更具活力而具有使卵子受孕的能力。精子花約兩周時間通過副睪，再進入輸精管（vas

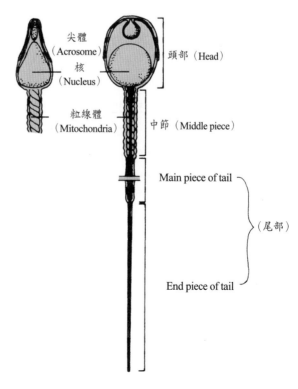

圖12-46 精子的構造

deferens），因此，當精子通過副睪丸時，大部分液體被再吸收，所以進入輸精管的精子更濃縮。接著精子通過輸精管（圖12-43），進入貯精囊中。

男性生殖系統的作用及調控

男性生殖系統主要受下視丘－腦垂體軸（hypothalamus-pituitary axis）的調控。下視丘（hypothalamus）分泌性釋素（gonadotropin releasing hormone; GnRH）刺激腦垂體前葉，分泌黃體刺激素（LH）及濾泡刺激素（FSH）（圖12-47）。FSH可刺激精細管中精子的形成，LH則可作用於間質細胞（leydig cell），促進睪固酮（testosterone）的合成及分泌。

睪固酮主要由間質細胞所製造，其材料為膽固醇，在LH刺激下，膽固醇生合成產生睪固酮（圖12-30；圖12-48），睪固酮經5α-還原酶（5α-reductase）作用，形成另一具有活性的二氫睪固酮（dihydrotestosterone; DHT）。

睪固酮是雄性素（androgen）的一種，其生理作用可促進胚胎期的性別分化，促進並維持男性特徵及生殖功能。睪固酮在青春期時分泌增加，可促使性器官發育外，並促使男性第二特徵的發育：

1. **體毛生長**：出現鬚（beard）、恥毛及胸毛。
2. **聲音**：喉結長出，聲音低沉。
3. **身體形態**：肩變寬、肌肉量增加，促進骨骼發育。
4. **皮膚**：變粗糙，皮脂腺活化，油脂分泌增加。
5. **新陳代謝**：增加蛋白質同化作用，促進生長。

男性生殖系統的調控，主要受神經內分泌及負回饋的調節。下視丘分泌GnRH促使腦垂體前葉分泌FSH及LH。FSH促進精細管發育，產生精子，並促使支持細胞（sertoli cell）產生ABP及抑制素（圖12-49）。抑制素（inhibin）進入循環，可作用於腦垂體前葉抑制FSH的分泌，但對LH沒有顯著影響。LH作用於間質細胞（leydig cell），促使睪固酮合成，當睪固酮分泌增加可負回饋到下視丘及腦垂體前葉，抑制GnRH及LH的分泌。

下視丘
（Hypothalamus）
GnRH
腦下腺前葉
（Anterior pituitary gland）
FSH
LH
睪丸（Testis）
精子形成
（Spermatogenesis）
睪固酮分泌
（Testosterone）

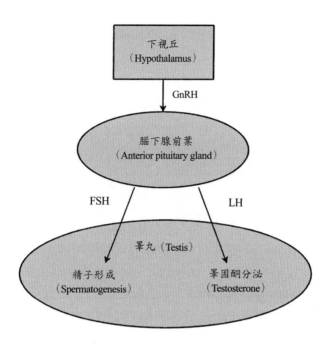

圖 12-47　下視丘－腦垂體軸對睪丸的調控

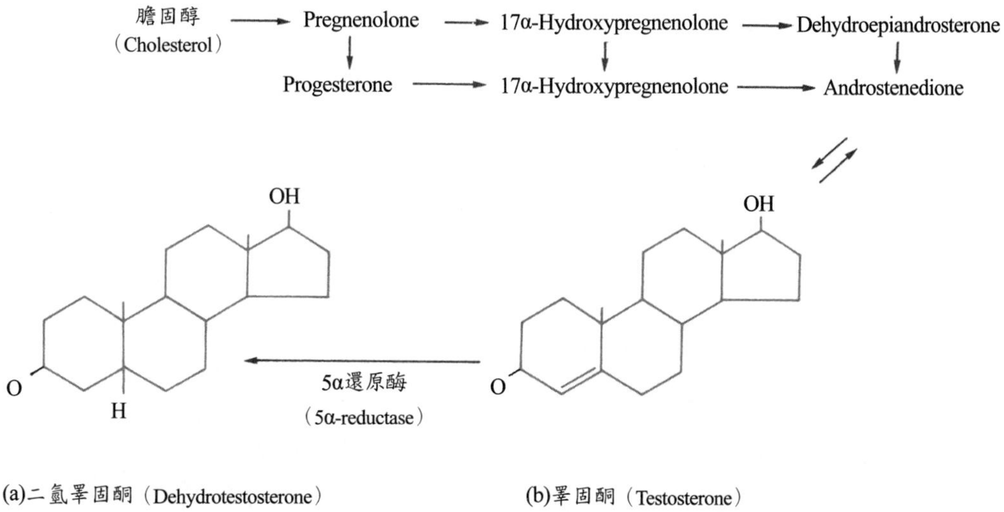

膽固醇
（Cholesterol）
Pregnenolone
17α-Hydroxypregnenolone
Dehydroepiandrosterone
Progesterone
17α-Hydroxypregnenolone
Androstenedione
OH
OH
O
H
O
5α還原酶
（5α-reductase）
(a)二氫睪固酮（Dehydrotestosterone）
(b)睪固酮（Testosterone）

圖 12-48　雄性素合成步驟

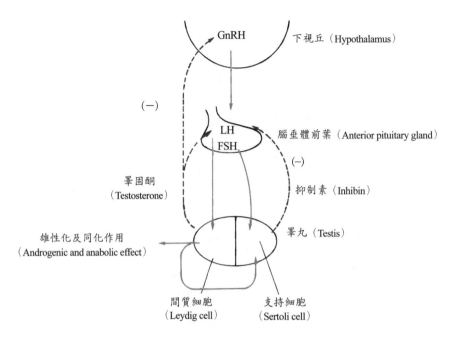

註：虛線代表抑制，實線代表促進。

圖 12-49　下視丘－腦垂體－睪丸的內分泌調控

女性生殖系統（Female reproductive system）

　　女性生殖系統的主要生理功能有分泌性激素（sex hormone）、產生卵（ovum）、懷孕（gestation）及分娩（delivery）。女性生殖系統的內生殖器官包括有卵巢（ovary）、輸卵管（oviduct 或 uterine duct）、子宮（uterus）、子宮頸（cervix）及陰道（vagina）（圖 12-50）。

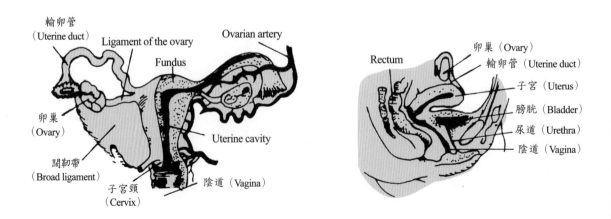

圖 12-50　女性生殖系統的解剖構造

卵巢的功能

卵巢（ovary）位於腹腔上方（圖12-50），左右各一，與輸卵管（uterine duct）相通，具有卵生成（oogenesis）及分泌激素的功能。

卵巢有許多的原始濾泡（primordial follicle），受FSH刺激開始發育，成為一成熟濾泡（mature follicle）（圖12-51），並可分泌動情素（estrogen）（圖12-52）。成熟濾泡受LH作用，產生排卵（ovulation），將卵排至腹腔由漏斗部（infundibulum）吸入輸卵管。排卵後的濾泡形成血質（corpus hemorrhagicum），受LH作用形成年輕黃體（young corpus luteum）、成熟黃體（mature corpus luteum），並可分泌黃體素（progesterone）及動情素，最後退化變成白體（corpus albicans）。每次月經週期開始，約有二十個以上卵同時發育，一週後只剩一個明顯濾泡繼續發育成為成熟的卵，其餘濾泡停止發育、萎縮為退化濾泡（atretic follicle）。

成熟濾泡中間有空腔（antrum）（圖12-51）圍在濾泡外圍的細胞，由內往外，包括有顆粒層細胞（granulosa cell）、囊狀卵胞內膜（theca internal）及囊狀卵胞外膜（theca external），這些細胞在黃體期中可發育成黃體細胞（luteal cell），可分泌黃體素（progesterone）。

月經週期

正常女性只有兩個卵巢，位於腹腔，左右各一，左右兩邊卵巢每個月輪流有一個卵成熟，並釋出卵到腹腔，稱為排卵（ovulation）。釋出到腹腔的卵進入輸卵管內，若與精子結合，稱為受精（fertilization），而成為受精卵。受精卵可著床（implantation）於增厚之子宮內膜（endometrium）。若卵未受精，亦未著床，則增厚的子宮內膜、血管及腺體便會剝落，經由陰道排出，此現象稱為月經（menstruation）。

月經週期（menstrual cycle）平均為二十八天一週期，依卵巢濾泡的變化可分為濾泡期（follicular phase）、排卵（ovulation）、黃體期（luteal phase）三期；若依子宮內膜的變化，亦可分為三期：⑴增生期（proliferative phase）；⑵分泌期（secretory phase）；及⑶行經期（menstrual phase）。

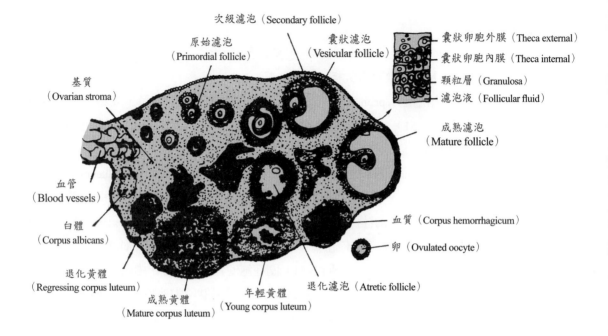

圖 12-51 卵生成排卵及黃體的形成

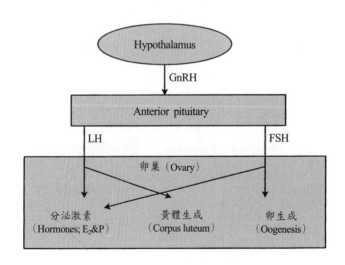

圖 12-52 下視丘—腦垂體前葉—卵巢軸

1. **濾泡期**（follicular phase）：包括子宮內膜的行經期及增生期（proliferative phase），由陰道出血起，持續約兩週，至排卵前，所以濾泡期與行經期及增生期有重疊處（圖 12-53；圖 12-54）。濾泡期卵巢受 FSH 刺激開始發育成為一成熟濾泡，濾泡便開始合成製造動情素（estrogen），直到週期第十天動情素快速增加，便產生負回饋（negative feedback），使得 FSH 分泌量減少（圖 12-54）。因濾泡繼續成熟，動情素分泌繼續增加，到排卵前（第十四天）達最高量。此時，子宮內膜受動情素作用慢慢增生，並促使肝醣堆積在腺體中。

2. **排卵**（ovulation）：當在週期第十四天，大量動情素增加，對腦垂體前葉產生正回饋（positive feedback），引起 LH 大量分泌（LH sure），而 LH 增加而引發排卵。

3. **黃體期**（luteal phase）：又稱為分泌期（secretory phase），排卵後的血質受 LH 作用形成黃體，促使黃體細胞分泌動情素及黃體素（圖 12-54）。此二激素作用於子宮內膜，促使螺旋動脈（coiled artery）加長（圖 12-53），子宮內膜更滋潤，適合受精卵著床。約在週期的第二十至二十二天左右，黃體素增加，對腦垂體前葉產生負回饋，則 LH 開始下降。同時顆粒細胞分泌抑制素（inhibin），可抑制 FSH 的分泌。此外，此期中因黃體素增加，會造成基礎體溫增加（圖 12-54），常應用於基礎體溫表，檢測是否排卵。

4. **行經期**（menstrual phase）：黃體期後期，因為負回饋作用，使得 FSH 及 LH 下降，所以黃體無法維持，又因無受精卵著床，沒有 hCG 產生以維持黃體，所以動情素及黃體素濃度下降，使得螺旋動脈收縮（coiled artery constriction），子宮內膜剝落，造成陰道排血，同時下一個月經週期的濾泡期也同時展開。

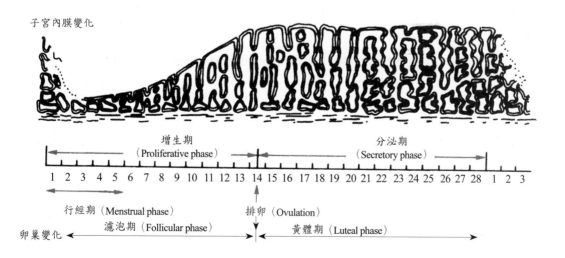

圖 12-53　月經週期子宮內膜的變化

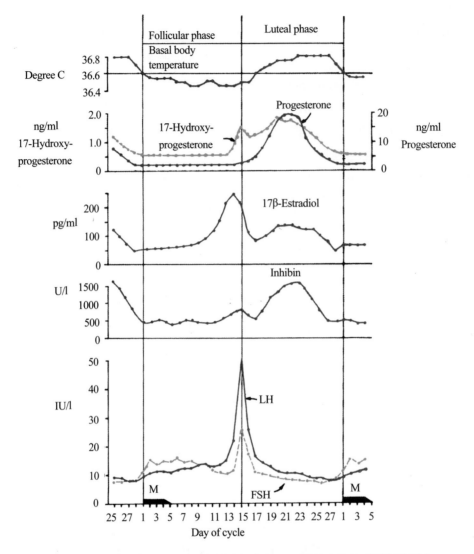

圖 12-54　月經週期中腦垂體前葉激素、卵巢激素及基礎體溫的變化

卵巢激素

1. **動情素**（estrogen）：卵巢濾泡包括卵囊膜細胞（theca cell）、顆粒層細胞（granulosa cell），均可分泌動情素。動情素為所有雌性素的總稱。雄性素經環化酶（aromatase）作用可形成不同之動情素（圖 12-55），包括有雌酮（estrone; E_1）、雌二醇（17β-estradiol; E_2）及雌三醇（estriol; E_3），其中活性最大者為 E_2，其雌性素活性大小順序為 $E_2 > E_1 > E_3$。圖 12-56 中顯示位於囊狀卵胞內膜（theca cell）之細胞可製造黃體素（progesterone），進而產生 androstedione，再以擴散方式進入顆粒層細胞（granulosa

cell）中，作為合成雌二醇的材料。

　　動情素分泌到血液循環中，會與血漿中性類固醇結合球蛋白（sex steroid binding globulin）結合。動情素的生理作用可刺激青春期內生殖器官的發育，及女性第二特徵的表現，促進乳腺的發育。在月經週期第十天動情素大量增加，對下視丘及腦垂體前葉產生負回饋（negative feedback）作用，而抑制GnRH及FSH、LH之分泌。而在排卵前動情素大量增加，可對腦垂體前葉產生正回饋（positive feedback），而引起LH潮放（LH surge），進而促進排卵現象。

2. **黃體素**（progesterone）：黃體素為類固醇合成步驟的中間產物，在可以製造類固醇激素的內分泌腺體均可分泌黃體素，如腎上腺皮質、睪丸及黃體，其中以黃體細胞（luteal cell）可以產生最多的黃體素。在月經週期的第二十一天左右，黃體素濃度上升，對下視丘及腦垂體產生負回饋。

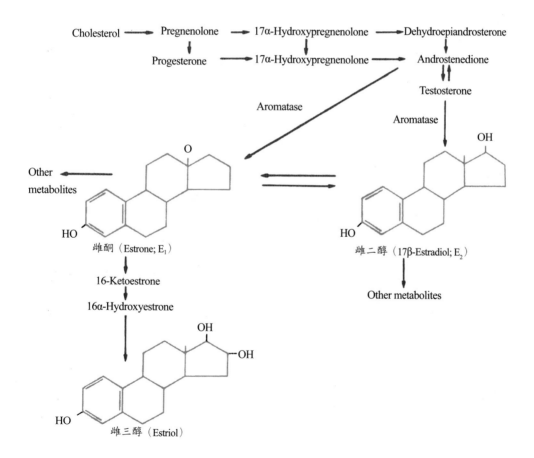

圖12-55　體內動情素合成的步驟

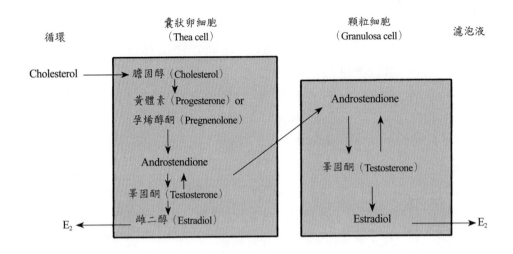

圖 12-56　卵巢濾泡細胞合成類固醇的步驟

黃體素的生理作用主要為維持正常胚胎著床及懷孕情況。除此之外,黃體素可拮抗動情素對子宮肌層(myometrium)的收縮作用,使子宮平滑肌放鬆,因此臨床上常應用在早期流產現象時的安胎作用。黃體素尚可拮抗雄性素的作用,可應用治療女性的多毛症(hirsutism)。黃體素可增加循環中腎素(renin)及血管緊縮素 II(angiotensin II)的濃度,造成鹽類及水分滯留,而引起水腫。所以在黃體期末期,有一些婦女常會有水腫的現象產生。

3. **鬆弛素**(relaxin):鬆弛素為懷孕初期由黃體(corpus luteum)受 hCG 刺激所分泌,但在懷孕末期,子宮內膜亦可分泌鬆弛素。其生理作用為鬆弛骨盆韌帶(pelvic ligaments),做分娩(delivery)的準備。此外,鬆弛素與黃體素一起作用,可防止懷孕早期的子宮收縮(uterine contraction),防止胎兒過早推出。

懷孕末期進入分娩狀態時,胎兒往下降,刺激子宮頸放鬆,傳入腦垂體以刺激催產激素(oxytocin)分泌(圖 12-57)。催產激素一方面可直接引起子宮收縮,或促使子宮分泌前列腺素(prostaglandin; PGE₂)促進子宮收縮;而鬆弛素則可增加子宮頸變軟變薄,促進分娩,同時亦可增加子宮肌層的催產激素,促進子宮收縮。

卵巢功能的調控

卵巢受下視丘—腦垂體前葉調控(圖 12-58)。FSH 刺激濾泡成熟,可分泌動情素,當在月經週期第十天動情素大量增加,可負回饋抑制下視丘及腦垂體分別分泌 GnRH、FSH 及 LH。此外,顆粒層細胞亦可分泌抑制素(inhibin),抑制腦垂體前葉分泌 FSH。

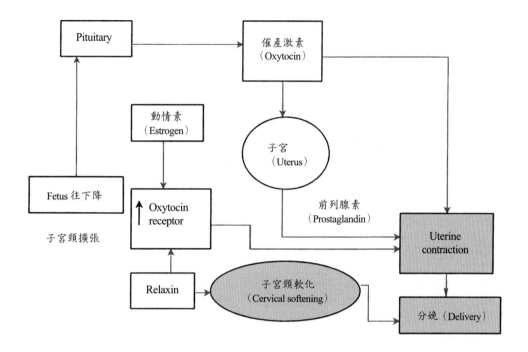

圖 12-57　參與分娩過程的激素作用流程

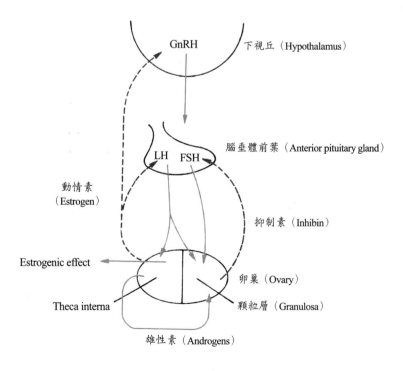

圖 12-58　卵巢功能的調節

專有名詞中英文對照

第十三章　中樞神經系統

章節大綱

大腦

間腦

中腦

後腦

脊髓

腦神經及脊髓神經

學習目標

研習本章後，你應該能做到下列幾點：

1. 描述腦的結構及腦室的分布

2. 說明大腦的外觀結構，並描述感覺皮質及運動皮質的位置及功能

3. 描述不同語言區受損所引起之失語症有何差異

4. 說明腦波圖的組成及其臨床應用

5. 描述基底核的結構及作用

6. 說明巴金森氏症的病因

7. 說明大腦不對稱及大腦優勢

8. 描述邊緣系統的構造及如何調控情緒動機

9. 區分短期記憶及長期記憶，並說明短期記憶如何經長期強化及記憶穩固成為長期記憶

10. 說明間腦的構造及生理功能

11. 描述中腦的構造及功能

12. 說明位於腦幹的呼吸中樞

13. 描述延腦及網狀結構的構造及功能

14. 說明小腦的構造及功能

15. 描述脊髓的感覺上行路徑及運動下行路徑

16. 說明腦神經及脊髓神經的分類

　　神經系統包括中樞神經系統（central nervous system; CNS）及周邊神經系統（peripheral nervous system; PNS）。周邊神經系統又分為體神經（somatic nerve）及自主神經系統（autonomic nervous system; ANS）（將在第十四章中討論）；中樞神經系統又分為腦（brain）及脊髓（spinal cord）（圖13-1）。腦又可分為大腦（cerebrum）、間腦（diencephalon）、中腦（midbrain或 mesencephalon）、橋腦（pons）、延腦（medulla oblongata）及小腦（cerebellum）（圖13-2）。其中大腦及間腦合稱前腦（forebrain），中腦、橋腦及延腦合稱腦幹（brainstem）。中樞神經系統負責接受感覺神經元（sensory neuron）傳來的神經衝動，整合後下達命令給運動神經元（motor neuron）。

　　腦部有四個相通的腔室相連，稱為腦室（ventricle），裡面含有腦脊髓液（cerebrospinal fluid; CSF），此四腦室分別為位於前腦兩側的兩個側腦室（lateral ventricle），及位於間腦的視丘（thalamus）及下視丘（hypothalamus）的第三腦室（third ventricle），以及位於腦幹的第四腦室（fourth ventricle）（圖13-3）。此外，脊髓也有一個空腔，稱為中央管（central canal），裡面亦充滿CSF。

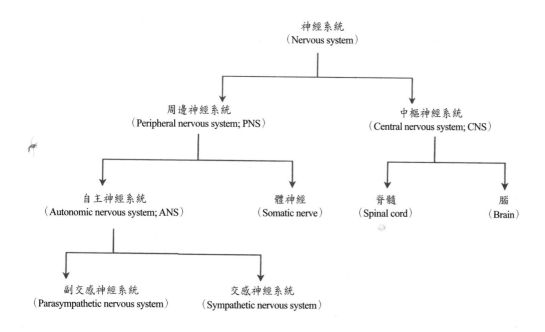

圖13-1　神經系統的分類

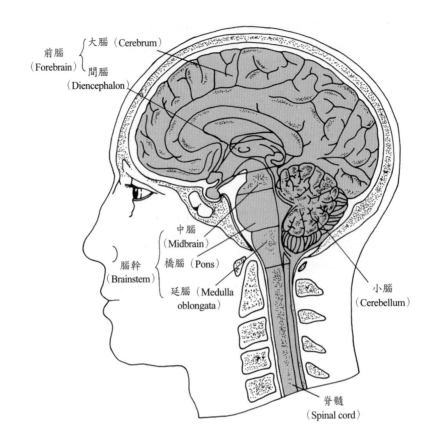

圖 13-2　中樞神經系統的構造

大腦（Cerebrum）

　　大腦占腦的80%重量，被大腦縱裂（longitudinal fissure）分隔成左右兩大腦半球（cerebral hemispheres），此兩大腦半球則由胼胝體（corpus callosum）連接起來。大腦包括大腦皮質（cerebral cortex）及深部的腦核（cerebral nuclei）。

大腦皮質（Cerebral cortex）

　　大腦皮質包括2～4毫米（mm）的灰質（gray matter）及較內層的白質（white matter）。灰質位於大腦皮質的外部，主要由神經細胞本體（cell body）及樹突（dendrites）所構成，因此是不具有髓鞘（unmyelinated）細胞的；白質位於內層，則由具髓鞘（myelin）細胞的軸突（axon）所構成。大腦皮質表面皺摺疊起，凹凸不平，凸起的部分稱為腦回（gyrus）

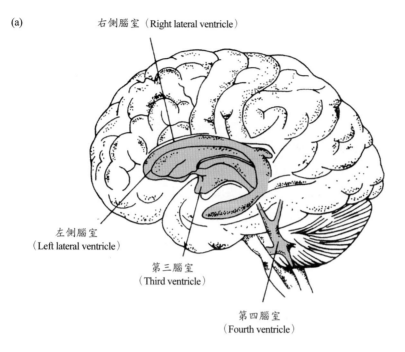

(a)
右側腦室（Right lateral ventricle）

左側腦室
（Left lateral ventricle）

第三腦室
（Third ventricle）

第四腦室
（Fourth ventricle）

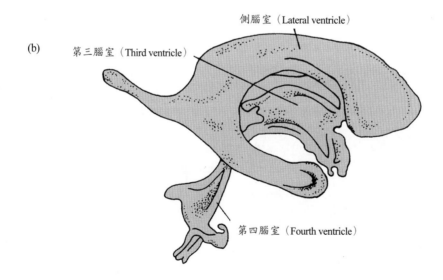

(b)
側腦室（Lateral ventricle）

第三腦室（Third ventricle）

第四腦室（Fourth ventricle）

圖 13-3 腦室的位置

（圖13-4(a)），如前中央腦回（precentral gyrus）及後中央腦回（postcentral gyrus）。而凹陷較淺的部位稱為腦溝（sulcus），如分隔前後中央腦回的中央腦溝（central sulcus）（圖13-4(a)）；凹陷較深的部位，則稱為腦裂（fissure），如大腦縱裂（longitudinal fissure），分隔左右大腦半球（圖13-4(b)）。

　　大腦半球的外觀，可分為四對左右對稱的腦葉，包括有額葉（frontal lobe）、顳葉（temporal lobe）、頂葉（pariental lobe）及枕葉（occipital lobe）（圖13-4(a)）。額葉位於大腦半球的前端，以中央腦溝與頂葉分開。負責運動功能的運動區位於額葉（圖13-5；圖13-6），包括運動皮質（primary motor cortex；在前中央腦回）以及前運動區（premotor area），負責語言表達（expression）的Broca's區（Broca's area）也位於額葉。此外，額葉尚與個人人格（personality），高思維步驟（high intellectual process）如注意力集中（concentration）、計畫（planning）、決定（decision）有關。感覺區分布較廣，體感覺區（somatosensory area）位於頂葉的後中央腦溝（圖13-5），味覺區位於頂葉，視覺區位於枕葉，負責語言理解（language comprehension）的Wernicke's區位於顳葉與頂葉交接之處（圖13-5；圖13-6），聽覺區位於顳葉。

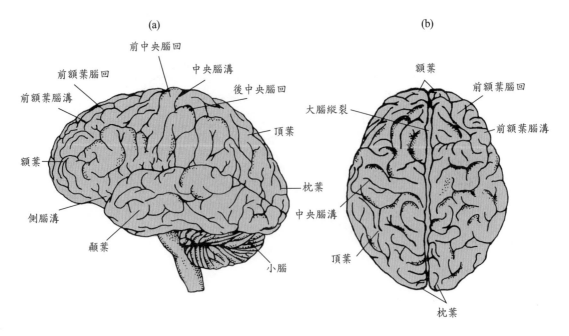

註：(a)側面觀；(b)矢狀觀。

圖13-4　大腦皮質的外觀

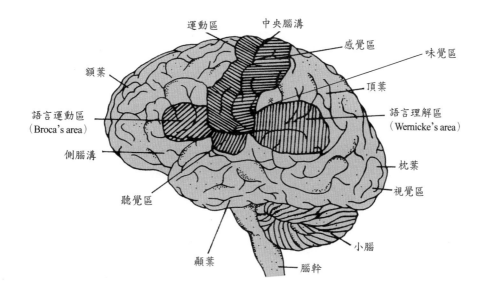

圖 13-5　大腦皮質的分葉及相關功能

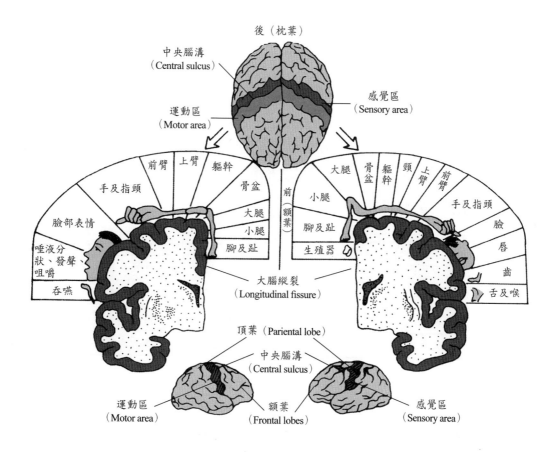

圖 13-6　大腦皮質運動區及感覺區

腦波圖（Electroencephalogram; EEG）

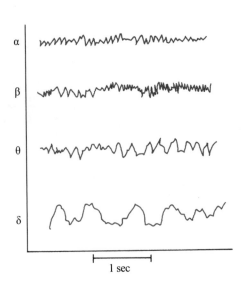

圖13-7　EEG所記錄的腦波種類

大腦皮質外層的神經細胞本體及樹突所產生的突觸電位（synaptic potential），利用電極（electrode）放在腦殼外面記錄到各種不同頻率的電位變化，即為腦波圖（electroencephalogram; EEG）。這些樹突或細胞本體的電氣訊號是因為一個人的意識活動引起所產生的。一般來說，腦波圖的振幅大約是0.5～100 μV，而頻率可以從1～40週期／每秒鐘。腦波又可分為四種不同的波形，α波、β波、θ波及δ波（圖13-7；表13-1）。

1. **α波**（alpha wave）：α波通常是在頂葉及枕葉記錄到的，當一個人清醒、放鬆且閉眼休息時可記錄到，其頻率通常為每秒10～12週期，且波形為同步化（synchronization）。

2. **β波**（beta wave）：當一個人睜開眼睛，有視覺刺激或專注思考時，在靠近前中央腦回的額葉可記錄到β波，其頻率較快，約每秒13～25週期，且波形較不同步化（desynchronization）。

3. **θ波**（theta wave）：θ波在顳葉及枕葉可記錄到較慢頻率（5～8 Hz）的波形，通常在新生兒或承受重大壓力的成年人可記錄到。睡眠的第Ⅱ、Ⅲ期亦可見此波。

4. **δ波**（delta wave）：為在大腦皮質均可記錄到頻率慢（1～5 Hz）的波形，一般腦部受傷的人或熟睡的人可記錄到波幅大、頻率小的δ波。

表13-1　四種不同種類的腦波

種　類	來　源	頻率（Cycle/sec）	生理狀態
α	頂葉及枕葉	10～12	清醒放鬆、閉眼
β	額葉（近前中央腦回）	13～25	視覺刺激、專注思考
θ	顳葉及枕葉	5～8	新生兒或睡眠第Ⅱ、Ⅲ期
δ	大腦皮質	1～5	熟睡或腦部受傷

基底核（Basal ganglia）

基底核（basal ganglia或basal nuclei）為由細胞本體所構成的灰質，位於大腦白質的內層（圖13-8）。基底核的結構包括紋狀體（corpus striatum）及帶狀核（claustrum）（圖13-9）。

紋狀體又包括尾核（caudate nucleus）、殼核（putamen）及蒼白核（globus pallidus）。

　　基底核主要與隨意運動（voluntary movement）有關，當紋狀體退化時，會產生難以控制的不隨意快速動作，稱為舞蹈症（chorea）。紋狀體接受來自中腦（midbrain）的黑質（substantia nigra）之含多巴胺（dopamine）神經所支配；當黑質神經細胞退化，導致多巴胺分泌不足時，即會造成巴金森氏症（Parkinson's disease），會有肌肉僵硬（rigidity）、顫抖（tremer）及動作遲緩等動作。

大腦不對稱（Cerebral lateralization）

　　左右兩大腦半球對感覺及運動的調控，其神經纖維會在胼胝體交叉到對側，例如前中央腦回的運動神經則在胼胝體交叉，調控對側之姿勢運動。事實上，左右大腦半球的功能是不對稱的，大部分的人在左大腦半球，負責語言的理解、文字的書寫、語言的表達及計算的能力。而右大腦則掌控空間、物體形狀的學習與認知及藝術等。這種大腦半球掌管功能的不對稱性稱之為大腦不對稱（cerebral laterization）。

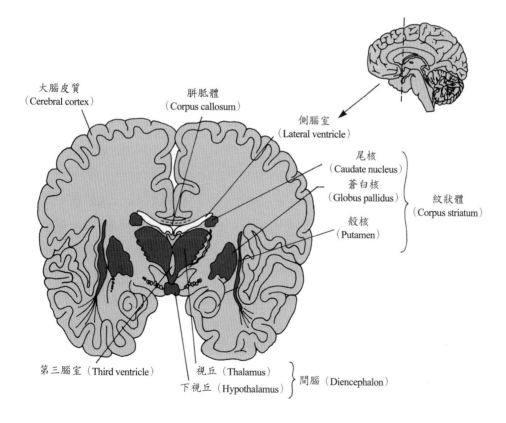

大腦皮質（Cerebral cortex）
胼胝體（Corpus callosum）
側腦室（Lateral ventricle）
尾核（Caudate nucleus）
蒼白核（Globus pallidus）
殼核（Putamen）
紋狀體（Corpus striatum）
第三腦室（Third ventricle）
視丘（Thalamus）
下視丘（Hypothalamus）
間腦（Diencephalon）

圖13-8　基底核（Basal ganglia）

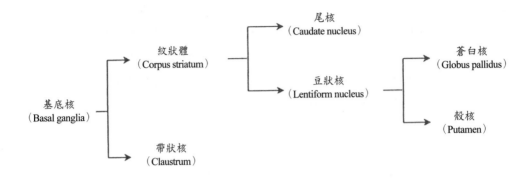

圖 13-9　基底核的組成

　　大部分的人完成工作的能力均由左大腦半球來調控，同時，左大腦半球也調控語言及分析的能力，稱之為大腦優勢（cerebral dominance）。所以大部分的人慣用右手，右手之運動由左大腦半球來調控。

語言（Language）

　　對腦部掌控語言功能的了解，是由腦部受傷引發失語症（aphasia）而有重大發現。十九世紀時，發現大腦皮質的兩個區域 Broca's 區及 Wernicke's 區（圖 13-10）。

　　由失語症的病人身上研究發現，Broca's 區受損的病人，可以聽懂別人說的話，但當病患嘗試說話時，唇、舌的肌肉控制仍正常，卻因嘴部運動及呼吸難以協調，而無法啟齒說話，這種失語症稱為表達性失語症（expressive aphasia）。所以 Broca's 區為語言的表達區（expressive area）。

　　相反的，Wernicke's 區受傷的病患，看不懂寫的字，也聽不懂別人說的話，病患雖會說話，但卻無法形成有意義的字句，與別人對話時，會形成雞同鴨講的情況，這種失語症稱為理解性失語症（comprehensive aphasia）。因此，Wernicke's 區為語言的理解區（comprehensive area），聽神經的訊息即傳到此區。

　　此外，弓狀束（arcuate fasciculus）為連接 Broca's 區及 Wernicke's 區的神經路線，此區受損，則導致傳導性失語症（conductance aphasia）。角回（angular gyrus）位於頂葉、顳葉及枕葉的交界，一般相信，角回為聽覺、視覺及體感覺的傳導路徑，受損的病患也會產生失語症，顯示角回也可能連接到 Wernicke's 區。

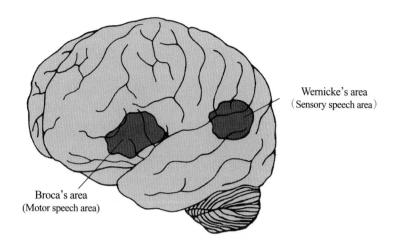

Wernicke's area
（Sensory speech area）

Broca's area
(Motor speech area)

圖13-10　語言調控區，Broca's 及 Wernicke's 區之位置

情緒及動機（Emotion and Motivation）

　　一般相信，控制情緒（emotion）及學習（learning）的中樞，位於邊緣系統（limbic system）及下視丘（hypothalamus）。邊緣系統包括扣帶回（cingulate gyrus）、杏仁核（amygdala）、海馬體（hippocampus）及中膈核（septal nuclei）（圖13-11）。動機（motivation）是由 mesolimbic dopamine pathway 負責的，藉由多巴胺（dopamine）的分泌而調控動機的生成。

　　邊緣系統與情緒、記憶及學習有關，如刺激杏仁核（amygdala）會引起攻擊（aggression）行為，刺激杏仁核及下視丘會引起恐懼（fear）。此外，下視丘也包括飽食中樞（satiety center）及飢餓中樞（feeding center）。而海馬體為處理長期記憶（long-term memory）的中樞。

記憶（Memory）

　　記憶指對所學習到的知識、經驗的貯存，貯存的位置主要在大腦。通常記憶可分為短期記憶（short-term memory）及長期記憶（long-term memory）。短期記憶指歷時數秒到數天的記憶，一般相信，掌控短期記憶的位置在額葉（frontal lobe）。長期記憶基本上指永久記憶，一般相信，永久記憶的貯存位置位於許多不同的部位，如杏仁核為學會遠離疼痛之經驗之貯存區，小腦則為運動技巧的記憶區等。

　　短期記憶有可能消失，或轉變成永久記憶貯存起來，這種短期記憶轉成永久記憶的過程，稱為記憶的穩固（memory consolidation）。一般相信，海馬體（hippocampus）為穩固記憶的過程，可能與快速動眼期睡眠（rapid-eye movement sleep; REM sleep）有關。目前科學家們相信，記憶穩固的機轉為長期增益作用（long-term potentiation; LTP）的發生。LTP是指突觸（synapse）長期被使用，促使神經傳遞物質增加，使突觸的功能產生長期性的作用，而加強記憶的形成。

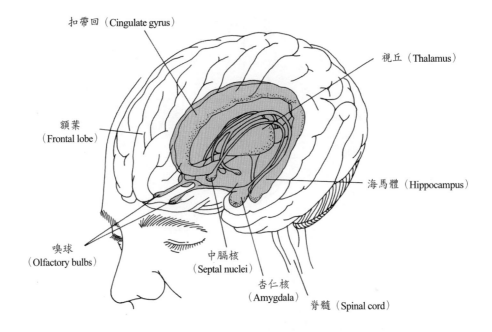

扣帶回（Cingulate gyrus）

視丘（Thalamus）

額葉
（Frontal lobe）

海馬體（Hippocampus）

嗅球
（Olfactory bulbs）

中膈核
（Septal nuclei）

杏仁核
（Amygdala）

脊髓（Spinal cord）

圖13-11　調控情緒及動機的邊緣系統

間腦（Diencephalon）

　　間腦為前腦（forebrain）的一部分，位於大腦及中腦之間，包括視丘（thalamus）及下視丘（hypothalamus）（圖13-8）。

　　視丘占間腦的大部分且緊鄰第三腦室（圖13-8）。視丘為許多傳入神經應經之路，可整合傳入大腦皮質的訊息，同時也是嗅覺傳入大腦的必經之路。

　　下視丘顧名思義位於視丘的下方，間腦的前方，同時形成第三腦室的底部及側壁。下視丘由許多腦核所組成（圖13-12），負責的功能大多與自主神經功能有關，因此，下視丘為高級的自主中樞。下視丘的功能包括調節腦垂體前葉功能、合成腦垂體後葉之激素、調節飲水、體溫、生殖、生物週期及水分平衡，也參與情緒及動機的調控。

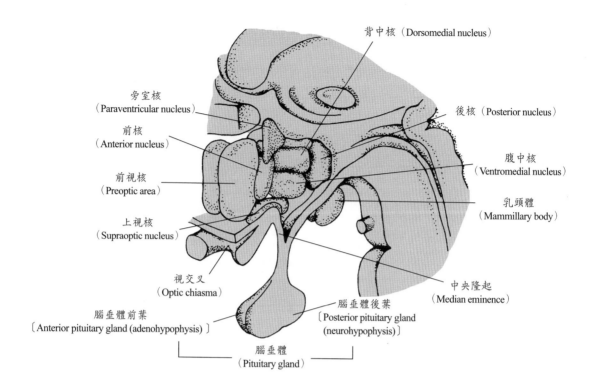

圖 13-12　下視丘的構造

中腦（Midbrain）

　　中腦（midbrain）位於間腦及橋腦（pons）之間，包含許多往中樞的感覺神經及往周邊的運動神經，尤其是調控骨骼肌的運動神經。中腦包括四疊體（corpora quadrigemina）、大腦腳（cerebral peduncles）、紅核（red nucleus）、黑質（substantia nigra）及分出動眼神經（oculomotor nerve; Ⅲ）及滑車神經（trochlear nerve; Ⅳ）的腦核所組成。

　　四疊體的上丘（superior colliculi）為視覺反射中樞，下丘（inferior colliculi）為聽覺反射中樞。大腦腳內含有許多上行及下行的神經路徑，其中感覺神經纖維由脊髓到視丘，而運動神經纖維由大腦皮質傳到橋腦、延腦及脊髓。紅核為中腦的網狀結構，連接大腦及小腦，參與運動神經的協調。黑質的神經可製造多巴胺（dopamine），神經末梢支配基底核的紋狀體（corpus striatum），與肌肉動作的調控有關。

後腦（Hindbrain）

後腦包括橋腦（pons）、小腦（cerebellum）、延腦（medulla oblongata）及網狀結構（reticular formation）。

橋腦（Pons）

橋腦位於中腦及延腦（medulla oblongata）之間（圖13-13），位於橋腦表面的神經纖維連接到小腦（cerebellum），而深層的神經纖維則為來自延腦的感覺神經，經橋腦傳到中腦。橋腦的灰質內含有第五、六、七及八對腦神經的腦核，同時有兩個調控呼吸的中樞位於橋腦，即長吸中樞（apneustic center）及呼吸調節中樞（pneumotaxic center）。

小腦（Cerebellum）

小腦位於腦腔內的後下方，位於大腦枕葉下方，橋腦及延腦的後方，為腦的第二大部分，似大腦，表層為皮質，內層為白質。小腦內的神經傳導路徑包括：第一對由小腦傳出的神經纖維，經紅核（red nucleus）到視丘，再傳到大腦皮質的運動區，第二對由小腦連接橋腦、延腦及脊髓。

小腦同時也接收來自本體受器（proprioceptor），如關節、肌腱、肌梭上的受器的傳入訊息，主要與肌肉控制及身體平衡的協調有關。

延腦（Medulla oblongata）

延腦（medulla oblongatas，又簡稱medulla）位於橋腦下方，脊髓前方，為腦的最下方（圖13-13），也含有灰質及白質。

白質含有脊髓的上行路徑（ascending tract）及下行路徑（descending tract），是脊髓與腦連接的必經之路。而這些路徑有一部分會交叉到對側，即身體右側接受之訊息；傳到延腦交叉送到腦的左側，或者是腦右側的神經纖維，傳到延腦交叉到對側，控制身體左側的運動。延腦腹側的錐體狀結構稱為錐體（pyramid），此錐體內的神經纖維為大腦皮質到脊髓主要的下行運動路徑，稱為錐體路徑（pyramidal tract），錐體路徑內的神經纖維在錐體內會交叉下行到對側的脊髓。

延腦內還有許多重要的腦核，包括調控運動的第八、九、十、十一及十二對腦神經。延腦含有生命中樞（vital center），包括血管運動中樞（vasomotor center）、心臟抑制中樞（cardioinhibitory center）及呼吸中樞（respiratory center）。

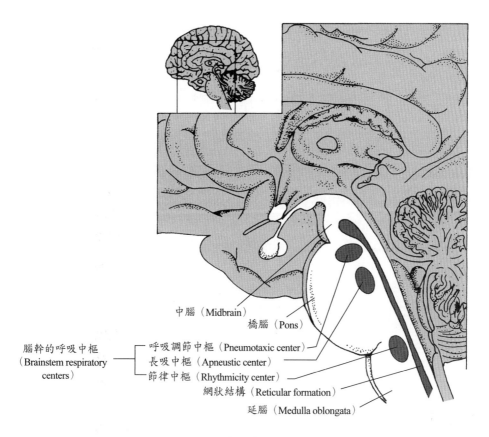

中腦（Midbrain）

橋腦（Pons）

腦幹的呼吸中樞
（Brainstem respiratory
centers）

呼吸調節中樞（Pneumotaxic center）
長吸中樞（Apneustic center）
節律中樞（Rhythmicity center）
網狀結構（Reticular formation）
延腦（Medulla oblongata）

圖 13-13　位於腦幹的呼吸中樞

網狀結構（Reticular formation）

網狀結構（reticular formation）包括延腦（medulla）、橋腦（pons）、中腦（midbrain）、視丘（thalamus）及下視丘（hypothalamus），亦即包括腦幹（brainstem）及間腦。網狀結構為由上述各腦核及神經纖維交織而成的複雜網路，其作用為形成網狀活化系統（reticular activating system; RAS）。當感覺傳入經此 RAS 來活化，傳到大腦皮質，與意識及覺醒（arousal）有關。

脊髓（Spinal Cord）

周邊的感覺訊息由上升路徑纖維延著脊髓傳入腦部，而腦部下達命令的運動活性由下行路徑纖維通過脊髓傳到周邊。脊髓是腦的延續，含有白質及灰質，灰質在內狀似 H 形，灰質的腹角（ventral horn）為運動神經元傳出的部位，而其背角（dorsal horn）為感覺神經元傳入的部位。

白質含有上行路徑（ascending tract）及下行路徑（descending tract），上行路徑是將感覺傳入中樞，下行路徑則為運動輸出路徑。感覺上行路徑包括⑴前脊髓視丘徑（anterior spinothalamic tract），起於後角（posterior horn），並在脊髓的位置交叉到對側，終止於視丘及大腦皮質（表13-2），與痛覺及溫度覺有關；⑵側脊髓視丘徑（lateral spinothalamic tract）（圖13-14），起於脊髓後角（posterior horn），交叉終止於視丘及大腦皮質，與痛覺及溫度覺有關。以上兩條路徑因為傳導路徑相似，且均為痛覺及溫度覺的傳導路徑，所以合併稱為anterio lateral system；⑶薄索束及楔狀束徑（fasciculus gracilis and cuneatus tract），負責將皮膚、肌肉、肌腱及關節的訊息傳入中樞，與細觸覺、體位改變有關，又稱為dorsal column system；⑷後脊髓小腦徑（posterior spinocerebellar tract），起於脊髓後角（未交叉），終止於小腦，與同側的肌肉收縮有關；⑸前脊髓小腦徑（anterior spinocerebellar tract），起於後角，終止於小腦。

表13-2　脊髓的感覺上行路徑

Tracts	Funiculus	Origin	Termination	Funtions	
前脊髓視丘徑（Anterior spinothalamic tract）	前角（Anterior）	Posterior horn (cross)	Thalamus; CC	For pain and temperature	合併稱 Spinot amic tra
側脊髓視丘徑（Lateral spinothalamic tract）	側角（Lateral）	Posterior horn (cross)	Thalamus; CC	For pain and temperature	
薄索束及楔狀束徑〔（又稱為dorsal column system）Fasciculus gracilis and fasciculus cuneatus〕	後角（Posterior）	Afferent neuron (nor cross)	Nucleus gracilis; medulla; CC	For skin, muslce, tendons and joints impules; touch, preise pressure and body movement	
後脊髓小腦徑（Posterior spinocere-bellar tract）	側角（Lateral）	Posterior horn (not cross)	Cerebellum	For coordinated muscular contractions; conducts	
前脊髓小腦徑（Anterior spinocerebellar tract）	側角（Lateral）	Posterior horn; same fiber cross, others do not	Cerebellum	sensory impulses from one side of body to same side of cerebellum	

註：CC: cerebral cortex。

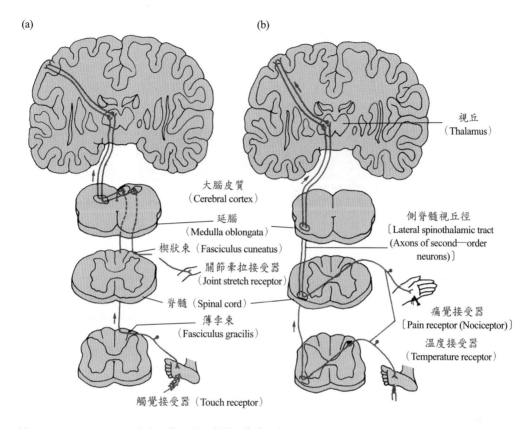

註：(a)Dorsal column tract：主要為觸覺及壓力感覺的傳導；(b)Anteriolateral system (anterior spinothalamic tract and lateral spinothalamic tract)：主要為痛覺及溫度的感覺。

圖13-14 感覺上行路徑

　　運動的下行路徑則包括錐體路徑（pyramidal tracts）及錐體外路徑（extrapyramidal tract）兩部分（圖13-15；表13-3）。錐體路徑包括側皮質脊髓徑（lateral corticospinal tract），起於大腦皮質，經脊髓錐體，交叉下行到對側脊髓；另一為前皮質脊髓徑（anterior corticospinal tract），起源於大腦皮質，未交叉，此二錐體路徑與精確的細部（如手指）運動有關。錐體外路徑包括紅核脊髓徑（rubrospinal tract），起於紅核，有交叉；四疊體脊髓徑（tecospinal tract）起於四疊體上方，有交叉；前庭脊髓徑（vestibulospinal tract）起於延腦，未交叉；及網狀脊髓徑，起於腦幹，有交叉。這四條錐體外路徑與大塊肌肉（如維持姿勢、走路等）的協調有關（圖13-16）。

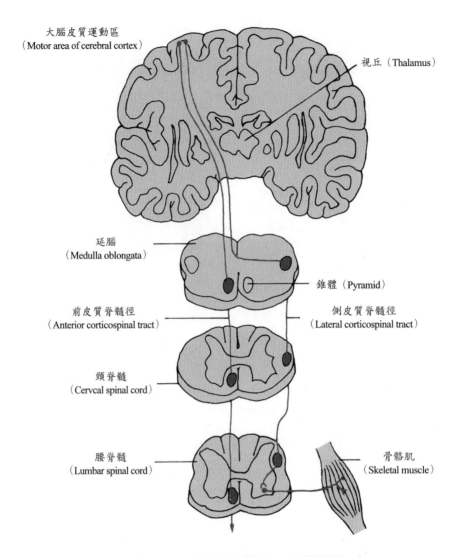

大腦皮質運動區
（Motor area of cerebral cortex）

視丘（Thalamus）

延腦
（Medulla oblongata）

錐體（Pyramid）

前皮質脊髓徑
（Anterior corticospinal tract）

側皮質脊髓徑
（Lateral corticospinal tract）

頸脊髓
（Cervcal spinal cord）

腰脊髓
（Lumbar spinal cord）

骨骼肌
（Skeletal muscle）

圖 13-15　運動下行路徑──錐體路徑

表 13-3　脊髓的運動下行路徑

Tract	Category	Origin	Cross/Uncrossed
Lateral corticospinal	Pyramidal	Cerebral cortex	Crossed
Anterior corticospinal	Pyramidal	Cerebral cortex	Uncrossed
Rubrospinal	Extrapyramidal	Red Nucleus (midbrain)	Crossed
Tecospinal	Extrapyramidal	Superior colliculus (midbrain)	Crossed
Vestibulospinal	Extrapyramidal	Vestibular nuclei (medulla)	Uncrossed
Retidulospinal	Extrapyramidal	Brain stem reticular formation	Crossed

註：前三條之功能：控制精確的細部（如手指）運動；後三條之功能：控制大塊肌肉（如維持姿勢、走路等）的
　　協調運動。

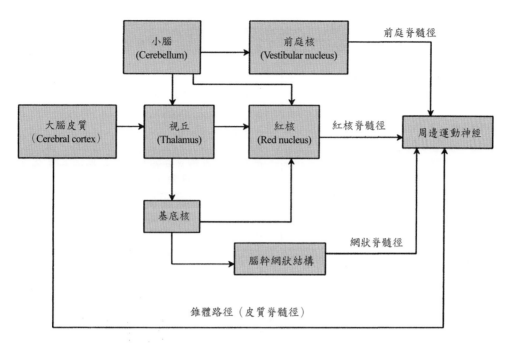

圖13-16 控制肌肉協調的錐體路徑及錐體外路徑

腦神經及脊髓神經（Cranial Nerve and Spinal Nerve）

周邊神經包括腦神經（cranial nerve）及脊髓神經（spinal nerve）。

腦神經（Cranial nerve）

腦神經起源於腦部，共十二對（圖13-17），通常以羅馬數字（Ⅰ～ⅫⅠ）來表達，其生理功能列於表13-4。其中第Ⅰ、Ⅱ及Ⅷ對腦神經只負責感覺傳入訊息，第ⅩⅠ對和第ⅫⅠ對腦神經只負責訊息的傳出，其他的七對腦神經均含有運動及感覺神經纖維。

表13-4 腦神經之生理功能

名　稱	組　成	生理功能
Ⅰ 嗅神經	感覺神經	嗅覺
Ⅱ 視神經	感覺神經	視覺
Ⅲ 動眼神經	• 運動神經 • 感覺神經	• 控制眼球運動，瞳孔大小 • 來自肌肉的本體受器的感覺

（續）

IV 滑車神經	• 運動神經 • 感覺神經	• 控制眼球運動 • 來自肌肉的本體受器的感覺
V 三叉神經	• 運動神經 • 感覺神經	• 控制咀嚼肌肉 • 來自皮膚受器、臉、鼻、口部、齒部等感覺
VI 外旋神經	• 運動神經 • 感覺神經	• 控制眼球向外的運動 • 來自肌肉的感覺
VII 顏面神經	• 運動神經 • 感覺神經	• 控制臉部表情、吞嚥動作及控制淚液唾液的分泌 • 來自舌頭前 2/3 的味覺
VIII 前庭耳蝸神經	• 感覺神經	• 來自耳之平衡及聽覺
IX 舌咽神經	• 運動神經 • 感覺神經	• 控制吞嚥動作 • 來自咽部肌肉、中耳、舌頭後 1/3 之味覺
X 迷走神經	• 運動神經 • 感覺神經	• 控制吞嚥動作及唾液之分泌 • 來自內臟的感覺訊息
XI 副神經	運動神經	控制頭、頸、肩之肌肉
XII 舌下神經	運動神經	控制舌部肌肉

脊髓神經（Spinal nerve）

　　脊髓神經一共有三十一對（圖13-17），其命名乃依據其所出自的脊椎位置，包括八對頸神經（cervical nerves），負責脖子、肩部、手臂及手掌部位的神經訊息傳遞；十二對胸神經（thoracic nerves），負責胸腔壁及腹腔壁的神經訊息傳遞；五對腰神經（lumbar nerves），負責臀部及腿部的神經訊息傳遞；五對薦神經（sacral nerves），負責下消化道排泄及生殖器官的神經訊息傳遞；及一對尾神經（coccygeal nerve）。每一條脊髓神經均為感覺神經纖維及運動神經纖維所組成的混合神經，這兩種神經一直結合在脊髓神經裡，直到近脊髓才分開，由背角（dorsal horn）傳入者為感覺神經纖維（圖13-18），而由腹角（ventrol horn）傳出者為運動神經纖維。

　　脊髓神經包括感覺神經纖維及運動神經纖維，其重要的生理功能之一為反射（reflex）。由感覺接受器、感覺神經元、聯絡神經元、運動神經元及作用器（effector）形成反射弧（reflex arc）（圖13-18）。當一個人腳踩到石頭，會刺激腳底皮膚的痛覺接受器產生神經衝動，神經衝動沿著感覺神經元傳入脊髓的背角，經聯絡神經元興奮腹角的運動神經元，運動神經元產生神經衝動傳到作用器（如小腿上之屈肌），促使屈肌收縮而將腳抬起離開石頭，即為反射動作。此反射弧不須腦的參與，即可將腳縮回，此為一保護機制，腦的參與在痛覺的反應及後續的處理，其中痛覺經由側脊髓路徑傳入中樞。

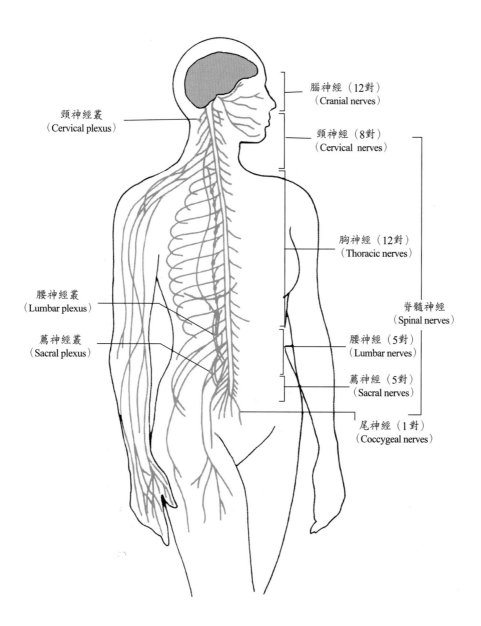

頸神經叢
（Cervical plexus）

腦神經（12對）
（Cranial nerves）

頸神經（8對）
（Cervical nerves）

胸神經（12對）
（Thoracic nerves）

腰神經叢
（Lumbar plexus）

薦神經叢
（Sacral plexus）

脊髓神經
（Spinal nerves）

腰神經（5對）
（Lumbar nerves）

薦神經（5對）
（Sacral nerves）

尾神經（1對）
（Coccygeal nerves）

圖13-17　腦神經及脊髓神經

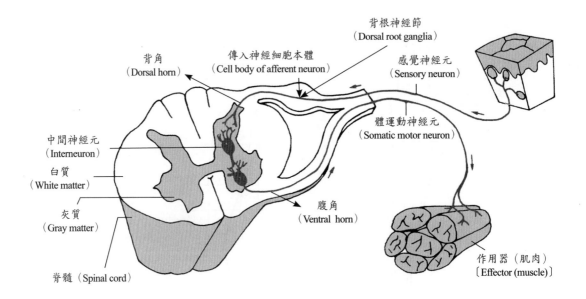

圖 13-18　脊髓的反射弧

專有名詞中英文對照

第十四章　自主神經系統

章節大綱

自主神經系統

自主神經的神經傳導物質及其接受器

自主神經系統的生理作用

學習目標

研習本章後，你應該能做到下列幾點：

1. 比較自主神經與體神經的構造及路徑

2. 描述交感神經的起源、構造及一般功能

3. 描述副交感神經的起源、構造及一般功能

4. 說明交感及副交感神經之節前及節後神經纖維各分泌何種神經傳導物質

5. 說明菸鹼接受器及蕈鹼接受器之分布及相關生理作用

6. 描述腎上腺素接受器的分類、分布及生理作用

　　自主神經系統（autonomic nervous system）為周邊神經系統的一部分（圖14-1），與體神經（somatic nerve）不同處在於，體神經調控骨骼肌的功能，而自主神經控制心肌、平滑肌及腺體（圖14-1）。此外，體神經只有一種，而自主神經有兩種，即交感神經系統（sympathetic nervous system）及副交感神經系統（parasympathetic nervous system）。自主神經系統的傳出運動神經包括兩個運動神經元，節前神經元（preganglionic neuron）及節後神經元（postganglionic neuron）（圖14-1），而體神經只有一個運動神經元。

自主神經系統（Autonomic Nervous System）

　　自主神經系統包括交感神經系統（sympathetic nervous system）及副交感神經系統（parasympathetic nervous system），兩者之節前神經元均來自中樞（腦及脊髓），經過一自主神經節（ganglia）後，連接節後神經元。節後神經元支配心肌、平滑肌及腺體。

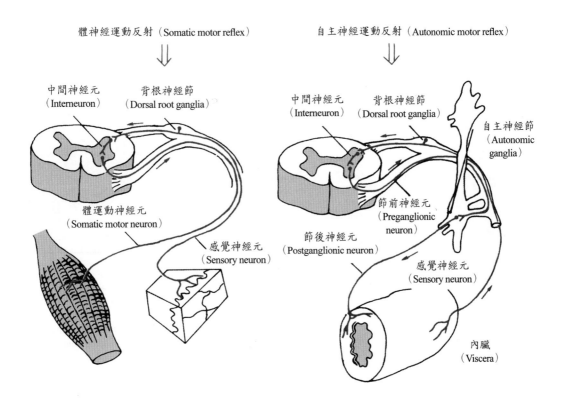

圖14-1　比較體神經及自主神經的運動反射

交感神經系統（Sympathetic nervous system）

交感神經系統的節前神經元起源於脊髓的第一到第十二胸椎（$T_1 \sim T_{12}$），及第一到第三腰椎（$L_1 \sim L_3$），所以交感神經系統又稱為胸腰部門（thoracolumbar division）。交感神經系統的神經節（ganglia）有兩種：靠近脊椎兩側的神經節鏈，稱為椎旁交感神經節（paravertebral ganglia）（圖14-2；圖14-3），這些神經節串連形成交感神經節鏈（sympathetic chain of ganglia）；另外一種為位於腹腔的椎前神經節（prever tebral ganglia），又稱副神經節（collateral ganglia）。椎前神經節有三個，分別為腹腔神經節（celiac ganglia）、腸繫膜上神經節（superior mesenteric ganglia）及腸繫膜下神經節（interior mesenteric ganglia）（圖14-3；圖14-4）。交感神經之節前神經元較短，而節後神經元較長，所以其交感神經節鏈近脊柱（spinal cord）。

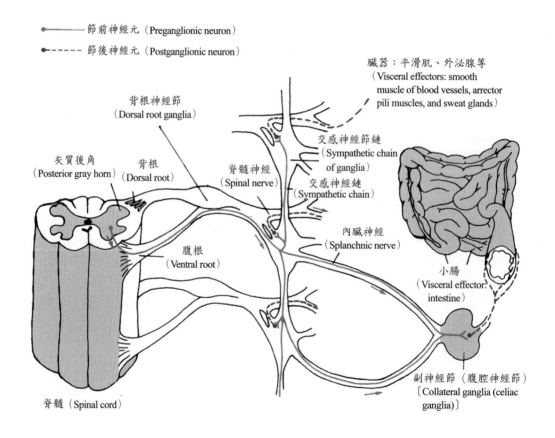

圖14-2　交感神經系統的傳導路徑

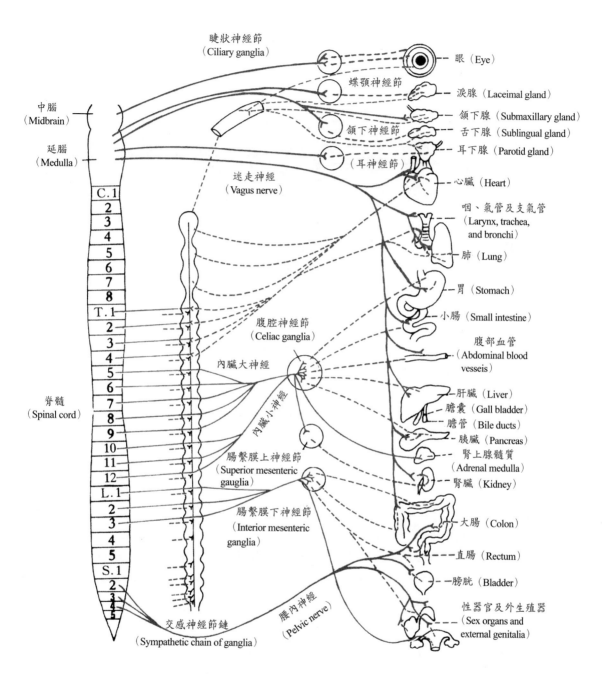

註：實線表示節前神經元，虛線表示節後神經元，交感神經起源於 $T_1 \sim L_3$，
　　副交感神經起源於第 III、VII、IX、X 對腦神經及 $S_2 \sim S_4$。

圖14-3　自主神經系統傳出路徑

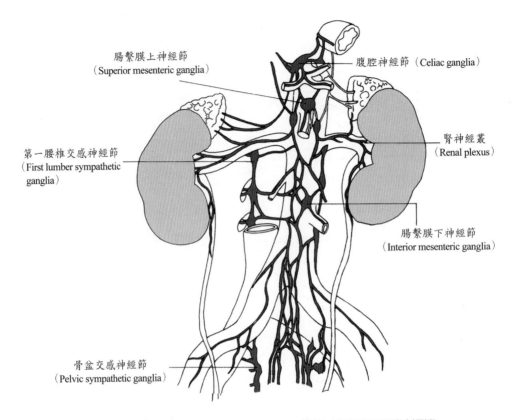

腸繫膜上神經節
（Superior mesenteric ganglia）

腹腔神經節（Celiac ganglia）

第一腰椎交感神經節
（First lumber sympathetic ganglia）

腎神經叢
（Renal plexus）

腸繫膜下神經節
（Interior mesenteric ganglia）

骨盆交感神經節
（Pelvic sympathetic ganglia）

圖14-4　交感神經系統的神經節、椎旁神經節鏈及副神經節

　　交感神經系統之節前神經纖維由T_1～L_3出發後，到達椎旁神經節鏈，再由此處發出節後神經纖維到達各內臟器官，只有支配腎上腺髓質（adrenal medulla）之節前神經纖維並未通過神經節，直接支配腎上腺髓質，所以支配腎上腺髓質之神經分泌的神經傳導物質為乙醯膽鹼（acetylcholine; ACh）。腎上腺髓質相當於是節後神經元的地位；有趣的是，交感神經節後神經纖維分泌的神經傳導物質為正腎上腺素（norepinephrine; NE），少部分為腎上腺素（epinephrine; Epi），而腎上腺髓質主要分泌腎上腺素，少部分為正腎上腺素，兩者之比例為4：1。

副交感神經系統（Parasympathetic nervous system; PNS）

　　副交感神經系統的節前神經元起於脊髓的第二到第四薦椎（S_2～S_4）及腦幹（brainstem）的腦核（圖14-3）。腦幹之副交感神經分別經由動眼神經（Ⅲ）、顏面神經（Ⅶ）、舌咽神經（Ⅸ）及迷走神經（Ⅹ）傳到各神經節，所以副交感神經系統又稱為頭薦部門（craniosacral division）。

　　第三對腦神經（動眼神經）支配眼睛的睫狀肌（ciliary muscle）及虹膜（iris）的環狀肌，

與眼睛調視能力及瞳孔大小有關。第七對腦神經（顏面神經）支配淚腺、鼻腺、舌下腺及頜下腺等腺體。第九對腦神經（舌咽神經）控制耳下腺。第十對腦神經，即迷走神經，為最重要的副交感神經，約有70%的副交感神經都是經迷走神經傳出去支配胸腹部之器官，如心、肺、胃、腸、腎、胰臟等內臟器官均有迷走神經支配（圖14-3；圖14-5）。而薦神經$S_2 \sim$$S_4$則支配大腸、肛門、直腸、膀胱及生殖器官等。此外，副交感神經之節前神經纖維較長，因此，其神經節均靠近內臟器官，不同於交感神經系統。

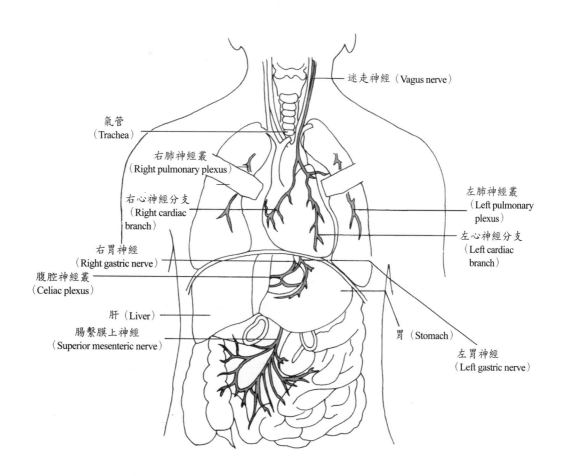

圖14-5　迷走神經的傳導路徑

自主神經的神經傳導物質及其接受器

神經傳導物質（Neurotransmitter）

自主神經系統的神經傳導物質，主要為乙醯膽鹼（ACh）及正腎上腺素（NE）。分泌ACh之神經纖維稱為膽素性纖維（cholinergic fiber），而分泌正腎上腺素的神經纖維則稱為腎上腺素性纖維（adrenergic fiber）。

分泌乙醯膽鹼之神經包括自主神經系統的神經節（即交感神經及副交感神經的節前神經纖維）及副交感神經的節後神經纖維（圖14-6）。分泌正腎上腺素之神經纖維則有交感神經的節後神經纖維，而支配汗腺的交感神經節後神經纖維則分泌乙醯膽鹼。此外，支配腎上腺髓質之交感神經，是節前神經纖維，故分泌ACh。還有，支配骨骼肌的體神經亦分泌ACh（圖14-7）。

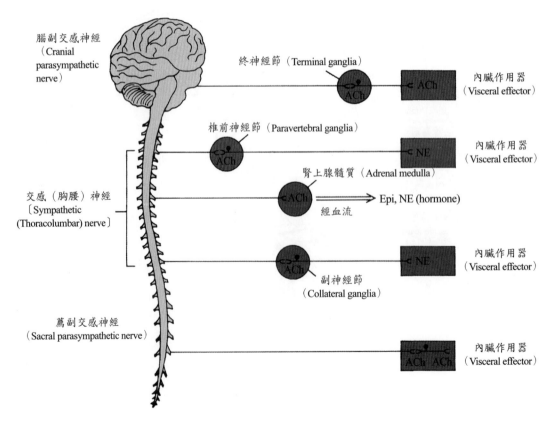

註：ACh: 乙醯膽鹼（acetylcholine）；NE: 正腎上腺素（norepinephrine）；EPi: 腎上腺素（epinephrine）。

圖14-6　自主神經系統的神經傳導物質

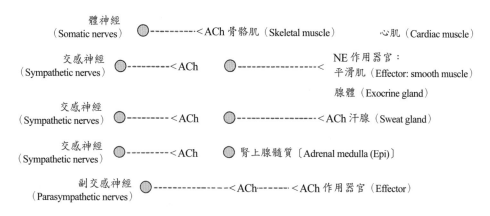

圖14-7　周邊神經纖維所分泌的神經傳導物質

神經傳導物質之接受器（Neurotransmitter receptor）

　　神經傳導物質與激素（hormone）釋放到血液中，必須與內臟器官之細胞的細胞膜上接受器（receptor）結合後，才會發揮其作用，而特定的神經傳導物質只會與其特定之接受器結合。所以，與乙醯膽鹼（ACh）結合之接受器，稱為膽鹼接受器（cholinergic receptor），而與正腎上腺素或腎上腺素結合之接受器，稱為腎上腺素接受器（adrenergic receptor）。

膽鹼接受器（cholinergic receptor）

　　膽鹼接受器可分為兩種：一是蕈鹼接受器（muscarinic receptor），另一是菸鹼接受器（nicotinic receptor）。蕈鹼接受器位於內臟器官（如心肌、平滑肌及腺體）的細胞表面，通常副交感神經的節後神經纖維所分泌的ACh即作用在蕈鹼接受器上，而對菸鹼接受器的作用較弱。隨著科技進步，目前已知蕈鹼接受器有許多不同的亞型（subtype），如M_1、M_2、M_3、M_4、M_5、M_6等，而其作用會引起細胞內第二傳訊因子cAMP的變化。另一菸鹼接受器則位於自主神經的神經節、骨骼肌及腎上腺髓質上，自主神經（交感及副交感）的節前神經纖維所分泌的ACh，會作用位於節後神經纖維之細胞本體上之菸鹼接受器上，而菸鹼接受器本身就是離子管道，當ACh與菸鹼接受器結合，即可打開位於細胞膜上之離子管道。神經肌肉接合處（即骨骼肌）及腎上腺髓質上均為菸鹼接受器。

腎上腺素接受器（adrenergic receptor）

　　腎上腺素接受器有兩種，一是 α 接受器，另一是 β 接受器。而 α 接受器又可分為α_1及α_2接受器，而 β 接受器又可分為 β_1及β_2接受器（表14-1）。這些接受器主要分布在交感神經節後神經纖維所支配的內臟器官上，只有α_2接受器位於交感神經節後神經纖維的

神經末梢上。當正腎上腺素或腎上腺素與 α_2 接受器結合，會促使節前神經纖維末梢再回收（reuptake）神經傳導物質回神經末梢，而降低交感神經活性。

α_1 接受器大部分分布在血管平滑肌（表14-2），可促使血管平滑肌收縮，增加血管阻力，致使血壓上升；β_1 接受器大多分布在心臟上，可增加心臟收縮力，心跳及心臟傳導速度；而 β_2 接受器分布於支氣管平滑肌，使支氣管平滑肌放鬆。各腎上腺素接受器的分布及其生理作用，詳列於表14-2。

表14-1　腎上腺素接受器的分類及分布

接受器型態	分　　布
α_1 接受器	血管平滑肌、括約肌等
α_2 接受器	節前神經纖維末梢
β_1 接受器	心肌、SA node、AV node
β_2 接受器	血管平滑肌、支氣管平滑肌等

表14-2　腎上腺素接受器的分布及其作用

Effector organ	Receptor	Response
Heart		
sinoatrial node	β_1	tachycardia
atrioventricular node	β_1	increase in conduction rate and shortening of functional reiractory period
atrial and ventricular muscle	β_1	increased contractility
Blood vessels		
to skeletal muscle	α_1, β_2	contraction, relaxation
to skin	α	contraction
Bronchial muscle	β_2	relaxation
Eye		
iris radial muscle	α_1	contraction (mydriasis)
ciliary muscle	β_2	relaxation
Gastrointestinal tract		
smooth muscle	α and β	decreased motility
sphincters	α_1	contraction
Urmary bladder		
detrusor muscle	β_2	relaxation
trigone and sphincter	α_1	contraction

（續）

Uterus	α_1, β_2	contraction, relaxation
Male sex organs	α	ejaculation, detumescence
Pancreas	α_2, β_2	decreased, increased insulin secretion
Kidney	β_1	renin secretion
Skeletal muscle	β_2	tremor, glycogenolysis

神經傳導物質的終止機轉（Termination of neurotransmitter）

　　神經傳導物質一旦由神經纖維釋出，與其接受器結合，則會刺激內臟細胞產生生理作用，為避免細胞受到過度刺激，內臟器官有一方法可終止神經傳導物質的作用。乙醯膽鹼（ACh）可被內臟細胞外之乙醯膽鹼酶（acetylcholinesterase）來分解ACh，終止其作用。

$$\text{Acetylcholine} \xrightarrow{\text{Acetylcholinesterase}} \text{Choline}+\text{Acetate}$$

　　正腎上腺素及腎上腺在節前神經纖維末梢內可被單胺氧化酶（monoamine oxidase; MAO）分解，也可能被再回收（reuptake）到節前神經末梢內，或在突觸被MAO及兒茶酚甲基轉化酶（catechol-o-methyltransferase; COMT）代謝（圖14-8），以降低其生理作用。

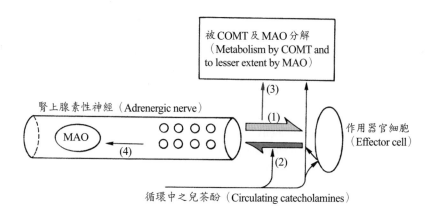

註：(1)作用於內臟器官；(2)再回收；(3)突觸MAO及COMT分解；
　　(4)節前神經纖維末梢內MAO之分解。

圖14-8　正腎上腺素及腎上腺素的命運

自主神經系統的生理作用
（Physiological Effect of Autonomic Nervous System）

　　體內大部分的內臟器官均同時有交感神經及副交感神經的支配（腎上腺髓質、汗腺、虹膜等例外）。一般而言，交感神經與副交感神經的作用是互相拮抗的，交感神經及副交感神經的作用詳列於表14-3。

　　例如心臟的竇房結（SA node）為負責心跳節律，正常人之心跳為平均72次／分。如果支配SA node的迷走神經興奮時，釋出ACh與SA node上之蕈鹼接受器結合，增加K^+通透，造成SA node細胞膜過極化（hyperpolarization），MDP增加，致使心跳變慢。相反的，當交感神經興奮，正腎上腺素作用於SA node上之β_1接受器，增加SA node膜電位之phase 4的斜率增加，使得SA node放電頻率加快，心跳加快。

表14-3　自主神經系統的生理作用

Effector organ	Chollnergic impulse response	Noradrenergic impulses	
		Receptor type	Response
Eyes			
radial muscle of iris	……	α_1	contraction (mydnasis)
sphincter muscle of iris	contraction (miosis)		……
ciliary muscle	contraction for near vision	β_2	relaxation for far vision
Heart			
sA node	decrease in heart rate. vagal arrest	β_1	increase in heart rate
atria	decrease in contractility and (usually) increase in conduction velocity	β_1	increase in contractility and conduction velocity
aV node	decrease in conduction velocity	β_1	increase in conduction velocity
his-Purkinje system	decrease in conduction velocity	β_1	increase in conduction velocity
ventricies	decrease in conduction velocity	β_1	increase in conduction velocity
Arterioles		α_1, α_2	constriction
coronary	constriction	β_2	dilation
skin and mucosa	dilation	α_1, α_2	constriction

（續）

skeletal nuscle	dilation	α_1 β_2	constriction dilation
carebral	dilation	α_1	constriction
puimonary	dilation	α_1 β_2	constriction dilation
abdominal viscera	……	α_1 β_2	constriction dilation
salivary glands	dilation	α_1, α_2	constriction
renal	……	α_1 β_2	constriction dilation
Systemic veins	……	α_1 β_2	constriction dilation
Lungs 　bronchial muscle 　bronchial glands	 contraction stimulation	 β_2 α_1 β_2	 relaxation inhibition stimulation
Stomach 　motility and tone 　sphincters 　secretion	 increase relaxation (usually) stimulation	 $\alpha_1, \alpha_2, \beta_2$ α_1 	 decrease (usually) constriction (usually) inhibition
Intestine 　motility and tone 　sphincters 　secretion	 increase relaxation (usually) stimulation	 $\alpha_1, \alpha_2, \beta_2$ α_1 α_2	 decrease (usually) contraction (usually) inhibition
Gallbladder and ducts	contraction	β_2	relaxation
Urinary bladder 　detrusor 　trigone and sphincter	 contraction relaxation	 β_2 α_1	 relaxation (usually) contraction
Ureters 　motility and tone	 increase (?)	 α_1	 increase (usually)
Ureters 　male sex organs	variable erection	α_1, β_2 α_1	variable ejaculation
Skin 　pilomotor muscles 　sweat glands	 …… generalized secretion	 α_1 α_1	 contraction slight, localized secretion
Spleen capsule	……	α_1 β_2	contraction relaxation

（續）

Adrenal medulla	secretion of epinephrine and norepinephrine		......
Liver	......	α_1, β_2	glycogenolysis
Pancreas 　acini 　islets	increased secretion increased insulin and giucagon secretion	α α_2 β_2	decreased secretion decreased insulin and glucagon secretion increased insulin and glucagon secretion
Salivary glands	profuse, watery secretion	α_1 β_2	thick, viscous secretion amylase secretion
Lacrimal glands	secretion	α	secretion
Nasopharyngeai glands	secretion		......
Adipose tissue	......	β_1, β_2	lipolysis
Juxtaglomerular cells	......	β_1	increased renin secretion
Puneal gland	......	β	increased melatonin synthesis and secretion

專有名詞中英文對照

參考資料

1. R. Phoades and R. Pflanzer (1996). *Human Physiology* 3th ed., Saunders College Publishing.

2. Arthur C. Guyton (1998). *Human Physiology and Mechanism of Disease* 6th ed., Saunders Company.

3. A. J. Vander etc. (2004). *Human Physiology* 9th ed., McGraw-Hill, Inc.

4. Arthor C Guyton (2005). *Textbook of Medical Physiology* 11th ed., Saunders Company.

5. William F. Ganong (2005). *Review of Medical Physiology* 22nd ed., Prentice-Hall International Inc.

6. Stuart Ira Fo (2008). *Human Physiology* 10th ed., WCB McGraw-Hill, Inc.

7. 周明加等（1995）。**解剖生理學**。臺北市：華杏。

8. 樓迎統等（1996）。**實用生理學** 1st。臺北市：匯華。

9. 陳維昭總校閱（1996）。**華杏醫學大辭典** 1st。臺北市：華杏。

國家圖書館出版品預行編目資料

生理學／卓貴美，李憶菁著. --三版. --
臺北市：五南， 2012.08
　　面；　公分.
ISBN 978-957-11-6770-1（平裝）

1.人體生理學

397　　　　　　　　　　101014733

5K13

生理學

作　　　者 — 卓貴美　李憶菁

發 行 人 — 楊榮川

總 編 輯 — 王翠華

主　　　編 — 王俐文

責任編輯 — 金明芬　詹宜蓁

封面設計 — 斐類設計公司

出 版 者 — 五南圖書出版股份有限公司

地　　　址：106台北市大安區和平東路二段339號4樓

電　　　話：(02)2705-5066　傳　　真：(02)2706-6100

網　　　址：http://www.wunan.com.tw

電子郵件：wunan@wunan.com.tw

劃撥帳號：01068953

戶　　　名：五南圖書出版股份有限公司

法律顧問　林勝安律師事務所　林勝安律師

出版日期　2002年 3 月初版一刷
　　　　　2008年 5 月二版一刷
　　　　　2012年 8 月三版一刷
　　　　　2015年10月三版二刷

定　　　價　新臺幣600元

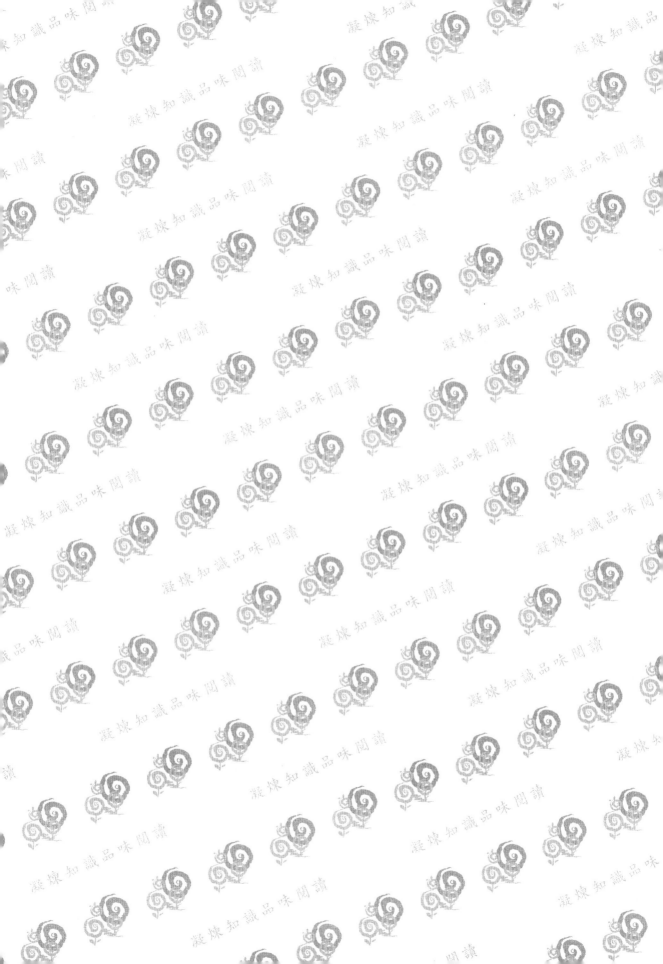